Generative Design for Product Design Form Development

제품 디자인 조형 개발을 위한
제너레이티브 디자인

Generative Design for Product Design Form Development

제품 디자인 조형 개발을 위한
제너레이티브 디자인

발　　행 | 2023년 06월 15일 초판1쇄

저　　자 | 나한범
발 행 처 | 피앤피북
발 행 인 | 최영민
주　　소 | 경기도 파주시 신촌로 16
전　　화 | 031-8071-0088
팩　　스 | 031-942-8688
전자우편 | pnpbook@naver.com
출판등록 | 2015년 3월 27일
등록번호 | 제406-2015-31호

ISBN 979-11-92520-46-9 (93550)

Generative Design for Product Design Form Development

제품 디자인 조형 개발을 위한
제너레이티브 디자인

나한범 지음

디자인과 AI의 융합, 제너레이티브 디자인으로 만들어 보는 제품조형

피앤피북

머 리 말

오늘날 4차 산업혁명 시대에 접어들면서 클라우드와 빅데이터, 딥러닝 기반의 인공지능이 등장함에 따라, 이와 더불어 디자인 개발에 사용되는 CAD 소프트웨어에도 인공지능 기술이 활용되기 시작하였습니다. 특히, 디자이너 또는 설계자가 달성하고자 하는 디자인·설계 목표와 여러 제한요소를 입력하면 인공지능 알고리즘에 의해 다양한 형태와 옵션의 결과물을 생성하고 디자인을 구현할 수 있는 제너레이티브 디자인은 제품, 건축, 가구, 운송 등 다양한 산업 분야에 디자인 및 설계 솔루션으로 개발 프로세스에 점차 활용되고 있는 추세입니다.

인공지능 기반의 제너레이티브 디자인은 디자이너에 의해 알고리즘을 구축해 다양한 형태나 구조를 생성하던 기존의 방법을 넘어서 설계 변수인 크기, 강도, 하중, 소재 등을 입력하면 인공지능이 스스로 알고리즘을 구축하고 인간이 창조할 수 없는 새로운 옵션을 생성하는 것을 말합니다. 또 제너레이티브 디자인은 위상·형상 최적화, 경량화 등의 솔루션을 제안함으로써 설계와 해석단계에서 소모되는 시간과 비용을 줄일 수 있을 뿐 아니라 디자이너의 상상력과 독창성의 영역을 더욱 확대시킬 수 있게 되었습니다.

기존에 컴퓨터를 활용한 디자인 활동은 디자이너의 감각과 창의력에 의존하여 구현하는 단순한 도구로서의 한계에서 벗어나지 못하고 제한된 사고 안에서 디자인 작업이 이루어졌습니다. 제품 개발 시 디자인 단계에서 크기나 조형, 구조를 어떻게 구현할지 많은 시간을 소비하게 되고 제품에 적용할 소재와 비용에 대해서도 고민하기 때문입니다. 그렇기 때문에 디자이너나 설계자는 현재의 도구, 컴퓨터 소프트웨어로 만들어내고 구현할 수 있는 범위 내에서 아이디어와 상상력을 표현해왔습니다. 그러나 제너레이티브 디자인은 사전에 설정된 설계목표에 따라서 설계·해석·제조 비용의 절감 등 생산성을 높이고 기술적 문제를 디자인 개발 초기 단계에서부터 파악하여 이를 디자인에 적용할 수 있다는 점과 인간이 예측하기 힘들고 인간의 상상력을 뛰어넘는 결과물을 생성한다는 점에서 기업과 제품의 경쟁력을 향상시킬 수 있는 새로운 융합 프로세스의 대안으로 주목을 받고 있습니다.

이 책은 제품 디자이너이자 연구자로서 제너레이티브 디자인의 공학적이며, 창의적인 조형을 어떻게 제품 디자인에 활용할 수 있을지, 그리고 어떻게 해야 의미 있는 조형이 만들어질 수 있는지에 대해 연구를 시작하면서 박사학위 논문으로 제출했던 글을 바탕으로 재구성하였습니다.

책의 구성은 가이드북 형식으로 실무 디자이너와 디자인 전공 학생들과 함께 다양한 프로젝트를 수행하면서 제품 디자인 개발 시 어떠한 방식으로 제너레이티브 디자인의 변수와 옵션을 설정하였고 또 제너레이티브 디자인 아웃풋을 어떻게 활용하였는지에 대한 과정과 결과, 노하우의 분석, 인터뷰 등을 기반으로 인사이트를 도출하였습니다. 그리고 프로젝트의 인사이트를 기반으로 기본 도형을 활용한 제너레이티브 디자인의 생성 과정과 결과물, 예제를 통한 실제 디자인 조형 생성 실습으로 구성하여 제너레이티브 디자인에 대해 이해할 수 있도록 하였습니다.

제품 디자인 과정에 있어서 제너레이티브 디자인이 모든 것을 해결해 줄 수는 없습니다. 그러나 디자이너는 상황과 목적에 따라 제너레이티브 디자인 결과물을 제품의 구조개선뿐 아니라 창의적인 조형 탐색과 개발에 활용할 수 있을 것입니다.

이전에 제품 디자인의 스타일링 디자인을 위해 이미지 리서치나 디자이너 개인의 감성, 감각 기반으로 디자인해왔던 것을 다양한 설계 변수 적용으로 인공지능과 함께 조형을 만들어내고 여기에 디자이너의 감성을 더해 결과물을 만들어 낼 수 있다는 점에서 인공지능 기반의 제너레이티브 디자인을 활용한 제품 디자인 조형 개발은 인공지능과의 협업과 공학적 데이터를 활용한 새로운 조형 발상, 디자인 개발 프로세스로 새로운 제품 디자인 융합 프로세스의 대안으로서 다양한 산업 현장에서의 활용과 파급효과를 기대할 수 있을 것입니다.

저자 나 한 범

추 천 사

제너레이티브 디자인은 개발자들이 인공지능과 협업을 통해 발상의 한계를 뛰어넘도록 도와주는 차세대 제품개발 방법이다. 이 책은 제너레이티브 디자인 도구를 사용하여 창의적인 제품개발을 하고 싶은 디자이너와 엔지니어들에게 실제적 접근을 위한 가장 빠르고 쉬운 방법을 제시하고 있다.

서울과학기술대학교 / 디자인학부 김원섭 교수

제너레이티브 디자인은 설계 및 디자인 분야에서 인공지능을 활용하는 대표적인 방법이자 도구로써 최근 다양하게 활용되고 있다. 이 책은 제너레이티브 디자인의 기본적인 개념과 활용 프로세스를 상세하게 소개하고 있으며 실제 디자인 사례를 통해서 독자가 직접 제너레이티브 디자인을 활용할 수 있는 방법을 제시하고 있다. 기존의 제너레이티브 디자인 활용서가 공학적 관점에서의 경량화 방법에 중점을 둔 것에 비해서 이 책은 산업디자인 분야에서의 이용 가능성을 보여준다는 점에서 차별화된다. 산업디자이너, 가구디자이너, 공예디자이너, 공학설계자, 제품개발자 등 제너레이티브 디자인에 관심 있는 다양한 분야의 사람들에게 유용한 지침서가 될 것으로 기대한다.

서울과학기술대학교 / 기계시스템디자인공학과 정성원 교수

제너레이티브 디자인은 설계와 생산 방식의 패러다임 전환을 나타낸다. 이러한 발전은 인간이 기술과 상호 작용하는 방식을 변화시킨다. 다양한 분야의 협업이 가속화되어 제조 산업의 혁신도 빨라진다. 이를 통해 제조업이 발전하고 프로세스가 간소화되며 지속 가능성이 높아지게 될 것이다.

경희대학교 / 기계공학과 최진환 교수

인간의 지식 공간은 인공지능(AI)과 협력을 통해서 스펙트럼이 넓어진다. 더불어, 공학의 발전과 함께 새로운 직업이 탄생하고 있다. 그런 면에서 제너레이티브 디자인은 디자이너(Designer)와 엔지니어(Engineer)의 장점을 함께 갖춘 미래형 인재, 디자이니어(Designeer)가 가져야 할 지식과 역량을 키우는 좋은 방향을 제시하고 있다고 생각한다.

퍼듀대학교 / 산업디자인과 김동진 교수

제너레이티브 디자인은 포스트 AI 시대를 위한 설계 프로세스 혁신이 시작되고 있음을 보여주고 있다. 본 책은 제너레이티브 디자인을 빠르게 경험해 볼 수 있는 다양한 예제와 사용자 관점의 핵심 노하우를 담고 있다.

KAIST / 조천식모빌리티대학원 강남우 교수

미래의 산업디자인 프로세스는 인간과 인공지능의 절묘한 협업을 통해 이제까지 경험하지 못했던 큰 변화를 맞게 될 것이다. 기존 신업디자인 프로세스와는 상당한 차이를 느낄 수 있는 제너레이티브 디자인의 개념을 다양한 예제를 통해 쉽게 이해할 수 있도록 도와주는 책이다.

어뎁션디자인스튜디오 / 대표 디자이너 정덕희

제너레이티브 디자인의 잠재력은 우리 생각보다 훨씬 거대하다. 생명체의 진화도 환경이라는 경계 조건 하에서 이루어진 제너레이티브 디자인의 결과이다. 새로운 형상 구현 기술인 적층제조(AM)의 등장으로 불가능했던 형상이 현실로 소환되고 있다. 클라우드 컴퓨팅 파워와 인공지능 설계의 활용은 완전히 새로운 관점을 열 수 있는 기술이다.

한국전자기술연구원 / 3D프린팅사업단장 / 신진국 본부장

I N D E X

PART

01 제너레이티브 디자인과 제품 디자인

PART

02 제너레이티브 디자인의 제품 디자인 활용

부록 제너레이티브 디자인 적용 방안

▲ 제너레이티브 디자인을 활용하여 디자인 한 Ai Chair Ver.1

창의적인 사람이 컴퓨터를 가지고 디자인하는 것은 결국 창의적인 사람의 상상력과 재능, 지능 범위 내에서 창의적인 아이디어를 발휘할 수 있을 뿐이다.

아무리 창의적인 디자이너라도 창의력의 한계로 인해 비슷한 결과물을 내놓게 되지만 제너레이티브 디자인은 틀에 박힌 창의력의 울타리를 빠져나올 수 있게 도와줄 수 있 인간의 한계를 뛰어넘는 혁신이다.

- Philippe Starck -

필립스탁이 말했듯이,

제너레이티브 디자인은 경량화와 구조개선뿐 아니라 디자이너의 창의력에 요구되는 설계 옵션을 더하면서 더욱 극대화된 창의력을 바탕으로 새로운 디자인을 만들어낼 수 있는 가능성을 갖고 있습니다.

제너레이티브 디자인은 제품 디자인 개발을 위한 '새로운 융합 프로세스'의 대안이라고 할 수 있습니다.

제너레이티브 디자인은 기존에 디자이너가 직접 모델링하거나 알고리즘을 구축하여 조형과 구조를 만들었던 것과는 달리, 기본적인 모델링 후 설계조건, 옵션, 한계 등을 소프트웨어를 통해 입력하면 컴퓨터 스스로 가능한 한 모든 조합으로 공학적 데이터 기반의 수많은 결과물을 생성한다는 점에 차이를 두고 있습니다.

그리고 디자이너는 제너레이티브 디자인의 수많은 결과물을 제품 디자인을 위한 조형과 구조의 아이디어로 활용할 수 있습니다.

GENERATIVE DESIGN

01

Generative Design & Product Design

제너레이티브 디자인과 제품 디자인

01 제너레이티브 디자인의 개념

제너레이티브 디자인은 기술적으로는 파라메트릭 모델링(Parametric Modelling)을 기초로 하고 있습니다. 디자인이나 설계 과정에서 발생 가능한 여러 가지 요구사항을 변수(Parameter)로 부여하고 이를 수학적 공식에 의해 디자인하는 것으로 설계 솔루션 생성, 알고리즘에 의한 패턴이나 조형, 구조 생성 등 설계, 예술, 건축, 제품, 패션 등 산업이나 활용 분야에 따라 개념에서는 조금씩 차이를 두고 있습니다.

이 책에서 활용하고자 하는 제너레이티브 디자인의 개념은 컴퓨터 소프트웨어를 사용하여 디자인 목적을 수행하기 위한 도구로써 인공지능을 기반으로 디자이너 또는 설계자가 제품개발 목표 달성을 위해 문제 정의에 사용되는 변수를 활용하여 다양한 설계 대안을 생성하는 것을 말하고 있습니다.

제너레이티브 디자인은 소비재 제품뿐 아니라 자동차, 항공, 산업기계 등 광범위한 제조 산업에 사용되고 있습니다. 설계 변수인 기능·장애물 영역, 소재, 하중, 제조 방법 및 비용 등을 소프트웨어에 입력히면 클라우드 컴퓨터 및 인공지능 기반의 제너레이티브 디자인 소프트웨어에서는 가능한 모든 조합을 스스로 탐색하고 다양한 설계 솔루션을 생성하며 사용자는 자신의 요구를 가장 잘 충족시킬 수 있는 결과물을 필터링하여 선택할 수 있습니다.

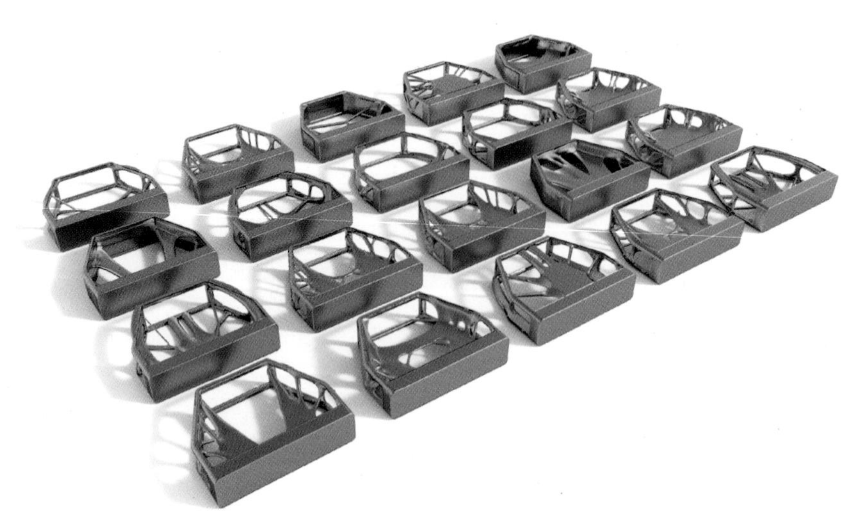

▲ 제너레이티브 디자인의 다양한 결과물

기존에 컴퓨터를 활용한 CAD 소프트웨어의 사용은 결과물을 어느 정도 머릿속으로 예측된 상태에서 정확도와 완성도를 높여가는 과정으로 디자이너 또는 설계자의 '손'을 확장시키는 차원이었다면 인공지능의 제너레이티브 디자인의 등장은 디자이너와 설계자의 예측범위를 넘어서는 형태를 인공지능이 생성*(Generation)*하고 제안하여 이를 선택·활용하는 방식으로 '두뇌'의 확장이라고 말할 수 있을 정도의 큰 변화를 가져오고 있습니다.

제너레이티브 디자인은 기존의 위상·최적화 및 파라메트릭 디자인과 밀접한 관계가 있습니다. 그러나 이런 기술들은 새로운 디자인을 만들어낼 수 있는 가능성 보다는 기존의 디자인 개선에 초점을 맞추고 있으며, 기존의 위상·최적화*(Topology Optimization)* 시스템보다 규정되지 않은 방대한 디자인 공간에서 인공지능의 알고리즘에 의해 결과를 생성한다는 점에서 차이를 보여주고 있습니다. 또한, 제너레이티브 디자인은 초기형상*(Starting Shape)*이 없어도 결과물을 생성할 수 있는데, 만약 디자이너의 기획이나 콘셉트에 따라 초기형상을 적용하면 제너레이티브 디자인의 결과물 생성을 유도할 수도 있습니다.

이렇게 제너레이티브 디자인은 기존의 위상·최적화의 제한된 디자인의 대안과 한계를 넘어 구조개선뿐 아니라 경량화, 부품 통합 그에 따른 재료 및 생산 비용의 절감으로 지속가능성을 실현할 수 있는 특징과 다양하고 독특한 조형 특성을 기반으로 창의적이고 경쟁력 있는 제품개발의 가능성을 보이며 실제 개발에도 점차 적용되고 있습니다.

인공지능 기반의 제너레이티브 디자인은 프로세스상에서 가변성, 불확정적인 결과물 생성에 집중함으로써 다양한 설계 변수와 요구에 최적화된 수많은 설계 옵션을 도출할 수 있습니다.

먼저 디자이너나 설계자에 의해 아이디어와 함께 기준이 될 CAD 기반의 3D 모델을 구축하고 제너레이티브 디자인에 적용될 유지 형상[1]과 시작 형상[2], 장애물 형상[3]을 정의합니다. 그리고 하중·구속 조건, 재료, 제조 방법, 안전계수 등의 제약 조건과 설계 변수를 지정하고 제너레이티브 디자인 학습을 실행하여 탐색을 시작합니다. 탐색이 완료되면 제너레이티브 디자인은 목표와 조건에 부합하는 수많은 결과물을 제안하게 되고 디자이너는 조형, 구조, 산점도, 모델 응력과 같은 시각화 자료를 통해 결과물을 검토합니다. 만약 생성된 결과물이 만족하지 못한다면 설계 변수의 수정과 검토를 반복하여 결과를 도출할 수 있습니다.

1. 제품의 기능 역할을 하는 영역으로 반드시 필요하거나 지켜져야 하는 영역

2. 시작 형상(Starting Shape)은 정해진 조형(영역)에서부터 제너레이티브 디자인이 생성되는 영역으로, 제너레이티브 디자인을 생성하는데 시작 형상이 필수 요소는 아니며, 디자이너는 시작 형상 없이도 제너레이티브 디자인을 생성

3. 제너레이티브 디자인이 생성되지 못하도록 막아주는 역할을 하며 제너레이티브 디자인이 생성되지 않아야 할 영역이나 특정 영역을 피해 제너레이티브 디자인을 생성하고자 할 때 활용

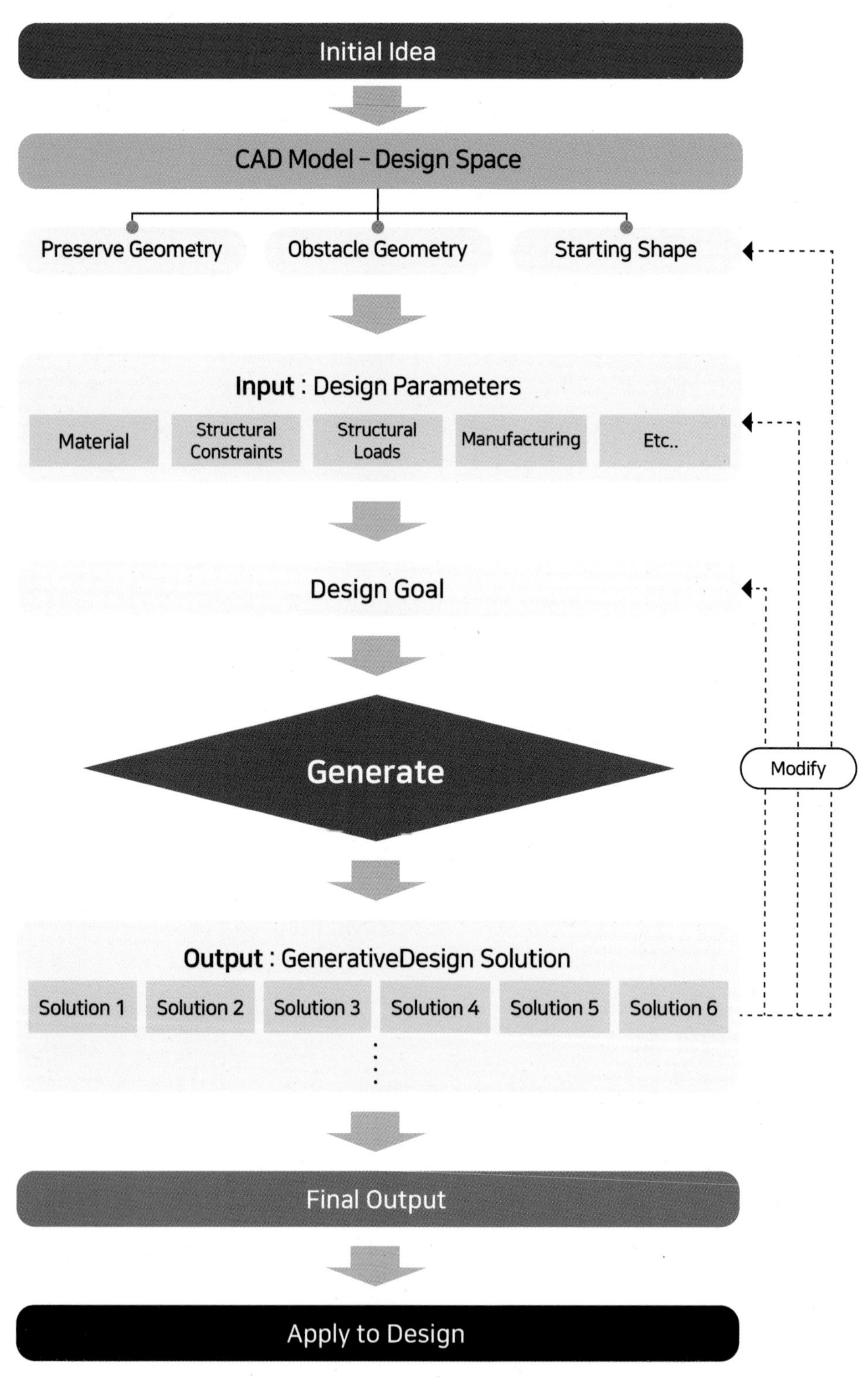

▲ 제너레이티브 디자인 프로세스

02 제너레이티브 디자인 사례

제너레이티브 디자인은 디자이너나 엔지니어가 설계목표 및 제약 조건의 종류와 레벨을 정의해 주면 클라우드 컴퓨팅을 이용하여 위상·최적 설계안을 병렬적으로 생성하는 기술로 인공지능 기반의 설계 자동화 기술로의 발전 가능성이 높아지고 있습니다. 최근에는 하중 조건 뿐만 아니라 전산유체역학*(CFD, Computational Fluid Dynamics)* 기반의 제너레이티브 디자인이 자동차와 같은 운송 분야에도 적용이 되면서 주어진 조건에 최적의 실루엣, 조형을 생성해 내며 다양한 분야에 활용될 수 있는 가능성을 보여주며 새로운 설계·제조 툴로 많은 관심을 받고 있습니다.

2019년 이탈리아 밀라노 디자인위크에서는 산업디자이너 필립 스탁*(Philippe Starck)*과 이탈리아 가구 브랜드 Kartell이 인공지능과 협업하여 제작한 AI Chair를 공개하였습니다.

AI Chair는 제너레이티브 디자인이 생성해준 결과물을 Kartell사의 아이덴티티와 양산성 및 상품성을 고려하여 수정 과정을 거치면서 최소한의 재료로 튼튼하고 안정적인 의자로 만들어 낸 제너레이티브 디자인의 대표적인 사례라고 볼 수 있습니다. 최초에 생성된 제너레이티브 디자인의 결과물은 가공되지 않은 상태로 구조나 면의 흐름이 불규칙한 상태였으나 디자이너에 의해 불필요한 부분은 제거*(Remove)*하고 평면화*(Flatten)* 등의 리터칭과 대량생산을 위한 사출 방식 구조의 수정작업을 통해 최종디자인을 제안하였습니다.

▲ Kartell_Ai Chair (출처: 오토데스크)

현대자동차의 로봇, 전기차 기술을 기반으로 제작한 엘리베이트(*Elevate*) 콘셉트 카는 걸어다니는 자동차의 콘셉트로 4개의 바퀴를 탑재한 로봇 다리를 활용해 기존 자동차로는 접근이 어려운 지역 및 상황에서 활용하도록 설계되었습니다.

주행과 보행을 동시에 수행하기 때문에 강한 내구성과 경량화된 부품 개발을 필요로 했으며, 제너레이티브 디자인을 활용해 보행과 바퀴 이동에 무리가 없도록 강성을 높이면서도 가벼운 무게의 로봇 다리를 적용하여 설계목표를 달성한 사례입니다.

▲ Hyundai_Elevate (출처: 오토데스크)

▲ Whill_Model C (출처: 오토데스크)

일본의 전동 휠체어 제조업체인 WHILL사의 Model C는 기존 제품보다 좀 더 가벼운 바디 디자인 구현을 위해 제너레이티브 디자인을 활용하였으며, 기존의 배터리 브라켓 프레임 대비 30% 이상 무게가 줄어든 프레임의 최적화 형상을 구현하였습니다.

Model C는 경량화뿐 아니라 배터리 프레임 및 후면의 보조 바퀴 브라켓 등 여러 부품을 하나로 통합할 수 있는 형태로 생성되었으며, 제너레이티브 디자인의 여러 결과물 중 하나의 시안을 선택하여 불필요한 요소는 제거하고, 구조가 다른 부분에 비해 상대적으로 약한 부분은 볼륨을 확장(*Expansion*) 시키는 과정만을 거친 뒤 제너레이티브 디자인의 결과물 조형을 제품에 그대로 적용하였습니다.

폭스바겐사는 자사의 마이크로 버스 Type2를 기반으로 제너레이티브 디자인을 적용하여 새로운 전기 콘셉트 카인 Type20을 제작하였습니다. 사이드미러 지지대와 바퀴, 스티어링 휠, 시트 등에 제너레이티브 디자인을 적용하여 부품들의 무게를 줄일 수 있도록 설계하였으며, 이를 통해 강도를 유지하면서 타이어 휠의 무게는 18% 가볍게 하고 타이어 회전 저항과 사이드미러 지지대의 공기 저항을 감소시키는 등의 목표를 달성할 수 있었습니다.

▲ Volkswagen_Type20 (출처: 오토데스크)

제품의 외관 뿐 아니라 내부 부품에도 제너레이티브 디자인을 적용한 사례를 찾아볼 수 있습니다. 독일의 대형 산업기계 및 플랜트 제조업체인 클라우디우스 피터스(Claudius Peters) 사는 시멘트 산업용 핵심 제품 중 하나인 클링커 쿨러에 적용되는 부품을 제너레이티브 디자인을 적용하여 결과물을 생성하였습니다.

클라우디우스 피터스 사는 3D프린팅을 사용하지 않고 기존 방식인 절곡 및 용접방식으로 제작하기 위해 하중을 많이 받는 영역에 생성된 제너레이티브 디자인 결과물은 편집과정을 거쳐 불필요한 부분은 분할(Split), 제거(Remove)하여 부품의 리브 형태로 새롭게 적용하였으며, 이를 통해 기존 부품 대비 30~40% 정도 경량화 목표를 구현할 수 있었습니다.

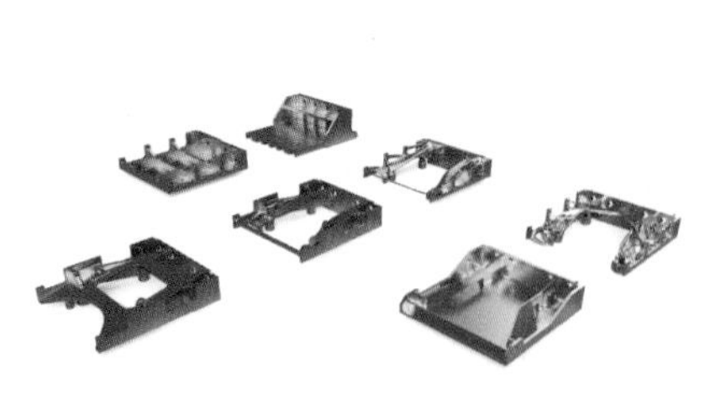

▲ Claudius Peters_Machine Parts (출처: 오토데스크)

일본의 자동차 부품 제조업체인 덴소(Denso Corporation)도 자동차의 ECU 부품을 제너레이티브 디자인을 이용하여 설계를 진행하였으며, 결과물은 각 부품의 필수적인 요소를 조합하여 전체적인 요소를 다이캐스팅 몰딩으로 생산할 수 있는 형태로 제너레이티브 생성 영역을 편집한 결과 무게가 12% 감소한 부품을 개발하였습니다.

이렇게 제작된 덴소의 ECU 부품은 불필요한 부분을 제거하는 작업 등을 거쳐 최종디자인에 초기의 조형과 구조를 최대한 유지하였습니다.

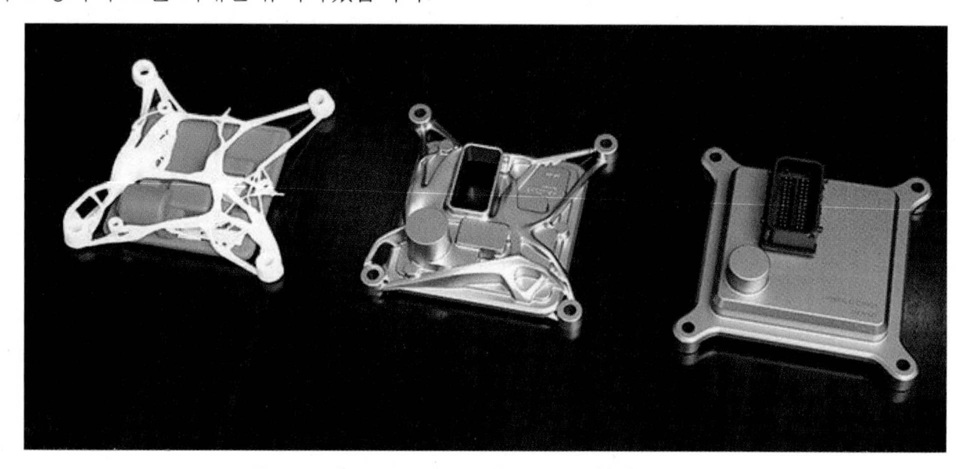

▲ Denso Corporation_ECU Parts (출처: 오토데스크)

03 제너레이티브 활용 제품 디자인 조형 개발

A. 제너레이티브 디자인의 조형 편집

컴퓨터 기술은 디자이너가 상상하는 창의적인 아이디어를 구현하는 데 있어, 보다 정확한 정보의 전달과 시각화에 도움을 줄 수 있게 되었고, 제품개발을 위해 여러 부서에 디자인 정보가 전달되는 동안 실체적 검토가 가능하게 되어 협업과 커뮤니케이션의 기능으로 활용할 수 있게 되었습니다.

그러기 위해서는 디자이너도 제품의 디자인과 생산 정보를 담아낼 수 있는 이해 능력과 표현 능력의 융합적 사고와 역량이 필요하게 되었으며, 이를 시각화하고 데이터화 하는 컴퓨팅 능력이 필수 능력으로 요구되고 있습니다. 그러나 경험이 부족하거나 관련 지식이 부족한 디자이너에게는 일반적인 조형 표현 능력이나 공학적인 정보가 포함된 조형 표현 능력이 쉽지 않으며, 알고리즘을 활용하여 디자인 조형·구조를 표현하는 것에 있어서도 개인 역량이 크게 작용하기 때문에 컴퓨터를 활용하는 디자이너의 역량에 맞춰 표현에도 한계가 생길 수밖에 없습니다.

결국, 컴퓨터를 활용하고 컴퓨터를 통해 다양한 조형이나 구조를 표현하는 것도 인간이므로 인간이 가진 상상력의 한계 내에서 조형과 구조가 표현되는 것이기 때문입니다. 제품개발을 위해 디자인을 진행할 경우 디자이너는 새롭고 창의적인 디자인 개발을 하기 위해 많은 노력과 고민을 하게 되고 표현 능력의 부족으로 한계에 부딪히며, 디자인 개발에 어려움을 겪기도 합니다.

그러나 이 책에서 말하는 제너레이티브 디자인은 개발하고자 하는 제품*(또는 부품)*의 설계목표에 부합하는 조형과 구조를 컴퓨터 스스로 탐색할 수 있는 특징을 갖고 있기 때문에 이를 이용하여 디자이너의 부족한 지식과 스킬을 인공지능과의 협업을 통해 위와 같은 한계와 문제점에 대응할 수 있다는 것이 특징입니다.

이번 장에서는 제너레이티브 디자인을 통하여 생성된 결과물을 새로운 조형으로 전개해 나갈 수 있는 조형편집 방법에 대해 구성해보았습니다. 제너레이티브 디자인의 생성 결과물은 CAD 데이터로 변환·내보내기가 가능하여 3D 툴에서 결과물의 편집과 조형개발이 가능합니다. 이 장에서 말하는 조형생성과 편집은 3D 툴에서 흔히 사용되는 명령어와 기능을 활용하여 조형 생성과 편집 방법에 따라 가산편집, 감산편집, 이동편집, 응용편집으로 구분하고 조형동사와 의미에 대해 정리하였습니다.

일반적으로 제너레이티브 디자인은 제품의 외형이나 내부구조, 부품의 설계목표 달성을 위해 사용되어왔으나 이 책에서는 제너레이티브 디자인의 결과물 생성 과정과 특성을 반영하여 새로운 조형 탐색을 하기 위한 도구로서 활용 범위를 확장시키고자 하였습니다.

< 3D 조형 생성 및 편집과 관련한 동사 구분 >

조형 생성 및 편집 구분	3D 조형 생성 및 편집 동사 언어
가산편집	Expand(확장하기), Extrude(돌출하기), Bridge(연결하기) Extend(연장하기), Fill(채우기)
감산편집	Remove(제거하기), Trim(교차영역 자르기), Cut & Difference(빼내기), Carve & Hole(구멍 뚫기)
이동편집	Move & Shift(이동하기), Overlap(겹치기), Split(잘라내기), Rotate(회전하기)
응용편집	Grade(층 나누기), Rib(보강대), Character Line(캐릭터 라인), Flatten(평면화)

< 제너레이티브 디자인 조형 편집과 관련한 동사와 대표 이미지 *(가산편집)* >

분류기준	조형 동사	설명	조형 편집 예시	
Add (가산편집)	1. Expand (확장하기)	면 또는 모서리 일부를 확장하여 늘린다.	기본조형	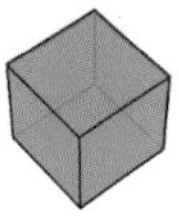
			편집	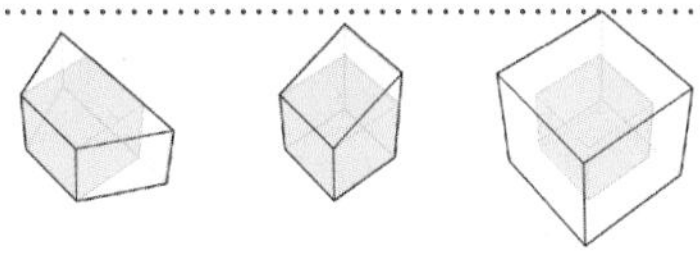
	2. Extrude (잡아빼기)	면의 일부를 잡아 빼내어 늘린다.	기본조형	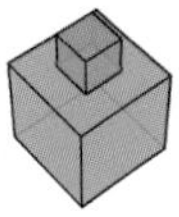
			편집	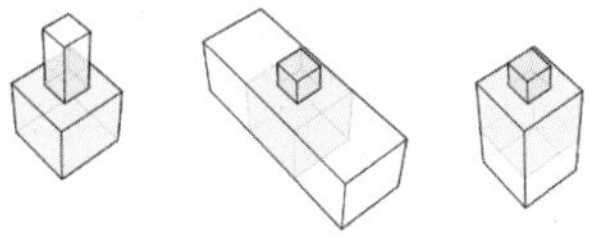
	3. Bridge (연결하기)	서로 떨어진 조형 사이를 연결한다.	기본조형	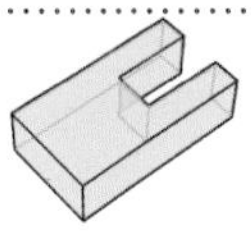
			편집	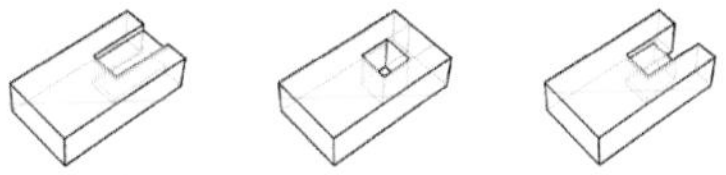
	4. Extend (연장하기)	돌출된 면을 연장한다.	기본조형	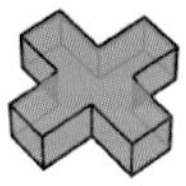
			편집	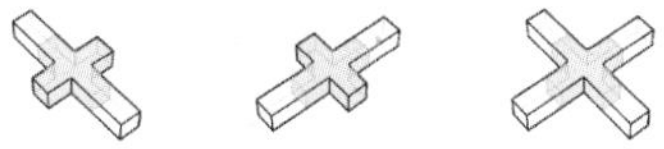
	5. Fill (채우기)	조형의 구멍을 채운다.	기본조형	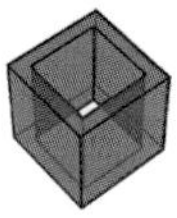
			편집	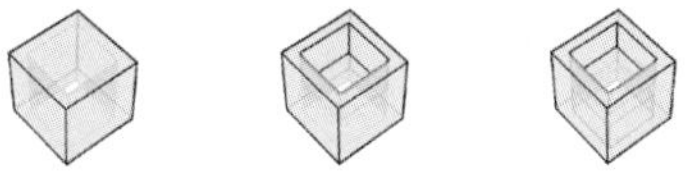

< 제너레이티브 디자인 조형 편집과 관련한 동사와 대표 이미지 *(감산편집)* >

분류기준	조형 동사	설명	조형 편집 예시	
Subtract (감산편집)	6. Remove (제거하기)	불필요한 요소를 제거한다.	기본조형	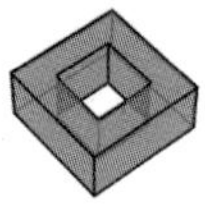
			편집	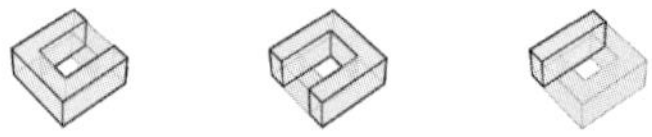
	7. Trim (교차 영역 자르기)	교차하는 영역의 불필요한 요소를 잘라서 제거한다.	기본조형	
			편집	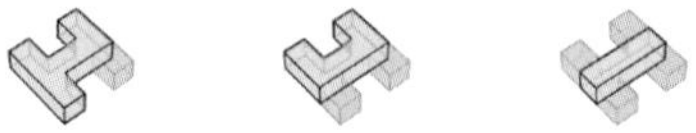
	8. Cut & Difference (빼내기)	두 개 이상의 조형이 겹친 상태에서 교차된 영역을 제거한다.	기본조형	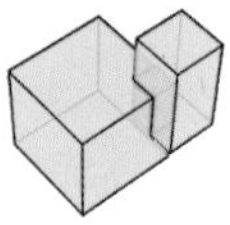
			편집	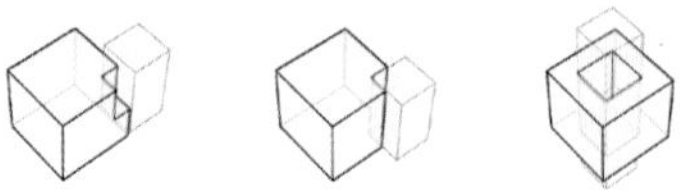
	9. Carve & Hole (구멍 뚫기)	조형의 일부를 깎아내거나 구멍을 뚫는다	기본조형	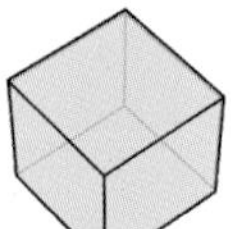
			편집	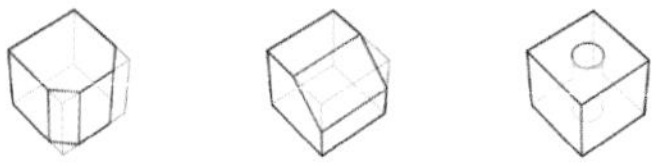

< 제너레이티브 디자인 조형 편집과 관련한 동사와 대표 이미지 *(이동편집)* >

분류기준	조형 동사	설명	조형 편집 예시	
Displace (이동편집)	10. Move & Shift (이동하기)	조형을 이동한다.	기본조형	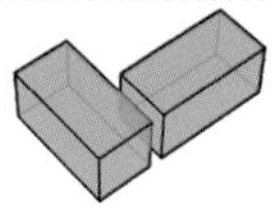
			편집	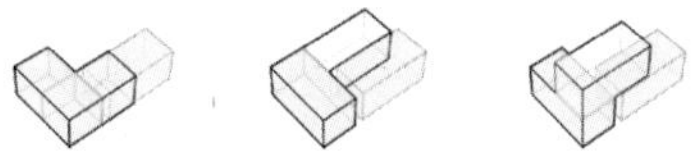
	11. Overlap (겹치기)	두 개 이상의 조형을 서로 겹친다.	기본조형	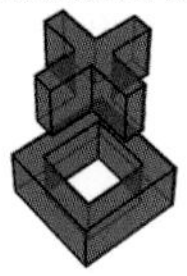
			편집	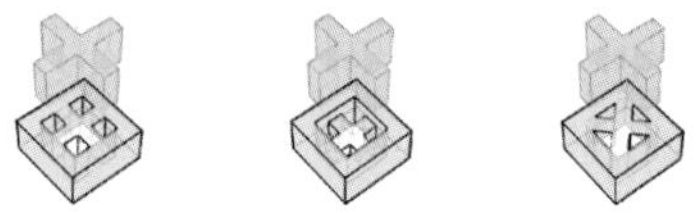
	12. Split (잘라내기)	조형의 일부를 잘라내어 나눈다.	기본조형	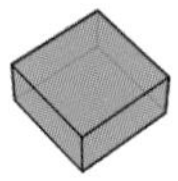
			편집	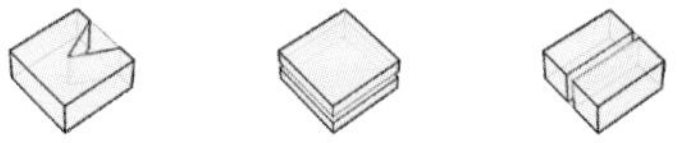
	13. Rotate (회전하기)	조형을 일정 각도로 회전한다.	기본조형	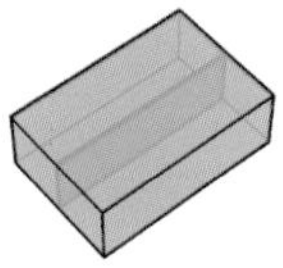
			편집	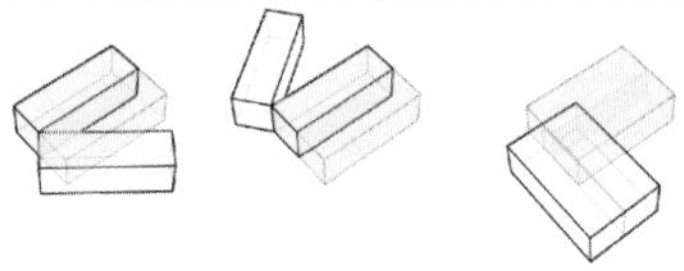

< 제너레이티브 디자인 조형 편집과 관련한 동사와 대표 이미지 *(응용편집)* >

분류기준	조형 동사	설명	조형 편집 예시	
Application (응용편집)	14. Grade (층 나누기)	조형에 층을 나누어 계단 형태로 만든다	기본조형	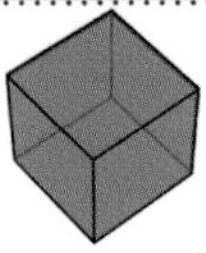
			편집	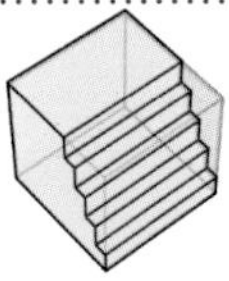
	15. Rib (보강대)	조형을 제품의 내부에 보강대로 세운다.	기본조형	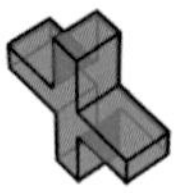
			편집	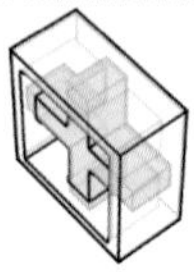
	16. Character Line (캐릭터 라인)	조형을 제품의 외부에 캐릭터 라인으로 돌출시킨다.	기본조형	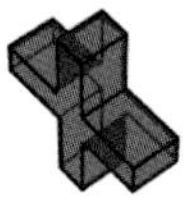
			편집	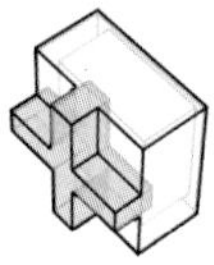
	17. Flatten (평면화)	면이 고르지 못하거나 휘어진 조형의 표면을 평면화 한다.	기본조형	
			편집	

B. 제너레이티브 디자인의 제품 디자인 활용

인공지능 기반의 제너레이티브 디자인은 주어진 설계목표에 부합하는 결과물을 컴퓨터 스스로 생성하는 것으로 제품개발 초기 단계에서부터 프로젝트의 목적이나 방향에 따라 개발 초기단계에서부터 활용할 수 있으며, 인간의 상상력을 뛰어넘는 결과물을 생성한다는 점에서 제품개발을 위한 시간과 비용을 줄일 수 있는 융합 프로세스의 새로운 대안으로 주목을 받고 있습니다.

과거의 3D 소프트웨어의 활용은 디자인 조형 개발과정에서 결과물을 데이터화 시키기 위해 사용하는 것이 목적이었다면 제너레이티브 디자인은 설계목표에 따른 변수나 옵션에 따라 다양한 디자인을 생성하여 제품의 구조적 문제해결과 창의적인 조형개발에 도움을 주는 등 활용범위가 확대되고 있습니다. 또한, 결과물에 오류가 발생하였을 경우 중간과정에서 입력하였던 설계조건의 수정으로 결과물을 도출함으로써 오류에 빠르게 대응하여 개발 기간, 비용 등의 자원을 절약하며 제품 디자인의 전 프로세스에 활용 가치가 크다고 할 수 있습니다.

제품 디자인 개발을 위한 프로세스에 제너레이티브 디자인을 활용 시

첫째, 제품의 기획 단계에서 상품과 마케팅 관점에 대한 기획뿐 아니라 제품개발에 영향을 줄 수 있는 다양한 변수를 살펴보고 그 변수를 적용하여 아이디어의 구상과 전개에 활용할 수 있습니다.

둘째, 변수와 옵션이 적용되어 생성된 결과물을 활용하여 디자인 개발 이후 발생할 수 있는 오류를 최소화 할 수 있으며, 디자인 개발 중에도 발생할 수 있는 오류에도 변수나 옵션의 수정으로 즉각적으로 대응함으로써 제품개발에 소모되는 일정 및 비용, 커뮤니케이션의 부재를 최소화시킬 수 있습니다.

셋째, 생성된 제너레이티브 조형의 여러 시안은 디자이너의 창의적인 조형 탐구에 유용한 도구로 활용될 수 있습니다.

넷째, 양산 및 출시 이후에 발생하는 문제에 대해서도 문제가 발생한 변수와 옵션을 피드백으로 활용하여 신제품 또는 개선제품에 적용할 수 있습니다.

이렇게 제너레이티브 디자인은 제품 디자인 개발의 전체 프로세스에서 유용하게 활용될 수 있으며, 디자이너의 창의적인 조형에 대한 영감 및 설계에 대한 솔루션을 제공해 줄 뿐 아니라 나아가 디자이너와 엔지니어, 클라이언트 간의 마찰을 최소화시키고 제품 디자인 개발의 선순환 구조를 통하여 경쟁력 있는 제품개발에 도움을 줄 수 있습니다.

▲ 제너레이티브 디자인을 활용한 제품 디자인 개발의 선순환 구조

C. 제너레이티브 디자인을 활용한 제품 디자인 개발

제너레이티브 디자인 기반의 제품 디자인 개발에서는 일반적으로 경량화 및 최적화 형상 구현 목적의 제너레이터브 디자인 활용을 넘어서 제품 디자인의 구조와 조형 개발의 목적으로 활용한 사례로 구성하였습니다.

첫 번째는 저자의 제품 디자인 개발 사례로 가구, 패션, 운송, 공구 등 다양한 분야의 제품 디자인에 제너레이티브 디자인을 활용한 컨셉디자인과 실제 제품개발 사례를 소개합니다. 그리고 두 번째는 디자이너와 디자인전공 학생들을 대상으로 진행했던 워크숍의 프로젝트 사례로 제너레이티브 디자인을 활용한 제품 디자인 개발 과정과 결과물을 바탕으로 구성하였습니다.

1 컨셉 디자인 및 제품개발 사례

2019년 밀라노디자인위크에서 공개된 필립스탁의 Ai Chair 사례는 당시 저자에게 꽤나 큰 충격으로 다가왔습니다. Ai Chair의 생성과 개발과정을 보면서 기존의 디자인과는 매우 다른 프로세스와 디자인의 독창성을 볼 수 있었습니다. 이 모든 것이 인간의 손이 아닌 컴퓨터, 인공지능과의 협업으로 만들어 낼 수 있다는 점과 단순히 조형적인 이점뿐 아니라 공학적인 데이터에 근거하여 객관적인 결과물을 만들어낸다는 점에서 앞으로의 제조산업과 디자인프로세스에 큰 영향을 주게 될 것이라 확신하고 기대하게 되었습니다.

▲ 오토데스크의 제너레이티브 디자인과 협업하여 만들어진 필립스탁의 Ai Chair (출처:오토데스크)

❶ GD Stool

저자는 필립스탁의 Ai Chair 사례를 접한 후, 직접 제너레이티브 디자인을 제품 디자인에 활용해보고자 가구 뿐아니라 패션, 운송, 공구, 소품 등 다양한 분야의 제품을 제너레이티브 디자인을 활용하여 컨셉디자인을 제안해보았습니다.

가장 먼저 시도했던 디자인은 제너레이티브 디자인 스툴입니다. 필립스탁의 Ai Chair와 유사한 스툴을 테마로 하여 시트를 고정하는 브라켓에 제너레이티브 디자인을 적용해보았습니다.

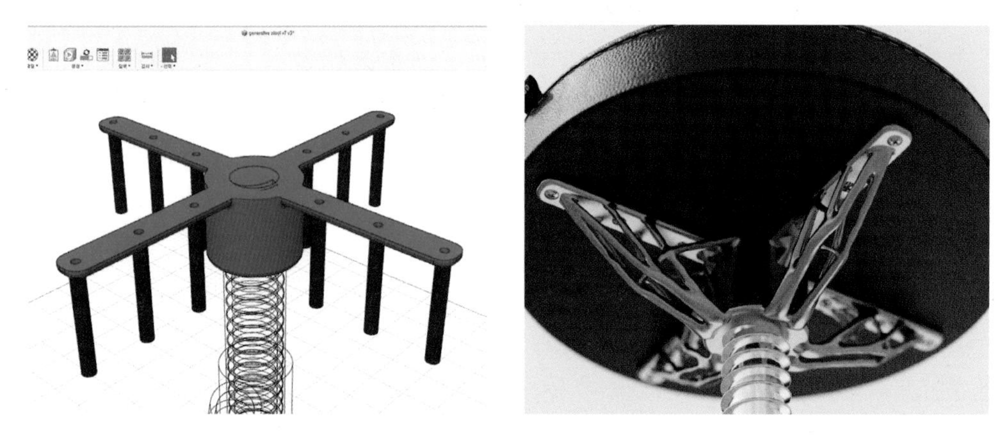

▲ 스툴의 브라켓 파트에 적용한 제너레이티브 디자인 형상과 결과물 적용 이미지

▲ GD(Generative Design) Stool

❷ GD Chair

GD Stool에서는 제품의 전체 조형이 아니라 시트와 다리를 고정하는 일부 부품에만 제너레이티브 디자인을 활용하였다면 GD Chair는 필립스탁의 사례처럼 의자의 전체 조형에 제너레이티브 디자인의 특징이 잘 나타나도록 시도해보았습니다.

최초 디자인은 등받이와 시트, 그리고 시트에 4개의 의자 다리를 모델링하였습니다. 그리고 사람의 앉는 힘, 등받이에 기대는 힘을 하중조건으로 장애물 영역과 디자인 영역을 지정하여 제너레이티브 디자인을 진행하였습니다.

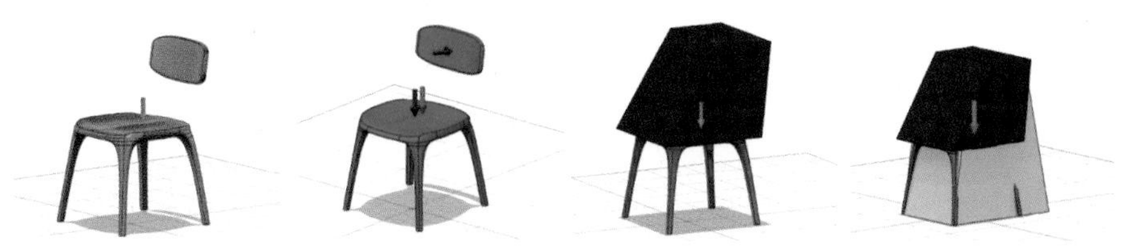

▲ GD Chair의 제너레이티브 디자인 설계 과정

GD Chair는 컨셉 디자인으로 제안하기 위해 제조방식에 대해서는 자유로운 형상이 나올 수 있는 적층 방식으로 진행하였습니다. 그리고 생성된 결과물 중 디자인 활용에 유의미한 조형을 선택하여 불필요해 보이는 구조는 삭제하고 불규칙한 면은 매끄럽게 다듬는 등의 리터칭 후 GD Chair Ver.1의 최종 디자인을 제안하였습니다.

▲ GD Chair Ver.1의 제너레이티브 디자인 생성 결과물

▲ 리터칭 후 완성된 GD Chair Ver.1

제너레이티브 디자인은 꼭 필요로 하는 객체 외에도 추가 객체를 유지형상으로 지정하여 더욱 다양한 결과물을 만들어 낼 수 있습니다. 위에서 보여준 GD Chair Ver.1과 같이 시트와 등받이의 기본디자인에 팔걸이 형상 객체를 추가하여 제너레이티브 디자인을 생성하였으며, Ver.1의 결과물과는 또 다른 다양한 형상을 만들어 낼 수 있었습니다.

▲ GD Chair Ver.2

❸ GD Hammer

제너레이티브 디자인으로 제작한 망치 디자인입니다. 망치의 기능적인 역할을 할 수 있는 머리 부분과 못뽑이 부분만을 모델링 한 후 하중조건을 설정하였으며, 손잡이가 연결될 수 있는 부분에 구속조건을 설정하여 제너레이티브 디자인을 진행하였습니다.

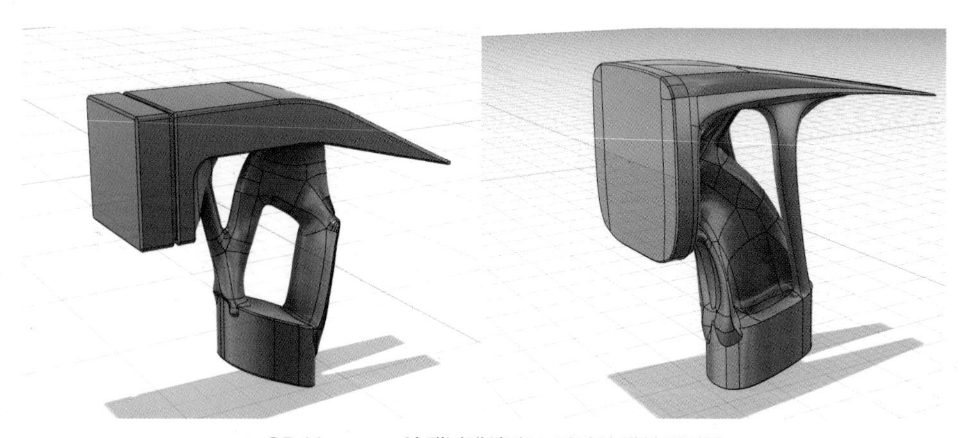

▲ GD Hammer의 제너레이티브 디자인 생성 결과물

▼ GD Hammer

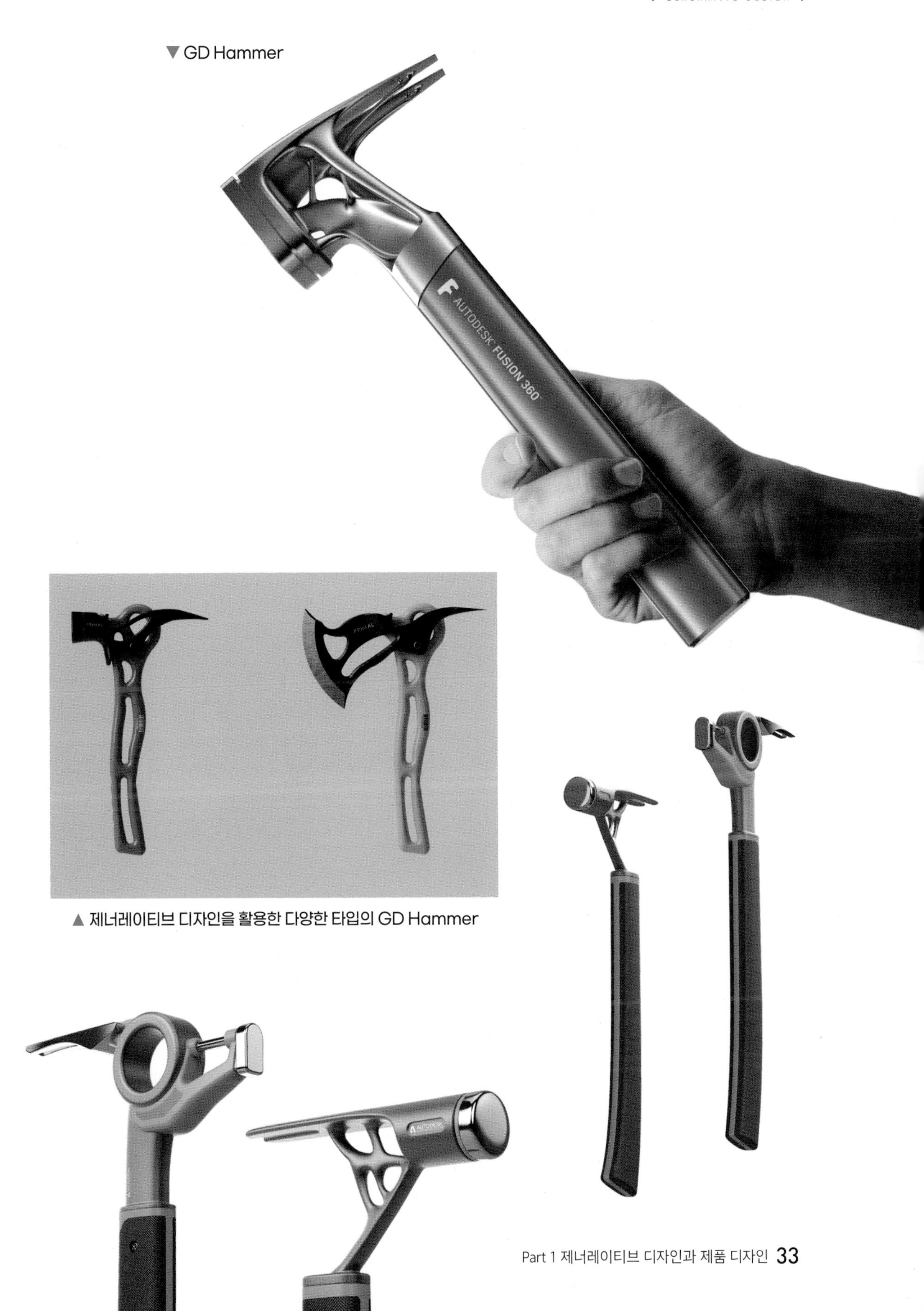

▲ 제너레이티브 디자인을 활용한 다양한 타입의 GD Hammer

❹ GD HighHeel

3D 프린팅이 보급되기 시작하면서 다양한 분야의 제품에 개인 맞춤형 제작이 가능해졌습니다. 이미 해외 사례를 통하여 제너레이티브 디자인을 활용한 신발이나 구두의 맞춤형 솔(*Sole*) 제작 사례를 찾아볼 수 있습니다.

GD HighHeel은 사람의 발 앞꿈치와 뒤꿈치에 적용되는 하중을 기반으로 생성된 유기적인 형태를 HighHeel 조형에 그대로 적용한 사례입니다.

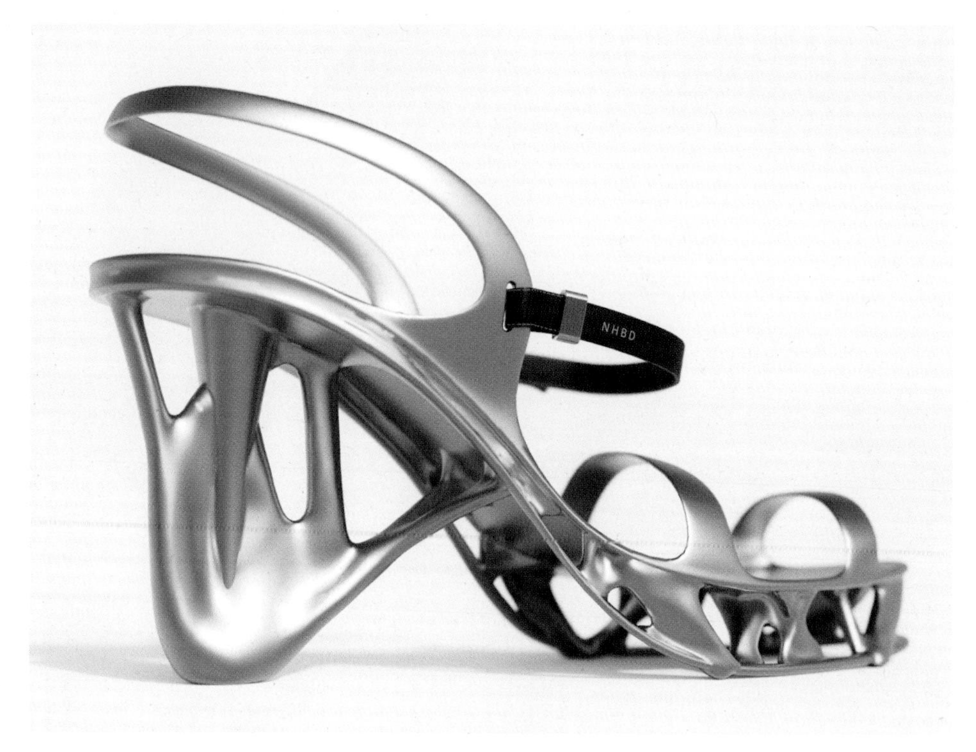

▲ GD HighHeel

❺ GD TreeBall

퓨전 360 커뮤니티에서 크리스마스 시즌 트리 장식물 모델링 챌린지 당시 만든 제너레이티브 디자인 트리 볼입니다. 빛이 발광할 때 퍼지는 그림자는 제너레이티브 디자인이 생성한 유기적인 구조의 조명 커버로 인해 독특한 분위기를 연출할 수 있습니다.

▲ GD TreeBall

❻ GD Watch Strap

제너레이티브 디자인은 무게가 많이 나가거나 부피가 있는 제품에만 적용되는 것은 아닙니다. 작은 소품이나 액세서리에도 제너레이티브 디자인을 활용하여 더욱 독창적이고 새로운 디자인을 만들어 낼 수 있습니다. 만약, 특정 하중이 반영되는 제품이라면 더욱 제너레이티브 디자인의 활용도가 높을 것입니다.

GD Watch Strap은 애플워치 스트랩을 제너레이티브 디자인으로 생성된 결과물을 적용하여 만들어본 사례입니다. 스트랩이 체결되었을 때 길이 조절 구멍에 적용될 수 있는 하중을 각각 적용하여 Mesh 구조의 스트랩을 만들어 볼 수 있었습니다.

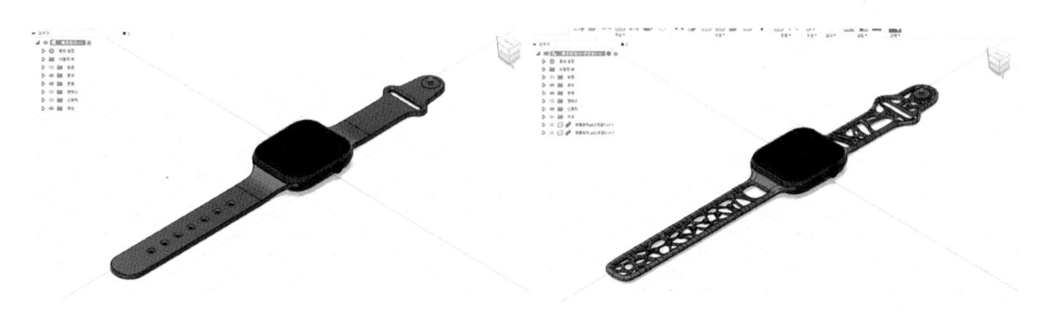

▲ GD Watch Strap 제너레이티브 디자인 생성 전·후

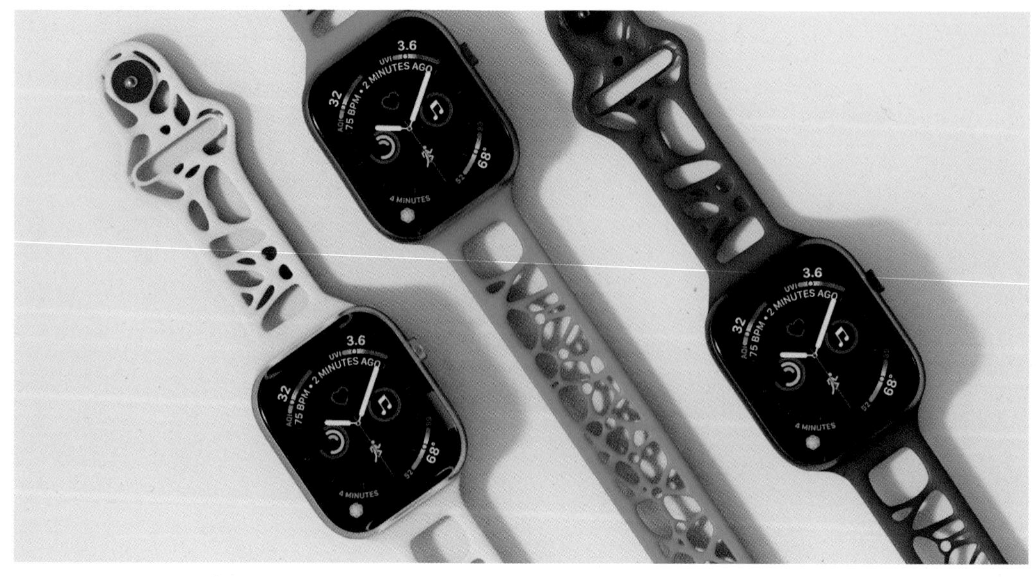

▲ GD Watch Strap

❼ GD Bench

2022년 DDP 디자인페어에서 공개했던 GD Bench입니다. UHPC라고 하는 콘크리트 재질의 벤치로 성인 남자 3명의 무게를 견딜 수 있는 하중조건을 기본으로 적용하여 다양한 결과물을 생성하였고, 그중 디자인 적용에 의미가 있을 결과물을 선택하여 최종 디자인에 적용하였습니다.

처음 시도는 단순히 사람이 앉는 영역인 시트 파트만을 유지 형상으로 하여 제너레이티브 디자인을 적용하였으나 UHPC의 강력한 강도에 의해 단순한 결과물만이 생성되었습니다.

이후, 좀 더 다양하고 새로운 결과물을 생성하기 위해 다리 없이 시트로만 이루어졌던 유지 형상에 다리를 세우고 높이를 낮춘 뒤, 새로운 시트 파트를 위쪽에 추가하여 기본 형상을 수정하였습니다. 이어서 기본 하중 외에 전·후·좌·우의 다양한 방향에서 하중이 작용하고, 일부 영역에 제너레이티브 디자인 생성을 방해하는 장애물 형상을 추가하여 제너레이티브 디자인 결과물을 생성하였습니다.

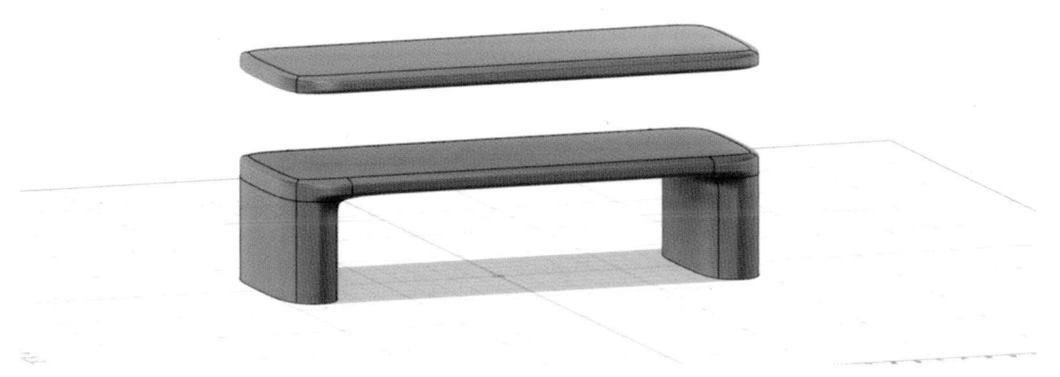

▲ GD Bench의 유지 형상

▲ GD Bench 최종 디자인

▲ UHPC 소재를 적용한 GD Bench 시제품

❽ GD Candle

2022년 DDP 디자인페어에서 공개했던 GD Candle입니다.

제너레이티브 디자인을 활용하여 새로운 느낌의 디사인을 표현하고 기존의 오브제 타입의 캔들과 캔들 홀더와는 차별되는 유기적인 조형의 제품으로 만들어보았습니다.

▲ GD Candle & Candle Holder

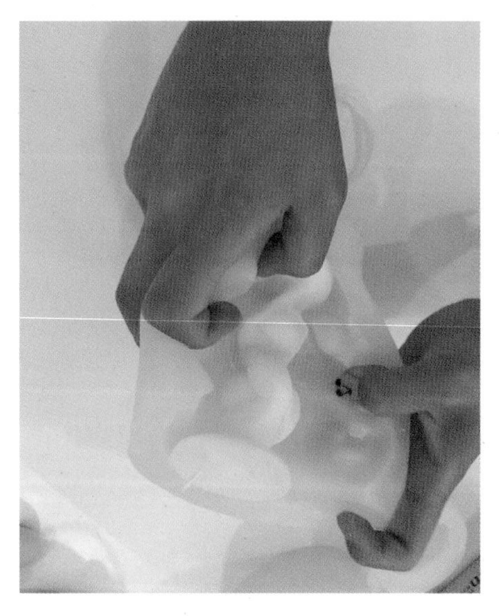

▲ 실리콘 몰드로 제작하는 GD Candle

❾ GD Drone

제너레이티브 디자인으로 경량화와 디자인 조형 제작 목표를 달성하고자 수행했던 드론 디자인 프로젝트 사례입니다.

모터, 배터리, PCB 등 필수적으로 적용되야 하는 기구 파트의 스펙과 드론의 전체 스펙을 고려하여 기본 형상을 만들었습니다. 그리고 기구물을 고정시킬 영역은 유지 형상, 기구물이 장착되는 영역은 장애물 형상으로 지정하였으며, 블레이드가 회전하는 회전 영역 또한 장애물 형상으로 지정하였습니다.

제너레이티브 디자인에 적용된 하중조건은 드론 중심의 유지 형상을 구속조건으로 하고 추력에 의한 하중과 기체 기구물 무게에 의한 하중, 비행시 공기저항에 의한 하중을 적용하여 결과물을 생성하였습니다.

생성된 프레임에서 드론 디자인 개발에 적합한 결과물을 선정하여 최종디자인에 적용하였으며, 기존의 동급 드론 대비 21% 정도의 경량화 달성에 성공하였습니다.

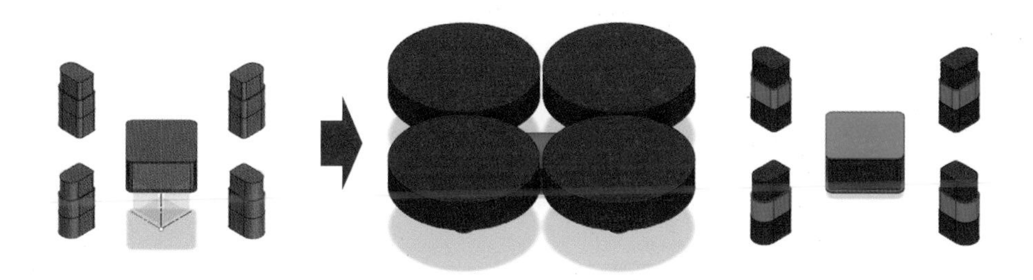

▲ GD Drone의 기본 형상 모델링과 유지·장애물 형상 영역

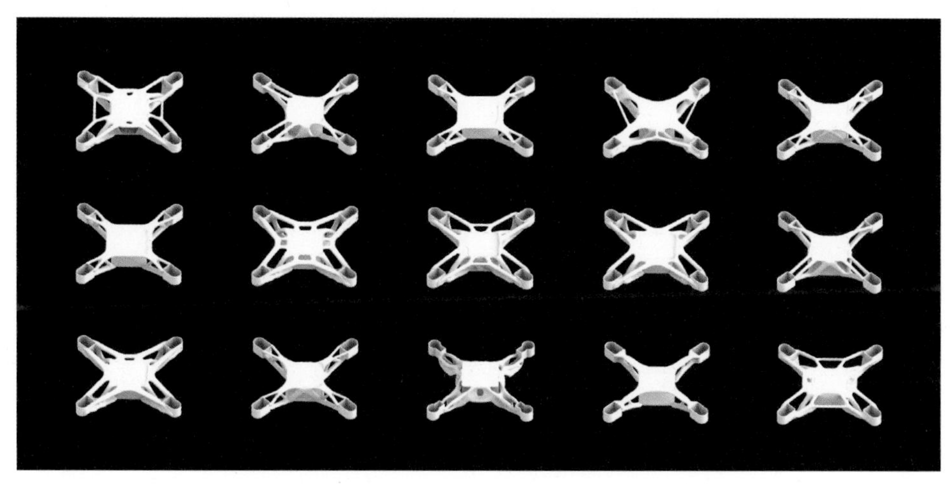

▲ 제너레이티브 디자인으로 생성된 드론 프레임 결과물

▲ GD Drone 최종 디자인

▲ GD Drone 최종 시제품

2 제너레이티브 디자인 워크숍 프로젝트

지금까지의 제너레이티브 디자인은 대부분 엔지니어링 분야에서 제품의 외형이나 특정 부품의 공학적인 설계목표에 부합하는 솔루션을 얻어내기 위해 사용되어왔습니다. 그러나 필립스탁의 Ai Chair를 보면서 공학적인 요구조건을 만족하면서도 인간의 창의력을 뛰어넘는 조형을 제안하고 디자인의 영감을 얻을 수 있는 제품 디자인에서의 가능성 또한 볼 수 있었습니다.

제너레이티브 디자인의 워크숍 프로젝트 사례에서는 실제로 디자이너들이 제품 디자인 프로젝트에 제너레이티브 디자인을 어떻게 사용하고 디자인을 제안했는지 그 과정과 결과물을 소개하고자 합니다.

프로젝트 사례는 총 두 가지의 테마를 소개하고 있습니다. 첫 번째는 구조적으로 공학적인 설계

목표가 요구되는 제품으로 제너레이티브 디자인을 가장 잘 표현할 수 있는 '의자'를 주제로 진행하였으며, 이와는 특별히 요구되는 하중조건 없이 비교적 디자이너의 주관적인 감각과 감성이 반영될 수있는 '골프 퍼터 헤드'를 두 번째 테마로 진행하였습니다.

본 사례에서 소개한 디자인은 설계의 목적보다는 일부 설계목표를 만족시키면서도 조형적으로 의미 있는 결과물을 생성하고 제품 디자인의 영감을 얻어낼 수 있는 디자인 조형 개발을 목적으로 진행된 사례입니다.

단순한 디자인 사례의 결과물로 보기보다는 참여한 디자이너 각자의 방식으로 제너레이티브 디자인을 활용한 과정과 결과물 활용 방법을 참고하시기를 바라며, 제품 디자인 및 조형적으로 아름다운 엔지니어링 부품 제작에 새로운 솔루션이 되시길 바랍니다.

- 제너레이티브 디자인을 활용한 의자 디자인 -

제너레이티브 디자인의 제품 디자인 조형 활용 사례에서 볼 첫 번째 테마인 의자는 시트, 등받이, 다리 등의 기능요소로 이루어져 있으며, 사람의 체중이나 기대는 힘을 견뎌야 하는 하중 등으로 비교적 단순하지만 제너레이티브 디자인을 가장 잘 표현해줄 수 있는 설계요소로 이루어져 있습니다.

< 제너레이티브 디자인을 활용한 의자 디자인의 설계 요구사항 >

하중 조건 (시트)	● 1,500N (약 150kg)
하중 조건 (등받이)	● 500N (약 50kg)
시트 높이	● 500~550mm
등받이 높이	● 850mm
소재	● 플라스틱 소재 사용
제조방법	● 다양한 조형 및 구조를 생성하기 위해 제한 없이 자유롭게 적용
비고	● 시트 및 등받이는 필수 유지 형상으로 하며 형태는 자유롭게 적용 ● 제너레이티브 디자인 결과물의 다양성을 위해 유지 형상으로 사용할 수 있는 추가 객체 생성 허용 ● 디자인 콘셉트에 따라 시작 형상 생성 가능 ● 제너레이티브 디자인 결과물을 활용하되 디자인 전개는 자유롭게 진행

제너레이티브 디자인은 기본적으로 설계목표에 부합하는 최적 형상과 구조개선, 경량화 등의 설계 문제를 해결하기 위한 솔루션으로 사용되어왔으나 기존의 활용범위를 넓혀 다양한 구조와 조형을 생성하고 디자인에 활용할 수도 있습니다.

의자 디자인의 제너레이티브 디자인 활용은 앉았을 때의 무게 약 150kg, 앉아서 등받이에 미는 힘 약 50kg의 요구되는 하중 조건과 ABS 소재 사용 등의 설계조건은 유지하도록 하고 제조 방법에는 제한을 두지 않은 상태에서 자유롭게 제너레이티브 디자인 결과물을 생성하였습니다.

본 사례에서는 시트와 등받이 높이는 유지하며 개별 콘셉트에 맞게 자유롭게 모델링하여 유지 형상으로 적용하였으며, 제너레이티브 결과물 생성을 유도하기 위해 유지 형상이나 장애물 형상 객체를 추가할 수 있도록 하고 프로젝트를 진행하였습니다.

❶ 제너레이티브 디자인 의자 A

A디자인은 시트와 등받이를 유지 형상으로 하는 초기 디자인을 진행하였습니다. 의자에 앉았을 때 좌착감을 높이기 위해서 시트와 등받이는 사람의 몸을 감싸듯이 안쪽으로 구부러진 형태로 퓨전 360의 프리폼 기능을 이용하여 모델링하였습니다. 또한, 기존의 의자와는 달리 고정관념에서 벗어나고자 다리 받침을 3개만 지정하여 유지 형상으로 추가하였으며, 사람이 앉아야 하는 공간은 붉은 색의 장애물 형상으로 지정하여 제너레이티브 디자인 생성을 막아주었습니다.

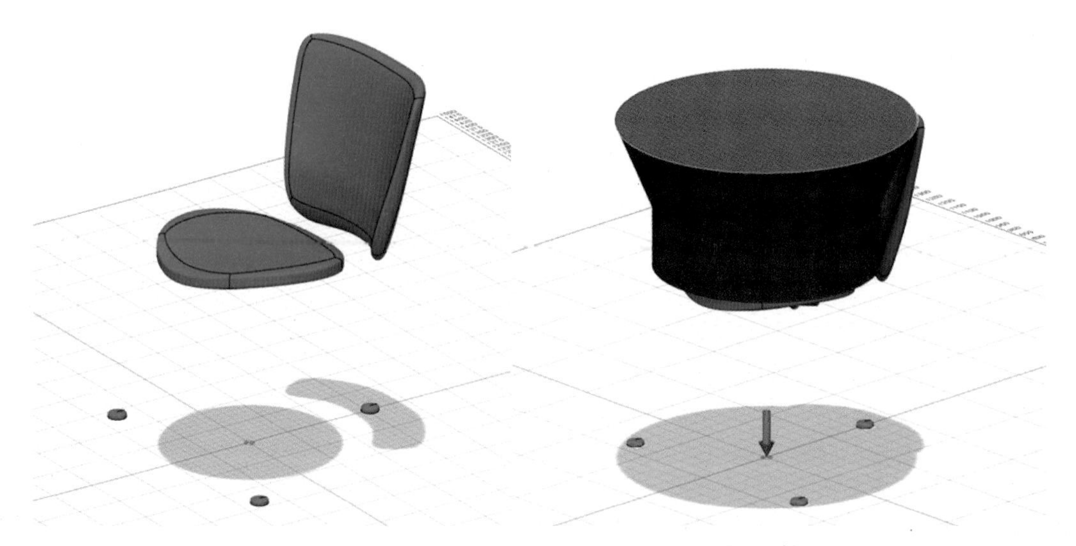

▲ 의자 디자인 A를 위한 제너레이티브 디자인 유지·장애물 형상

지면에 고정되는 바닥 부분을 구속 조건으로 설정하였으며, 앉는 힘과 등으로 미는 힘 등 제시된 하중 조건 외에 좀 더 다양한 결과물을 생성해보고자 시트의 앞·뒤 모서리, 등받이의 좌·우측, 다리 받침의 전면 등 다양한 방향의 하중 조건을 적용하였습니다.

소재는 프로젝트에서 제시한 설계목표와 같이 플라스틱 계열의 소재를 적용하였으며, 제조는 결과물 형상이 제한 없이 자유롭게 생성될 수 있도록 무제한 방식과 적층 방식을 적용하였습니다.

▲ 의자 디자인 A의 조형 개발을 위한 제너레이티브 디자인 하중·구속 조건

생성 결과, 유지 형상으로 적용한 3개의 다리 받침이 시트와 이어지는 다리형상을 만들었으며, 다리가 3개임에도 불구하고 설계조건으로 제시한 앉는 힘, 미는 힘을 견딜 수 있는 안정적인 결과물이 생성되었습니다. 최종 선택된 결과물은 구조와 조형을 참고하여 새롭게 편집하여 모델링을 하였습니다.

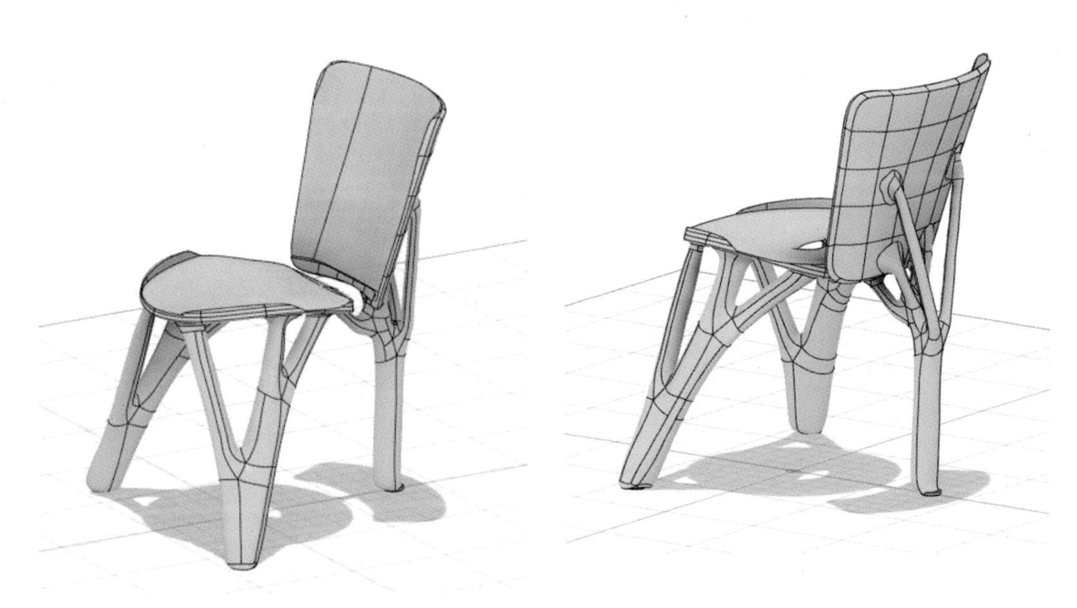

▲ 의자 디자인 A의 조형 개발을 위한 제너레이티브 디자인 생성 시안 선택

유지 형상 초기 생성 시에는 등받이의 상단이 좀 더 넓은 형태였으나 조형 편집과정에서는 등받이 하단이 더 넓어지면서 허리를 감싸며 받칠 수 있도록 편집하였으며, 제너레이티브 디자인으로 생성된 다리형상의 서페이스 평탄화 작업을 거쳐 최종 디자인을 제안하였습니다.

▲ 의자 디자인 A의 조형 개발을 위한 제너레이티브 디자인 결과물의 조형·구조 활용 및 편집

▲ 제너레이티브 디자인을 활용한 의자 디자인 A 최종 시안

❷ 제너레이티브 디자인 의자 B

B 디자인은 시트와 등받이, 4개의 다리 받침을 단순한 실린더 타입의 모델링으로 유지 형상을 적용하였으며, 별도의 유지 형상 추가 없이 사람이 앉아야 하는 영역은 사각형의 박스객체를 장애물 형상으로 지정하여 제너레이티브 디자인 생성을 방지하였습니다.

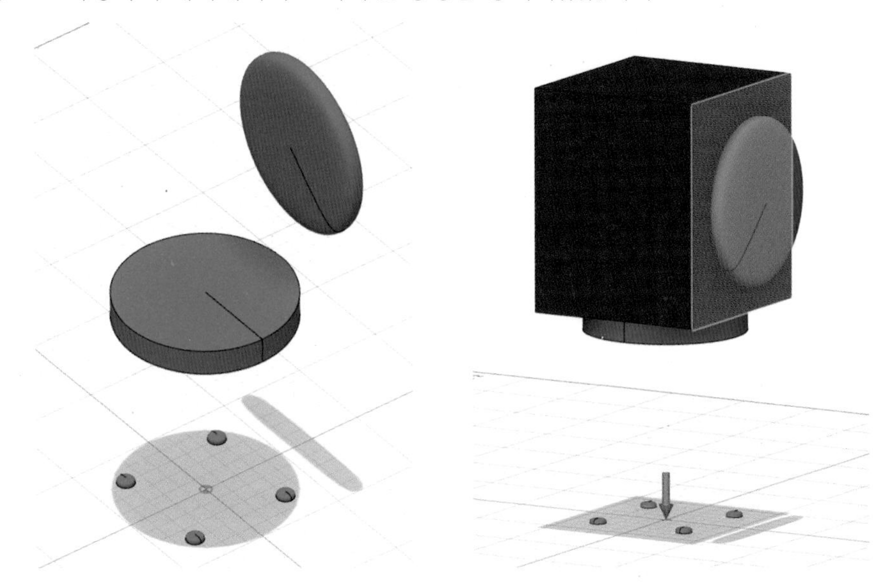

▲ 의자 디자인 B를 위한 제너레이티브 디자인 유지·장애물 형상

설계 조건으로는 다리 받침 네 군데의 바닥에 구속 조건을 설정하고 설계요구사항에서 제시한 하중 조건만을 적용해 제너레이티브 디자인을 생성하였습니다.

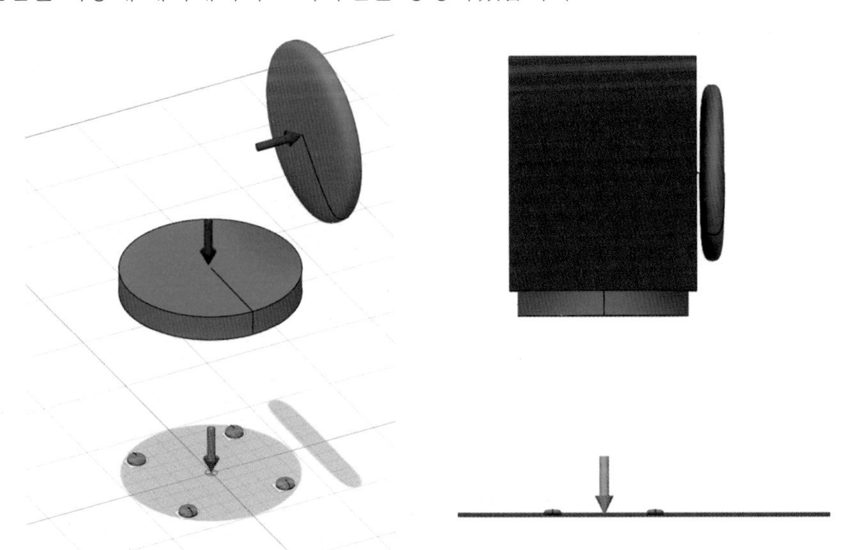

▲ 의자 디자인 B의 조형 개발을 위한 제너레이티브 디자인 하중·구속 조건

제너레이티브 디자인 생성 결과, 앉는 힘과 등으로 미는 힘에도 파손이나 변형되지 않는 조형과 구조로 결과물이 도출되었으나 의자 아래쪽 부분이 시각적으로는 매우 부피가 크고 무거워 보이는 구조로 생성된 것을 확인할 수 있었습니다.

해당 사례에서의 생성 결과물은 시트와 동일 넓이의 다리 받침이 유지 형상으로 적용되면서 제너레이티브 디자인 생성 시 앉았을 때와 등으로 밀 때의 하중을 견디면서 무게 중심을 유지하고 안정적인 구조 구현을 위해 하부 구조물이 두껍게 생성이 되는 것으로 볼 수 있습니다.

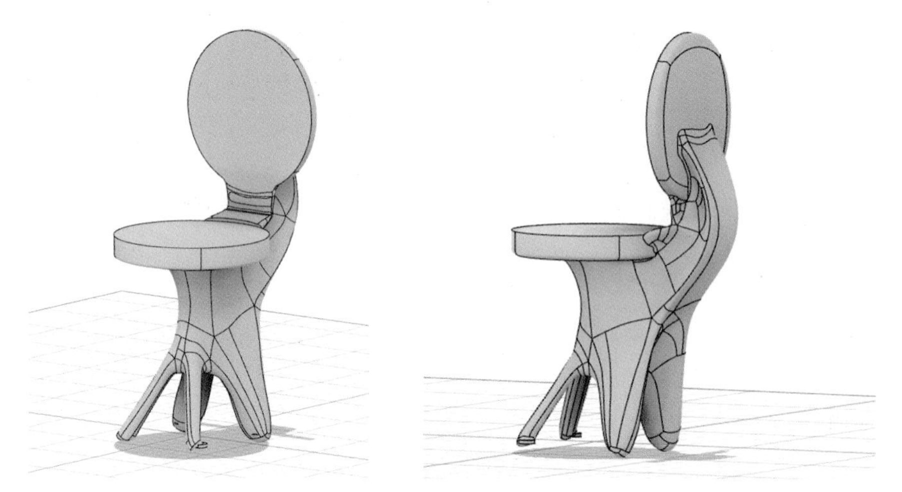

▲ 의자 디자인 B의 조형 개발을 위한 제너레이티브 디자인 생성 시안 선택

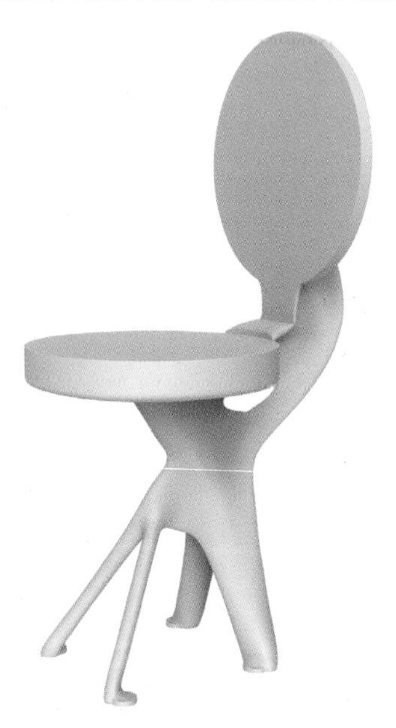

▲ 제너레이티브 디자인을 활용한 의자 디자인 B 최종 시안

❸ 제너레이티브 디자인 의자 C

C디자인은 제너레이티브 디자인의 유기적인 형상과 구조를 생성하고자 등받이와 팔걸이, 다리를 스플라인 곡선으로 이어지는 파이프 형상의 객체로 모델링하여 유지 형상으로 추가하였습니다. 그리고 파이프 전면과 상단, 시트 위쪽으로는 제너레이티브 디자인이 생성되지 않게 장애물 형상으로 지정하였습니다.

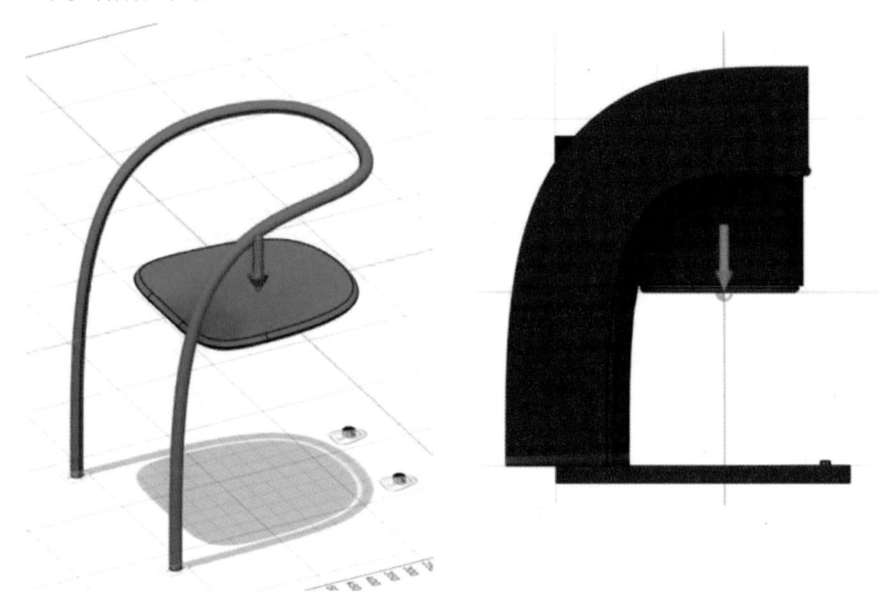

▲ 의자 디자인 C를 위한 제너레이티브 디자인 유지·장애물 형상

그리고 단순히 객체와 객체를 연결시키는 구조로 결과물을 생성하는 것이 아니라 연결과 동시에 다양한 구조 생성을 위해 기본 설계조건 외에 시트의 앞쪽과 다리 아랫부분에 하중 조건을 추가하여 결과물을 생성하였습니다.

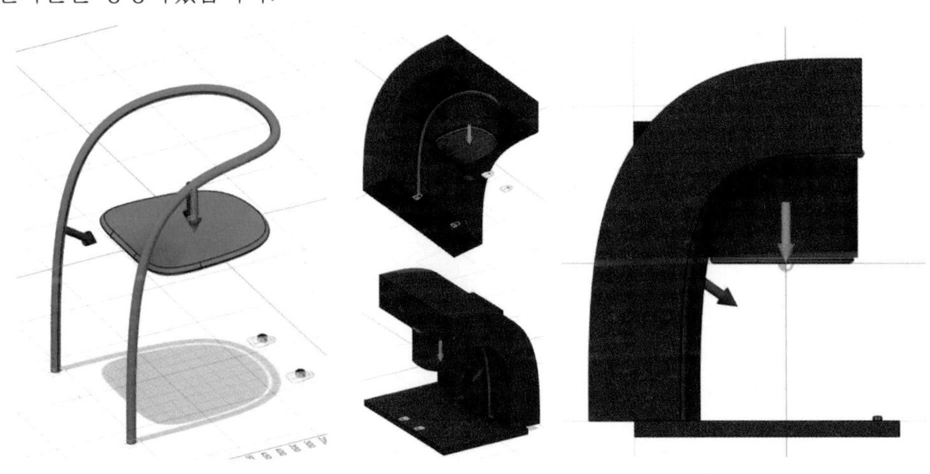

▲ 의자 디자인 C의 조형 개발을 위한 제너레이티브 디자인 하중·구속 조건

도출된 결과물 중 조형에 의미가 있다고 생각되는 선택된 시안을 3D 데이터로 변환 후 서페이스에 불규칙하게 생성된 면을 다듬고 절반으로 분할(Split) 후 대칭복사(Mirror) 기능을 적용하여 최종디자인을 제안하였습니다.

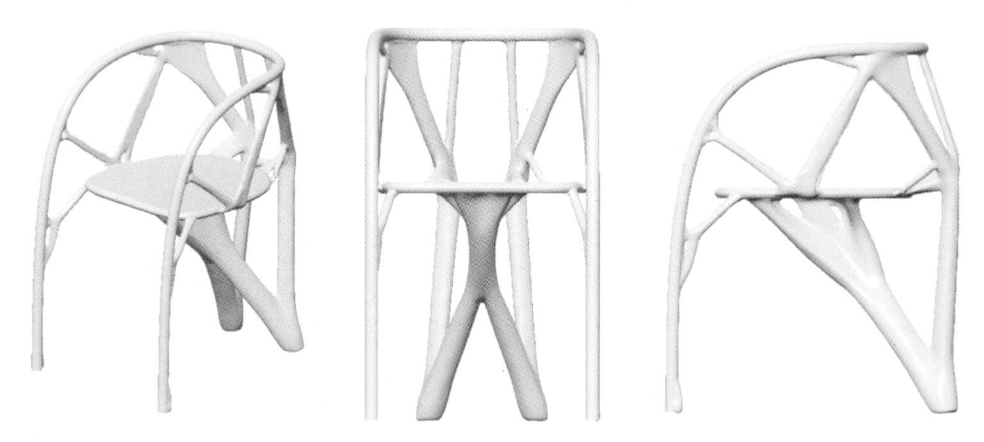

▲ 의자 디자인 C의 조형 개발을 위한 제너레이티브 디자인 생성 시안 선택

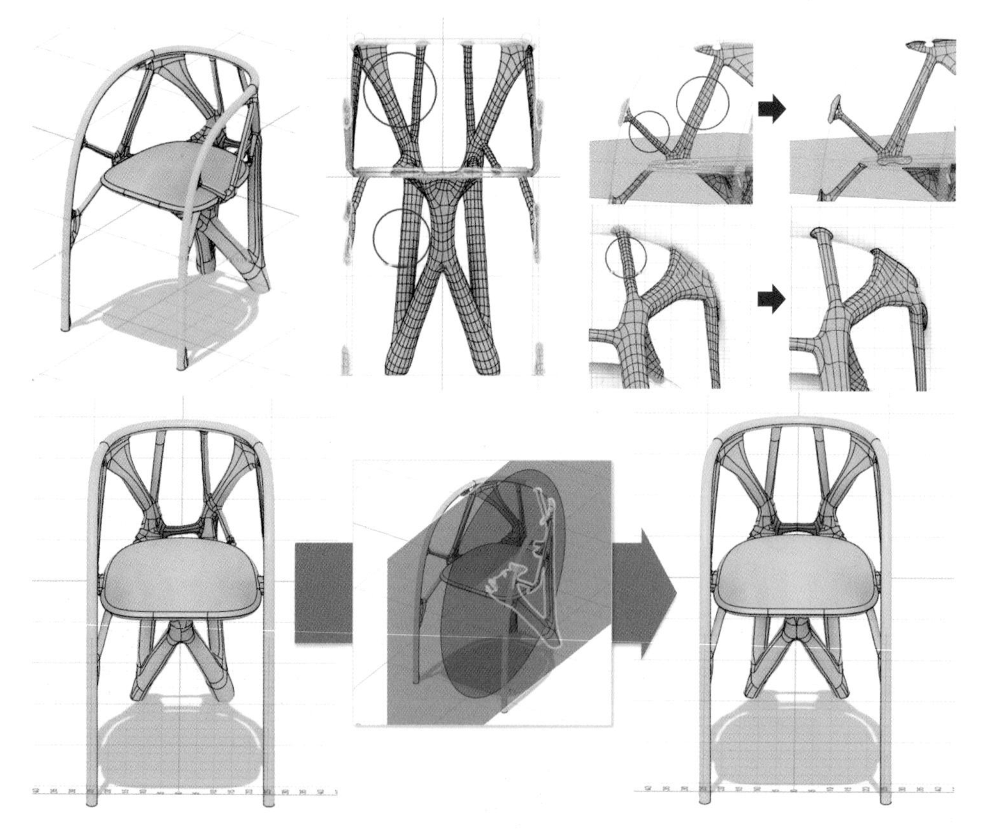

▲ 의자 디자인 C의 조형 개발을 위한 제너레이티브 디자인 결과물의 조형·구조 활용 및 편집

▲ 제너레이티브 디자인을 활용한 의자 디자인 C 최종 시안

❹ 제너레이티브 디자인 의자 D

D 디자인은 시트와 등받이, 길게 뻗은 팔걸이와 다리 받침을 유지 형상으로 하여 초기 콘셉트를 구상하였습니다. 그리고 다음 그림과 같이 사람이 앉는 공간인 좌판과 등받이를 포함하여 다리 받침 방향으로 내려오는 영역을 장애물 형상으로 지정하여 좌판 앞쪽으로 제너레이티브 디자인이 생성되는 것을 방지하였습니다.

또한, 시트와 다리 받침 사이 공간도 장애물 형상으로 설정하여 다른 사례에서 볼 수 있었던 시트 하단 가운데에서 뻗어 나가는 X자 형태의 구조 생성을 방지하고 새로운 조형과 구조 생성을 유도하고자 하였습니다.

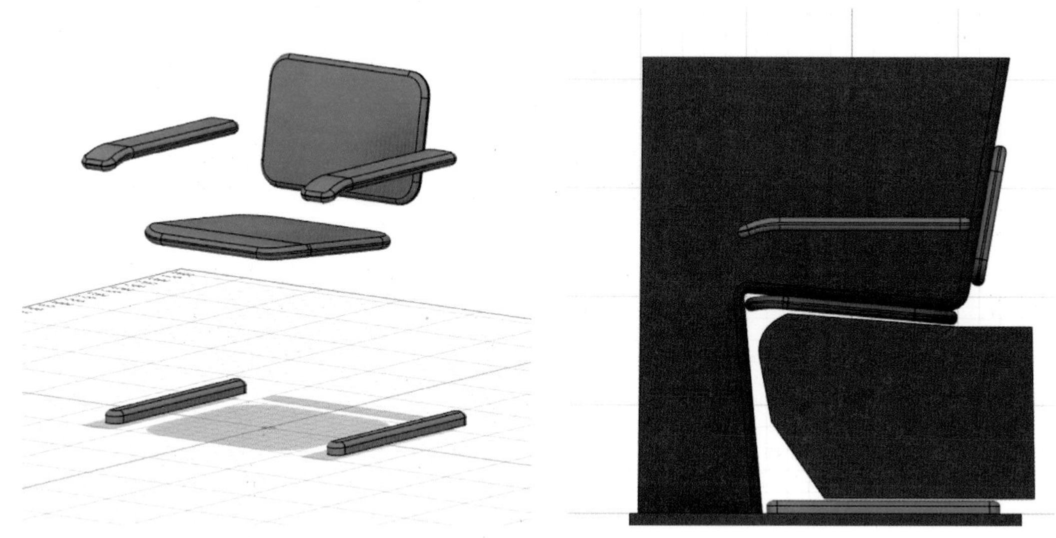

▲ 의자 디자인 D를 위한 제너레이티브 디자인 유지·장애물 형상

생성되는 결과물의 다양성을 위해 하중조건의 힘을 분산시키고자 유지 형상을 여러 조각으로 분할시켰으며, 기본적으로 적용되어야 하는 설계조건 외에 등받이 위에서 누르는 힘, 팔걸이를 누르는 힘과 뒤쪽에서 전면으로 미는 힘, 안쪽에서 바깥쪽으로 미는 힘, 시트의 전면에서 미는 힘 등 다양한 방향에서 하중이 적용될 수 있도록 하였습니다.

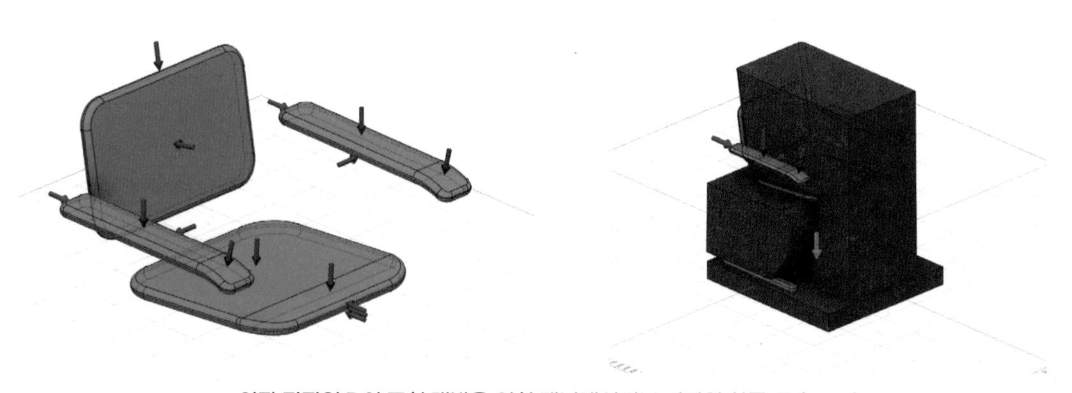

▲ 의자 디자인 D의 조형 개발을 위한 제너레이티브 디자인 하중·구속 조건

제너레이티브 디자인 학습결과, 장애물 형상의 영향으로 앞의 다른 사례와는 달리 좌판과 다리 받침 사이에 어떠한 조형·구조도 생성되지 않은 것을 볼 수 있었습니다. 대신 팔걸이에서부터 다리 받침으로 이어지는 다양한 결과물이 생성된 것을 볼 수 있었습니다.

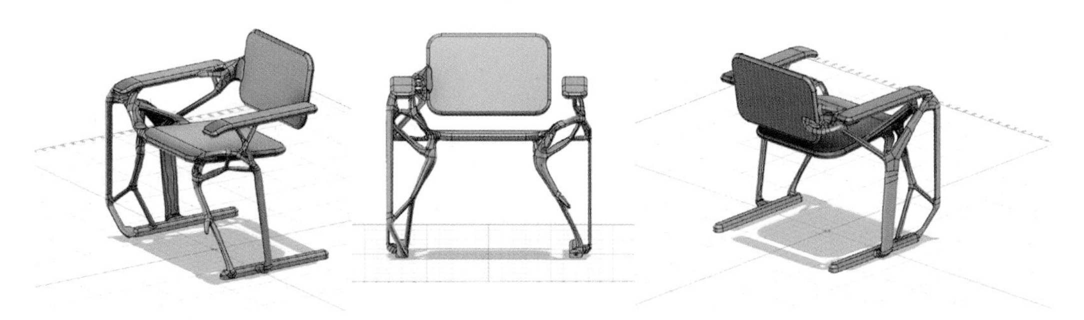

▲ 의자 디자인 D의 조형 개발을 위한 제너레이티브 디자인 생성 시안 선택

D 디자인은 생성된 결과물 중 유의미하다고 판단한 결과물 1안을 선택하였으며, 초기에 유지 형상으로 생성하였던 등받이와 시트, 팔걸이, 다리 받침의 형상과 위치를 유지한 상태에서 결과물의 조형과 구조를 참고하여 돌출*(Extrude)*, 평면화*(Flatten)*, 구부리기*(Bend)*, 제거*(Remove)* 등의 조형 편집 기능을 이용하여 최종디자인을 제안하였습니다.

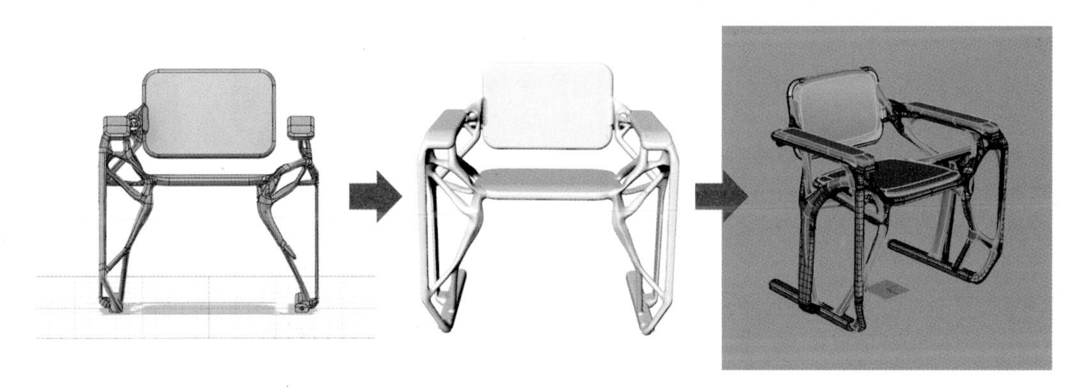

▲ 의자 디자인 D의 조형 개발을 위한 제너레이티브 디자인 결과물의 조형·구조 활용 및 편집

D 디자인은 생성된 결과물 중 유의미하다고 판단한 결과물 1안을 선택하였으며, 초기에 유지 형상으로 생성하였던 등받이와 시트, 팔걸이, 다리 받침의 형상과 위치를 유지한 상태에서 결과물의 조형과 구조를 참고하여 돌출*(Extrude)*, 평면화*(Flatten)*, 구부리기*(Bend)*, 제거*(Remove)* 등의 조형 편집 기능을 이용하여 최종디자인을 제안하였습니다.

▲ 제너레이티브 디자인을 활용한 의자 디자인 D 최종 시안

❺ 제너레이티브 디자인 의자 E

E 디자인은 시트와 등받이, 4개의 다리 받침을 유지 형상으로 설정하였으며, 사람이 앉는 공간을 포함하여 의자의 대략적인 실루엣이 표현될 수 있도록 다양한 형상과 위치에 장애물 형상을 지정하였습니다. 현재 상태에서도 제너레이티브 디자인 결과가 생성될 수 있으나 E 디자인은 시트와 등받이, 다리 받침을 연결하는 실루엣을 시작 형상으로 지정하였습니다.

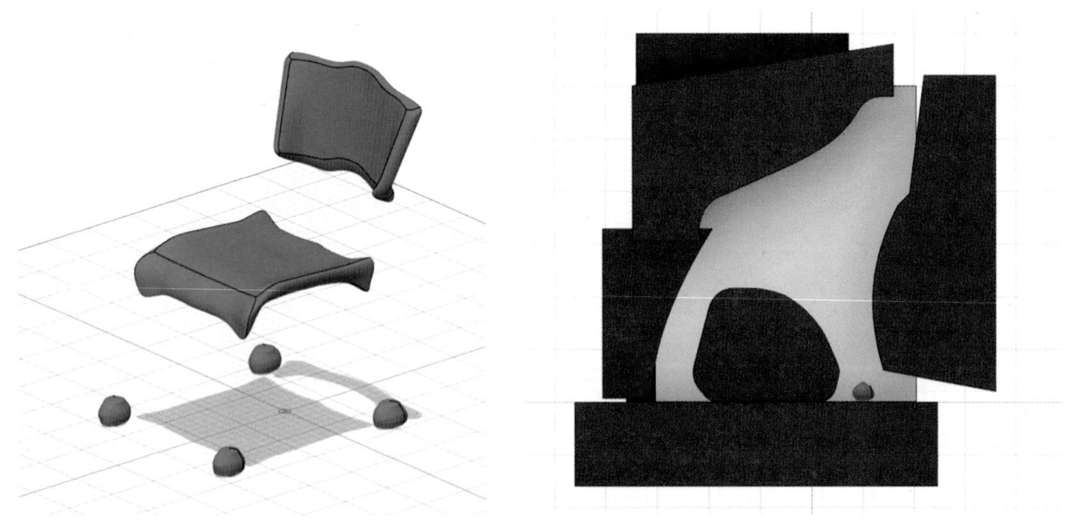

▲ 의자 디자인 E를 위한 제너레이티브 디자인 유지·장애물 형상

그리고 필수 설계조건으로 제안한 하중 조건 외에 좌판의 앞·뒤, 등받이의 위쪽과 뒤쪽에 하중 조건을 추가하여 제너레이티브 디자인 학습을 진행하였습니다.

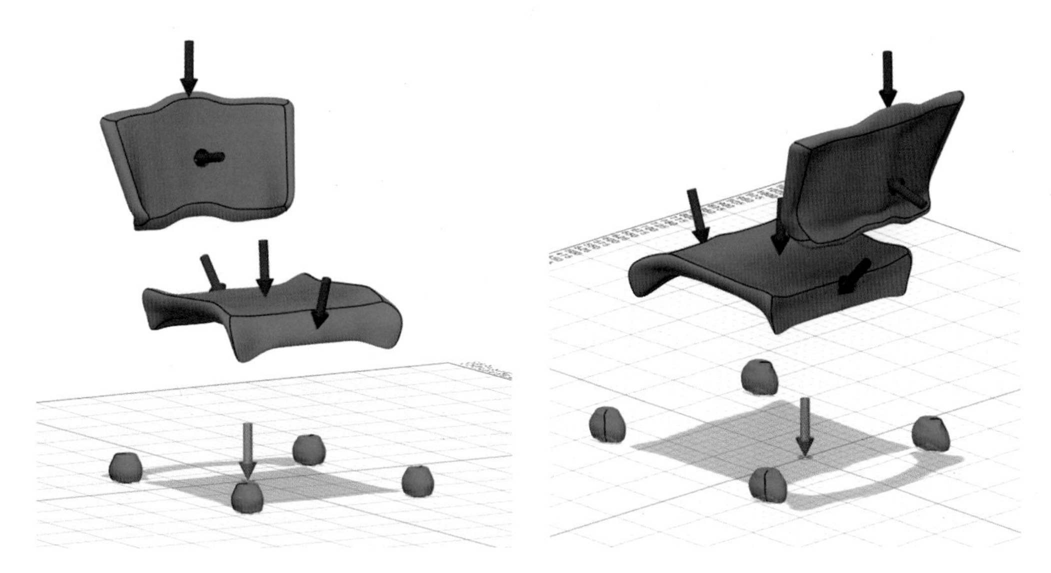

▲ 의자 디자인 E의 조형 개발을 위한 제너레이티브 디자인 하중·구속 조건

학습결과, 등받이의 좌·우측 상단에서부터 시트의 앞쪽으로 이어지는 구조나 등받이 위쪽에서 시트, 다리 받침까지 이어지는 다양한 구조가 생성되었으며, 일부 결과물은 특별함 없이 일반적인 의자 조형의 결과물이 나오는 것을 확인할 수 있었습니다. 이는 과도한 장애물 형상으로 인해 자유로운 형상의 생성에 어느 정도 제한이 있음을 알 수 있었습니다.

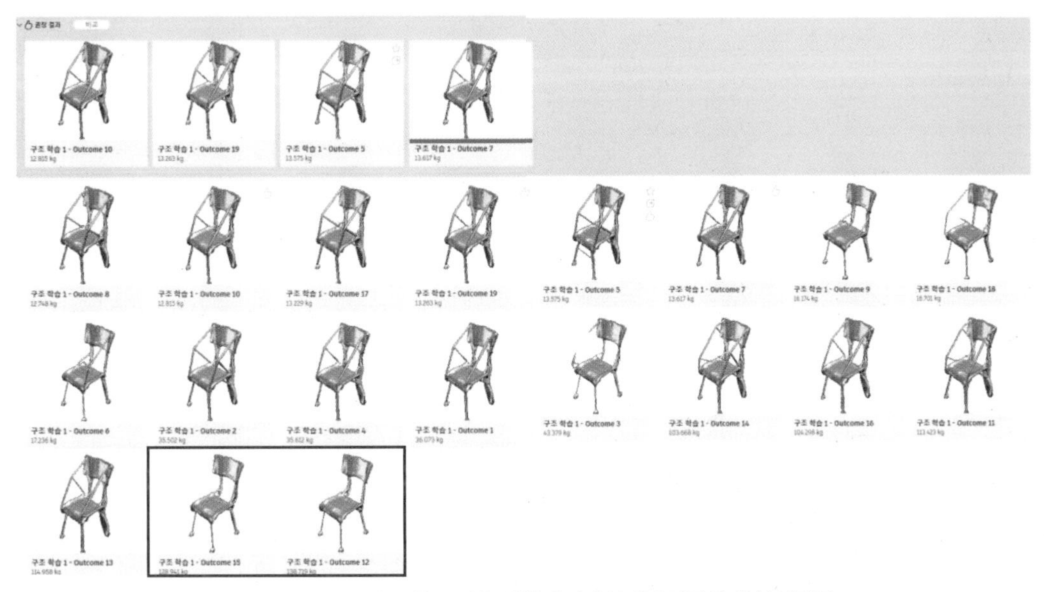

▲ 의자 디자인 E의 조형 개발을 위한 제너레이티브 디자인 생성 결과물

E 디자인은 디자인에 참고하고자 하는 결과물로 등받이 앞쪽에서 시트 앞쪽에 사선으로 떨어지는 구조와 등받이 후면에서 다리 받침으로 이어지면서 시트 후면과 배면에 구조가 생성되어 연결된 결과물을 선택하였습니다.

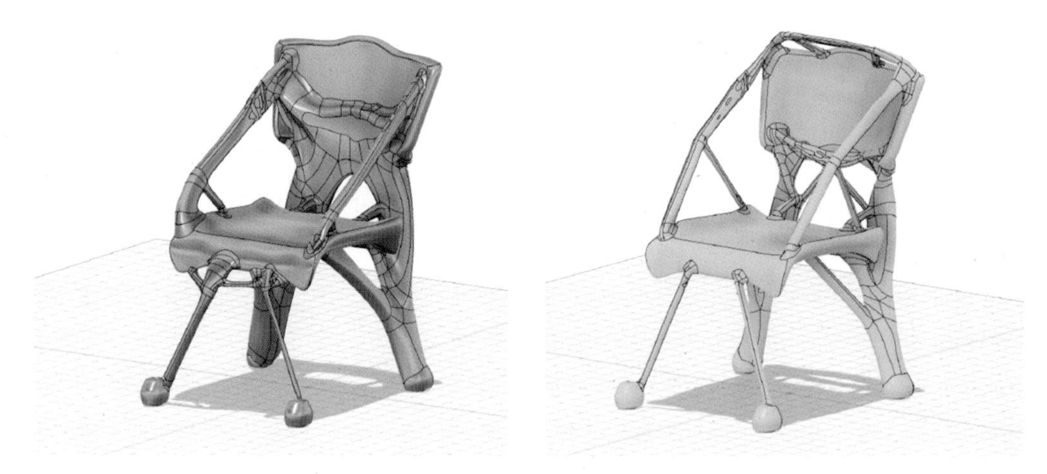

▲ 의자 디자인 E의 조형 개발을 위한 제너레이티브 디자인 생성 시안 선택

선택된 결과물은 위 그림처럼 의자의 시트와 다리 받침 앞쪽에 생성된 구조가 매우 얇아 디자인으로 제안하기에는 다소 무리가 있으므로 유지 형상으로 사용했던 다리 받침과 의자 앞쪽 다리를 제거한 뒤 선택한 결과물을 참고하여 아래 그림과 같이 새롭게 모델링하여 최종 디자인을 제안하였습니다.

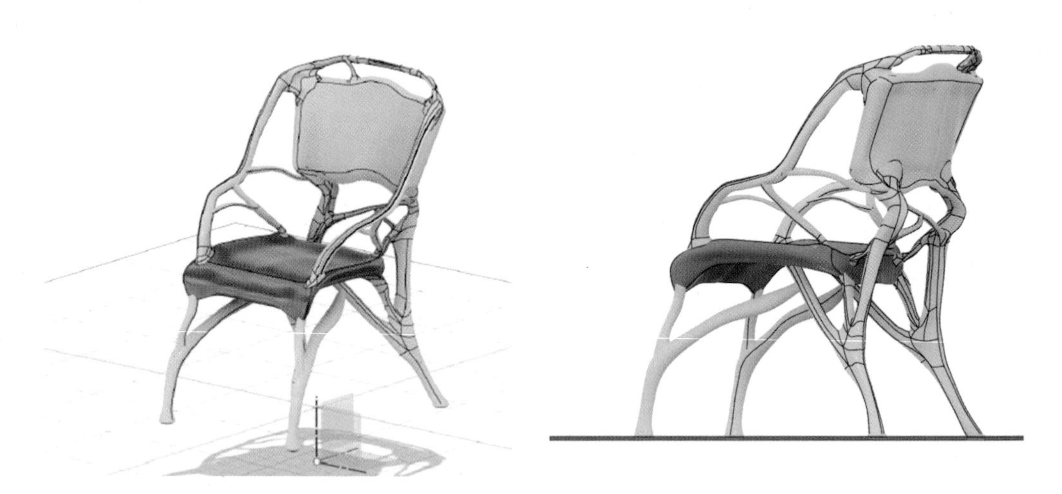

▲ 의자 디자인 E의 조형 개발을 위한 제너레이티브 디자인 결과물의 조형·구조 활용 및 편집

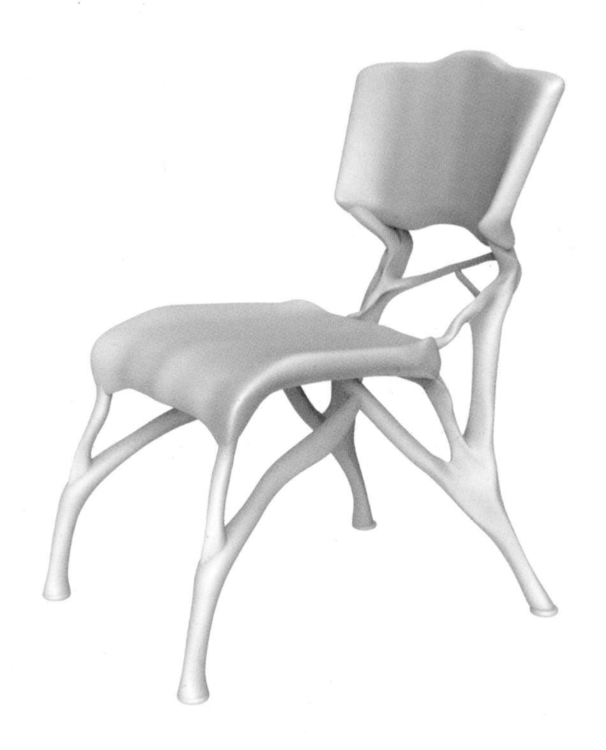

▲ 제너레이티브 디자인을 활용한 의자 디자인 E 최종 시안

- 제너레이티브 디자인을 활용한 골프 퍼터 디자인 -

두 번째 테마는 의자 프로젝트와는 달리 하중의 영향을 많이 받지 않는 제품 중 골프 퍼터 헤드를 선정하여 제너레이티브 디자인을 활용한 제품 디자인 조형개발을 진행하였습니다.

골프 퍼터 헤드 제품은 크기에 대한 기본적인 스펙만을 설계조건으로 설정하였으며 디자이너 각자 하중 및 구속 조건, 소재 등 제너레이티브 디자인의 설계 변수를 자유롭게 적용하였습니다. 생성된 결과물은 퍼터 헤드 제품 디자인 조형 개발을 위한 참고자료로 자유롭게 활용하여 상품성을 고려한 디자인으로 편집과정을 거쳐 제안하였습니다.

< 제너레이티브 디자인을 활용한 골프 퍼터 디자인의 설계 요구사항 >

하중 조건	● 제한 없음
퍼터 헤드 스펙	● 135 x 35 x 110 (mm)
퍼터 헤드 페이스	● 135 x 35 x 15 (mm)
소재	● 제한 없음
제조방법	● 제한 없음 ● 결과물을 활용하여 디자인을 제안할 때는 단조, 주조, 절삭 등 가공방식을 고려하고 조립을 포함하여 제작이 가능한 형태로 제안
비고	● 주제 특성상 하중 영향을 받지 않으므로 조형 활용은 자유롭게 적용 ● 제너레이티브 디자인 결과물의 다양성을 위해 유지 형상으로 사용할 수 있는 추가 객체 생성 허용 ● 디자인 콘셉트에 따라 시작 형상 생성 가능 ● 생성 결과물은 상품성을 고려하여 편집 활용

앞에서 언급한 바와 같이 본 사례는 목적은 제너레이티브 디자인이 기존에 활용되었던 최적 형상과 구조, 경량화의 설계 솔루션의 목적을 넘어서 다양한 구조와 조형을 생성하기 위해 진행된 사례입니다.

지금까지의 사례를 살펴보면 제너레이티브 디자인은 기본적으로 설계목표 달성을 전제하에 결과물을 생성하였고 이를 통해 생성된 결과물을 조형과 구조를 제품과 부품에 적용해왔습니다. 그러나 두 번째 테마인 퍼터 헤드의 조형은 타구음이나 타구의 컨트롤을 위한 정교한 설계요소는 존재하고 있으나 하중 등의 특별한 설계요구사항이 없으므로 제너레이티브 디자인의 독특하고 창의적인 조형 생성을 생성과 활용을 위해 하중 조건이나 소재, 제조 방법 등을 자유롭게 적용하였습니다.

디자이너는 각자의 개발 방향과 콘셉트에 맞춰 유지 형상을 모델링하고 설계 변수를 자유롭게 적용함으로써 다양한 결과물을 생성할 수 있었으며, 생성된 결과물은 최종디자인 제안을 위한 아이디어로 활용하여 자유로운 조형 편집으로 디자인 조형 개발을 진행하였습니다.

❶ 제너레이티브 디자인 골프 퍼터 A

A 디자인은 별도의 장애물 형상이나 시작 형상은 지정하지 않았으며, 전면의 페이스와 후면에 가운데가 비어있는 사각형의 객체를 배치한 뒤 전면과 후면의 객체를 연결하는 별도의 구조를 유지 형상으로 적용하였습니다.

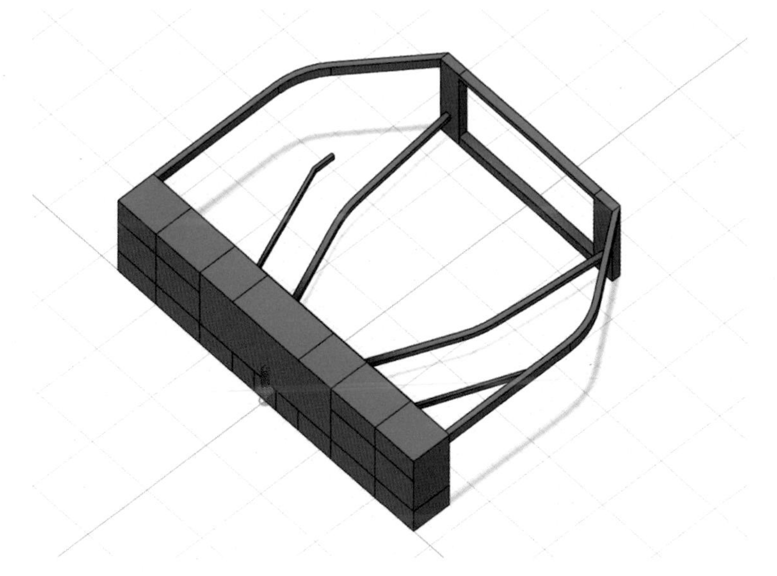

▲ 골프 퍼터 디자인 A를 위한 제너레이티브 디자인 유지 형상

전면의 페이스와 후면 사각형 객체의 서페이스는 여러 조각으로 분할하여 유지 형상 곳곳에 하중이 작용할 수 있도록 하중 조건을 적용하였으며, 후면 객체의 뒤쪽에는 구속 조건을 적용하였습니다. 그리고 학습을 추가하여 페이스와 후면 객체를 연결하는 구조에도 하중 조건을 적용함으로써 서로 떨어져 있는 유지 형상 사이로 제너레이티브 디자인의 결과물 생성을 유도하였습니다.

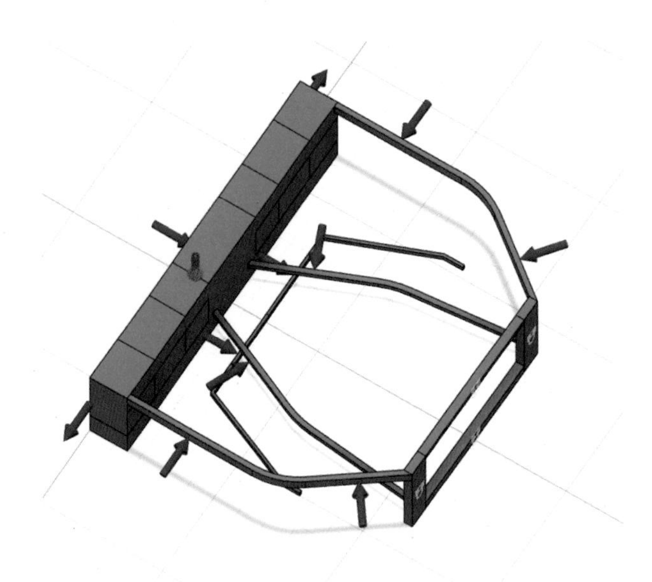

▲ 골프 퍼터 디자인 A의 조형 개발을 위한 제너레이티브 디자인 하중·구속 조건

그 결과, 유지 형상의 뼈대 사이로 다양한 형상의 브리지 구조가 생성되었으며, 디자인에 활용할 만한 가치가 있다고 생각되는 두 개의 생성 결과물을 선택하였습니다.

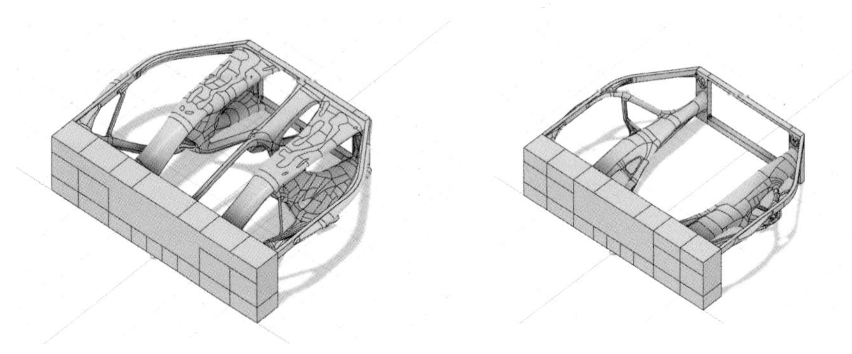

▲ 골프 퍼터 디자인 A의 조형 개발을 위한 제너레이티브 디자인 생성 시안 선택

선택된 두 개의 결과물은 서로 겹친*(Overlap)* 후 디자인 편집과정을 진행하였습니다. 그리고 겹쳐진 결과물 이미지를 모델링 화면 배경에 배치하였으며, 결과물의 외곽 라인과 페이스 안쪽 가운데에서 후면 객체에 두껍게 연결된 객체는 리브*(Rib)*와 같이 벽을 세워 퍼터 헤드의 실루엣으로 활용하였습니다. 또한, 배면의 불필요한 요소는 모두 제거한 뒤 안쪽 리브와 외곽 라인이 연결되어 생긴 공간을 모두 채웠으며*(Fill)*, 페이스 안쪽 중앙에서 후면으로 이어지는 추가 객체를 생성하고 페이스의 모서리는 모따기*(Chamfer)* 한 뒤 최종 디자인을 제안하였습니다.

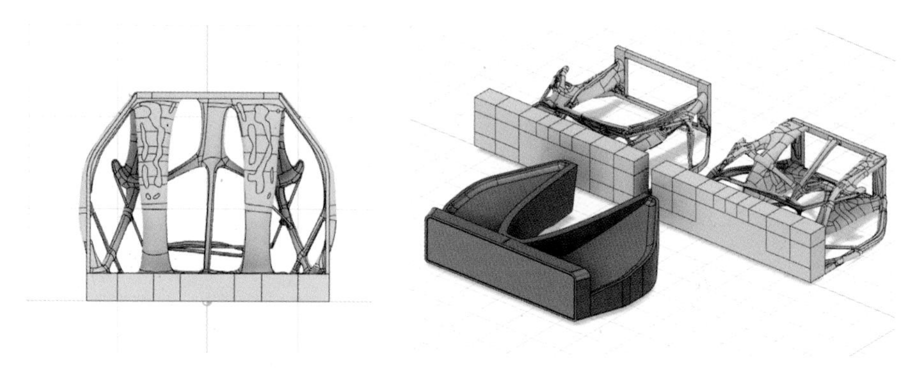

▲ 골프 퍼터 디자인 A의 조형 개발을 위한 제너레이티브 디자인 결과물의 조형·구조 활용 및 편집

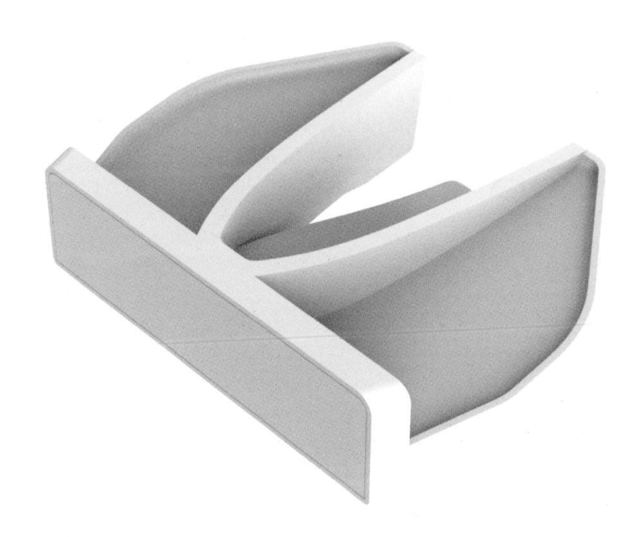

▲ 제너레이티브 디자인을 활용한 골프 퍼터 디자인 A 최종 시안

❷ 제너레이티브 디자인 골프 퍼터 B

B 디자인은 퍼터 페이스와 후면에 두 개의 사각기둥 객체를 모델링하여 유지 형상으로 설정하였습니다. 그리고 퍼터 페이스와 후면의 기둥 사이에는 후면부 모서리가 둥근 사각형의 객체를 장애물 형상으로 적용하여 퍼터 중앙 영역에는 제너레이티브 디자인이 생성되지 않도록 하였습니다.

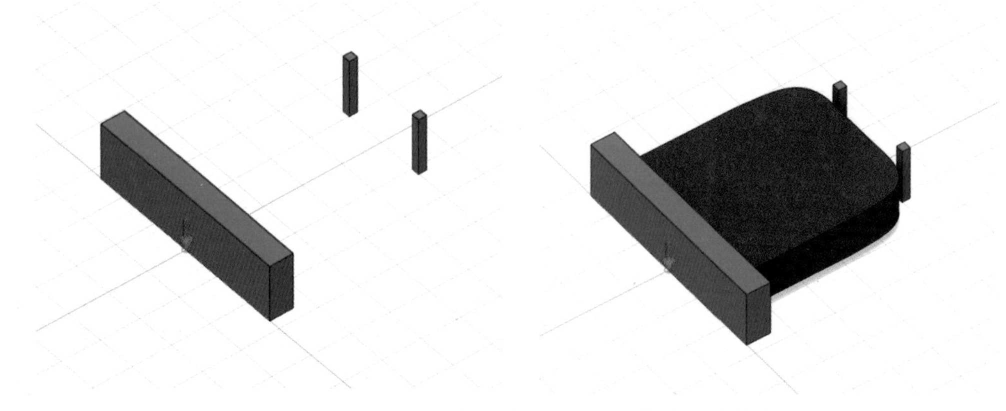

▲ 골프 퍼터 디자인 B를 위한 제너레이티브 디자인 유지·장애물 형상

후면에 있는 두 개의 기둥에는 구속 조건을 적용하였으며, 페이스 영역에는 정면을 포함하여 좌·우측 모서리는 안쪽으로 향하고 상·하단 모서리는 바깥쪽으로 향하도록 하여 하중 조건을 적용하였습니다. 그리고 후면의 기둥에는 각각 바깥쪽에서 안쪽으로 향하는 하중 조건을 적용하였습니다.

추가 학습을 통해서는 퍼터 페이스의 객체를 쪼갠 뒤 페이스 안쪽에서 바깥으로 향하는 하중 조건을 추가하여 제너레이티브 디자인을 실행하였습니다.

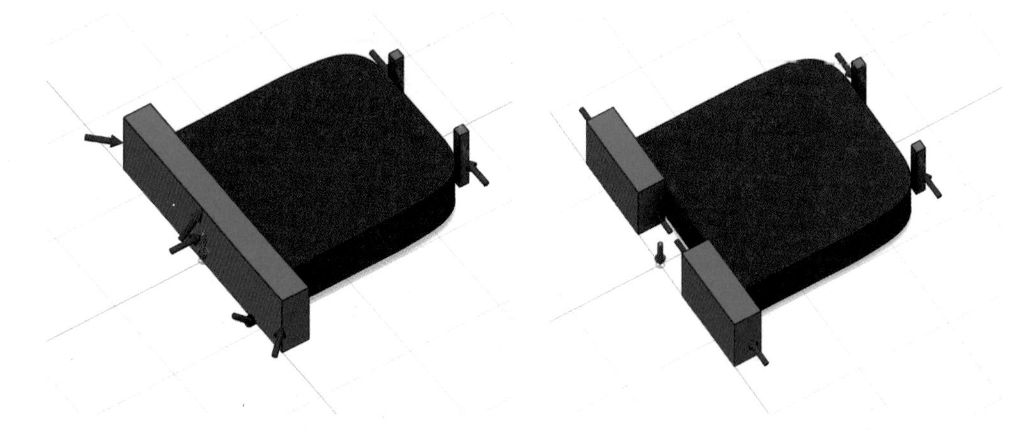

▲ 골프 퍼터 디자인 B의 조형 개발을 위한 제너레이티브 디자인 하중·구속 조건

제너레이티브 디자인 학습결과, 다양한 방향에 하중 조건을 적용하거나 페이스를 추가하여 하중 조건을 적용하였음에도 불구하고 퍼터 내부에 있는 장애물 형상의 위치나 부피로 인해 제너레이티브 디자인 생성에 많은 제약이 생겨 비교적 간단한 구조의 결과물이 생성되었습니다. 또한, 추가 객체를 사용하여 객체와 객체를 연결하는 조형 생성을 유도할 수도 있었으나 별도의 추가 객체가 없었기 때문에 전면 페이스와 후면의 기둥을 연결하는 단순한 결과물이 생성되었습니다.

생성된 여러 결과물 중 비슷한 유형의 결과물 몇 가지를 선택하여 결과물의 구조를 기반으로 뼈대구조의 부피를 확장(Expansion)시켜, 볼륨(Volume)을 키우는 위상 변환으로 조형 편집을 진행하였으며, 프리폼 모델링을 통해 최종 디자인을 제안하였습니다.

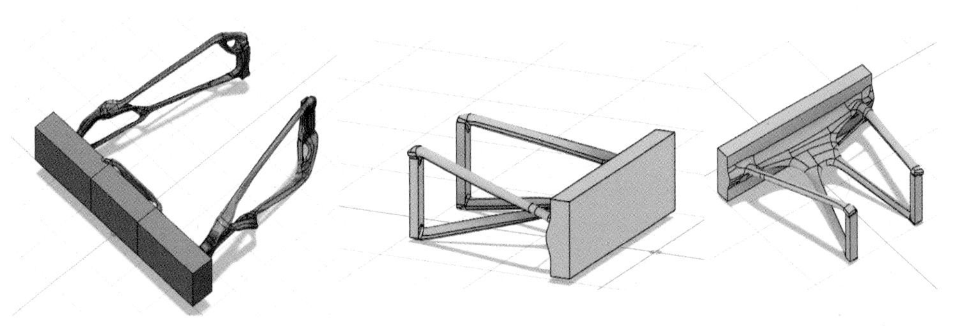

▲ 골프 퍼터 디자인 B의 조형 개발을 위한 제너레이티브 디자인 생성 시안 선택

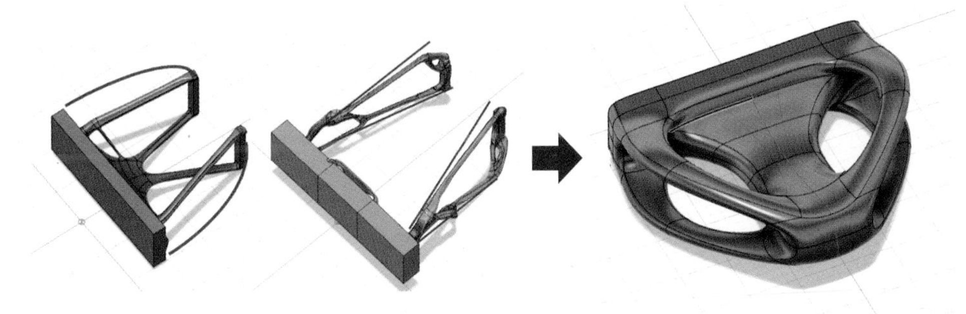

▲ 골프 퍼터 디자인 B의 조형 개발을 위한 제너레이티브 디자인 결과물의 조형·구조 활용 및 편집

▲ 제너레이티브 디자인을 활용한 골프 퍼터 디자인 B 최종 시안

❸ 제너레이티브 디자인 골프 퍼터 C

C 디자인은 초기 리서치 과정을 통해 다양한 타입의 퍼터를 참고하였으며, 참고자료를 기반으로 유지 형상 모델링을 하였습니다. 그리고 결과물 생성 이후에 퍼터를 구성하고 있는 다양한 파트에 제너레이티브 디자인 결과물을 활용하였습니다.

먼저, 기존에 출시된 말렛 타입의 퍼터 디자인 분석을 통해 퍼터를 구성하고 있는 다양한 요소와 특징을 제너레이티브 디자인의 유지 형상으로 모델링하였습니다. 그리고 장애물 형상의 부피가 너무 크게 되면 제너레이티브 디자인 결과물 생성이 제한될 것을 고려하여 가운데가 오목한 타원 기둥 형태의 장애물 형상을 추가하였습니다.

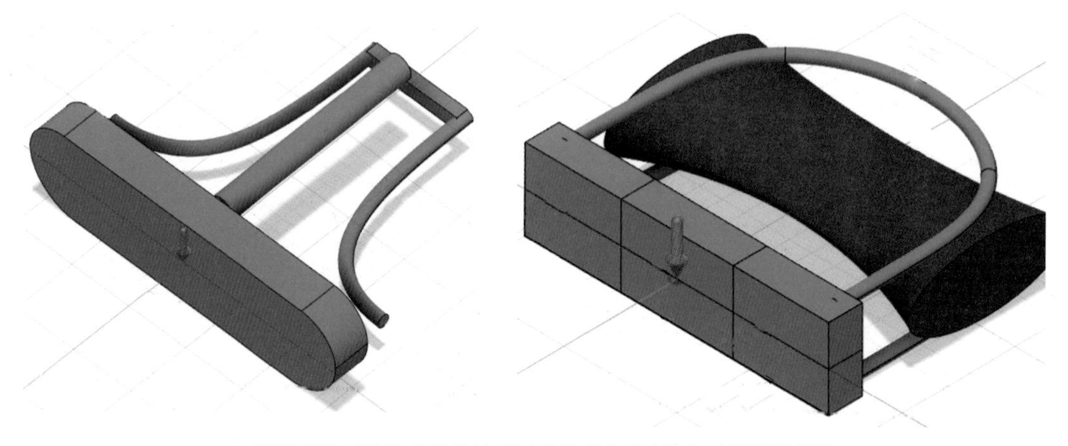

▲ 골프 퍼터 디자인 C를 위한 제너레이티브 디자인 유지·장애물 형상

하중 조건은 퍼터 페이스를 향하는 하중 조건을 기본으로 하였으며, 추가로 구성된 유지 형상 객체의 안쪽과 바깥쪽으로 향하는 하중 조건을 적용함으로써 페이스 영역과 추가 객체를 서로 연결하는 조형을 만들어냈습니다.

또한, 다른 타입의 디자인에서는 페이스 뒤쪽에 별도로 모델링한 객체에 구속 조건을 설정한 것과는 달리 별도의 후면 객체를 생성하지 않고 페이스의 배면에 구속 조건을 설정하여 제너레이티브 디자인 결과물을 생성하였습니다.

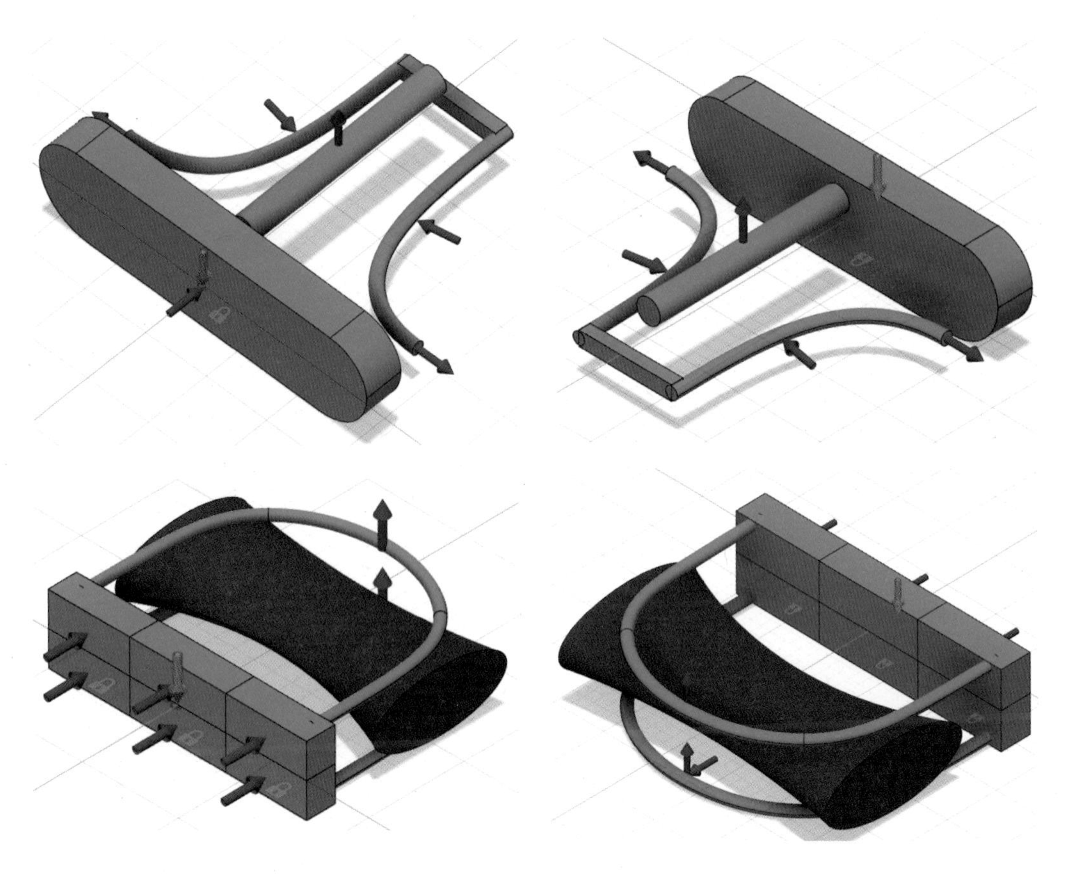

▲ 골프 퍼터 디자인 C의 조형 개발을 위한 제너레이티브 디자인 하중·구속 조건

C 디자인은 위의 하중 조건 외에도 다양한 방향에 하중 조건을 적용하여 학습을 추가하였으며, 여러 번의 학습을 결과물을 도출하였습니다.

학습결과, 객체와 객체를 연결하는 단순한 격자 구조로 도출되기도 하였으나 후면으로 가면서 나선형으로 회전되는 조형이 나오거나 유지 형상 객체 사이로 가지처럼 뻗치는 구조 등 조형 활용에 의미가 있다고 판단되는 다양한 결과물이 생성되었습니다.

그리고 퍼터 디자인 조형 개발에 활용하고자 하는 결과물을 몇 가지 선택하였습니다. 다른 타입의 디자인은 1~2개의 결과물을 선택하고 편집과정을 거쳐 조형 개발에 활용하였으나 C 디자인은 여러 결과물을 선택하여 퍼터를 구성하고 있는 각각의 요소별로 조형 개발에 활용하였습니다.

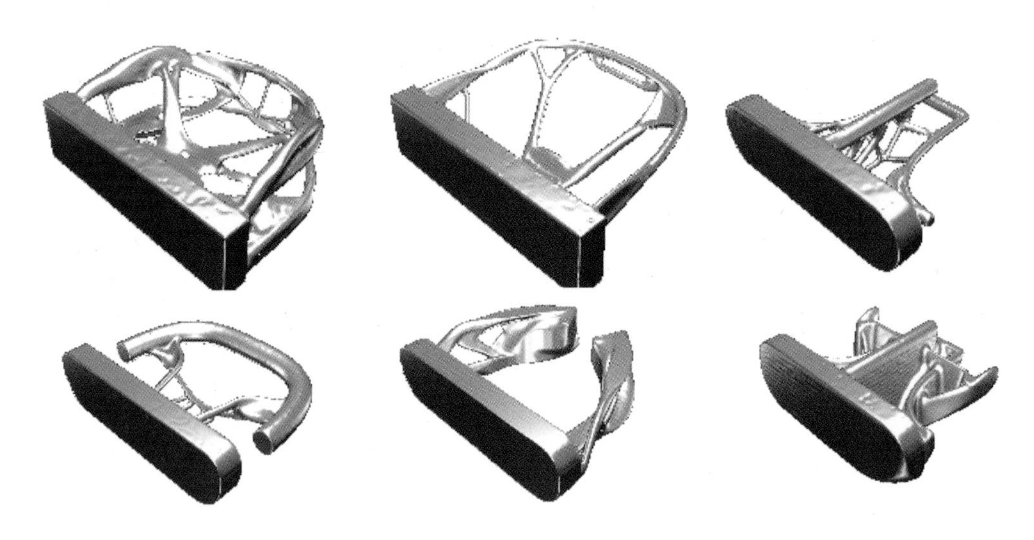

▲ 골프 퍼터 디자인 C의 조형 개발을 위한 제너레이티브 디자인 생성 시안 선택

선택된 결과물을 기반으로 상단에서 바라보는 퍼터의 실루엣, 내부 부품 요소의 격자 구조, 측면에 캐릭터 라인이나 격자 구조를 아이디어로 활용하여 스케치 작업을 거친 후 최종 디자인을 제안하였습니다.

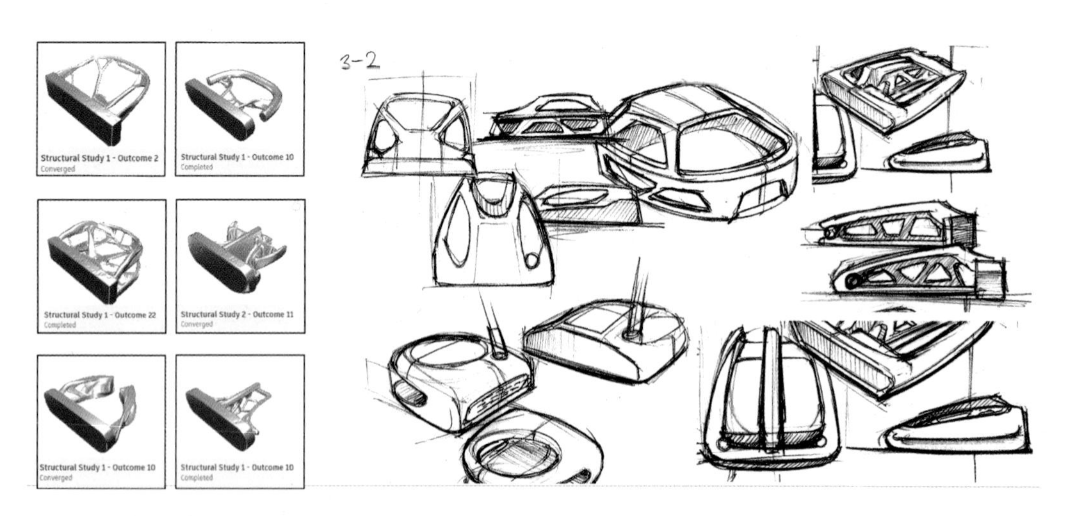

▲ 골프 퍼터 디자인 C의 조형 개발을 위한 제너레이티브 디자인 결과물의 조형·구조 활용 및 편집

▲ 제너레이티브 디자인을 활용한 골프 퍼터 디자인 C 최종 시안

❹ 제너레이티브 디자인 골프 퍼터 D

D 디자인은 제너레이티브 디자인 학습 시 생성되는 객체가 페이스의 여러 방향에서부터 생성되어 이어질 수 있도록 퍼터 페이스를 6개의 조각으로 쪼갠 뒤 서로 간격이 떨어진 상태로 유지 형상을 설정하였습니다.

그리고 구속 조건이 적용될 후면 객체와 퍼터의 실루엣을 만들어줄 객체를 모델링하여 유지 형상으로 설정한 뒤 가운데에 'H' 모양의 객체를 장애물 형상으로 설정하였습니다.

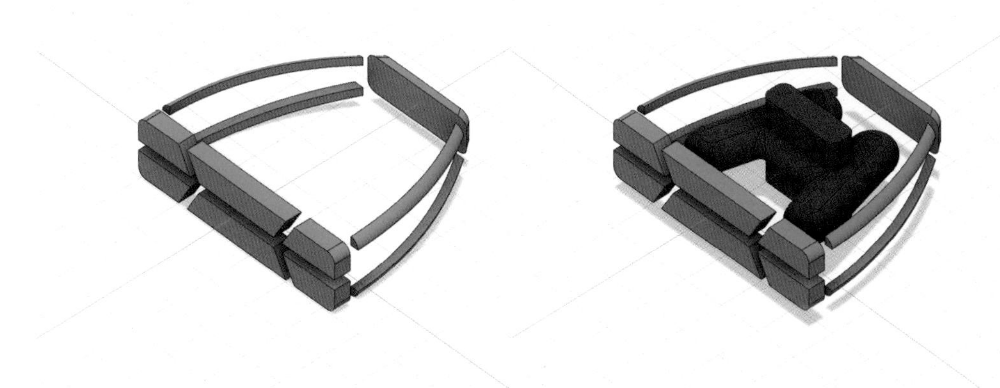

▲ 골프 퍼터 디자인 D를 위한 제너레이티브 디자인 유지·장애물 형상

후면 객체에는 구속 조건을 설정하였으며, 여러 조각으로 나뉜 퍼터 페이스는 페이스 정면과 상·하단 모서리에서 안쪽으로 작용하는 하중 조건을 적용하였습니다. 또한, 실루엣을 형성하고 있는 유지 형상에는 각각 객체의 상·하단에서 객체 방향으로 하중 조건을 적용하여 제너레이티브 디자인 학습을 진행하였습니다.

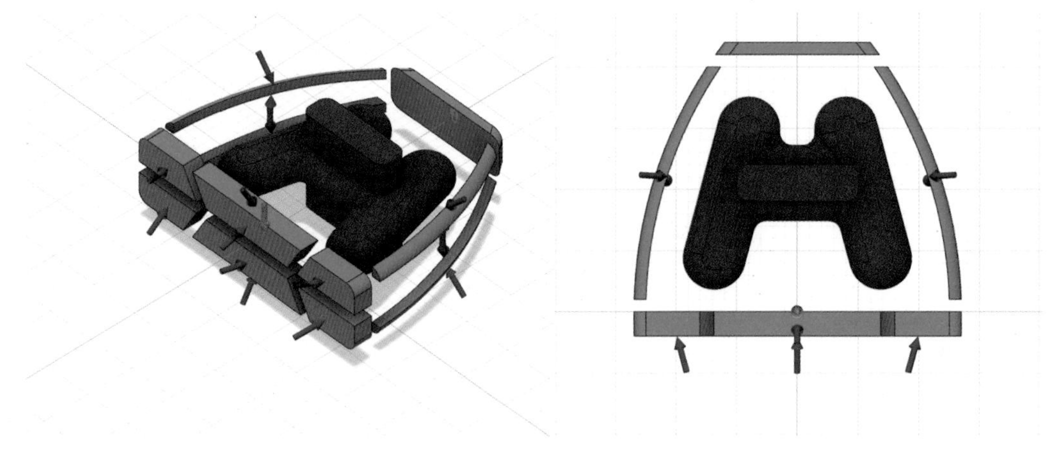

▲ 골프 퍼터 디자인 D의 조형 개발을 위한 제너레이티브 디자인 하중·구속 조건

학습결과, 'H' 모양의 장애물 형상을 피하며 여러 조각의 퍼터 페이스와 실루엣 객체, 후면 객체를 이어주는 여러 결과물이 생성되었습니다.

초기에 의도한 바와 같이 여러 조각의 퍼터 페이스로부터 뻗어나가는 구조가 생성되었으며, 구속 조건이 적용된 후면의 유지 형상에 수직으로 연결되거나 실루엣 객체를 향하며 좌우로 뻗어나가면서 실루엣 형상을 따라 후면 객체를 이어주는 구조 등의 결과물이 생성되었습니다.

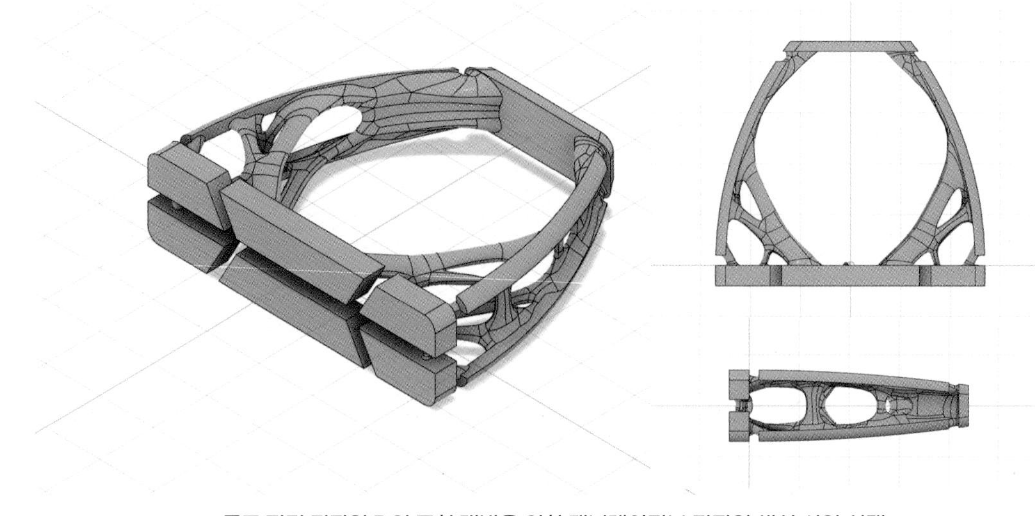

▲ 골프 퍼터 디자인 D의 조형 개발을 위한 제너레이티브 디자인 생성 시안 선택

D 디자인은 퍼터 페이스에서 실루엣 객체를 거쳐 후면 객체로 이어지는 구조의 결과물을 선택하여 조형 편집 작업을 진행하였습니다.

유지 형상으로 사용하였던 퍼터 페이스와 후면 객체는 삭제하고 페이스에서 실루엣, 후면 객체로 이어지도록 생성된 객체와 실루엣 객체는 제품에 그대로 적용하였습니다.

퍼터의 페이스와 후면부는 모델링 툴을 이용해 새롭게 모델링하였으며, 내부에 빈 공간은 제너레이티브 디자인 결과물 특성과 유사하게 가지가 뻗친 듯한 조형 요소를 추가하여 최종 디자인을 제안하였습니다.

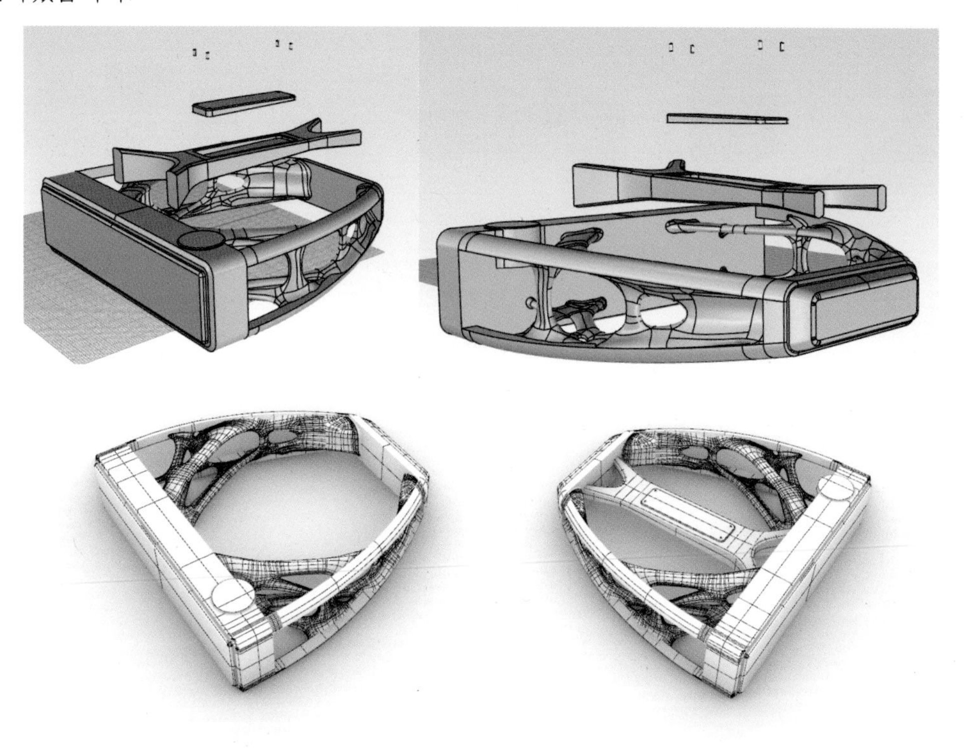

▲ 골프 퍼터 디자인 D의 조형 개발을 위한 제너레이티브 디자인 결과물의 조형·구조 활용 및 편집

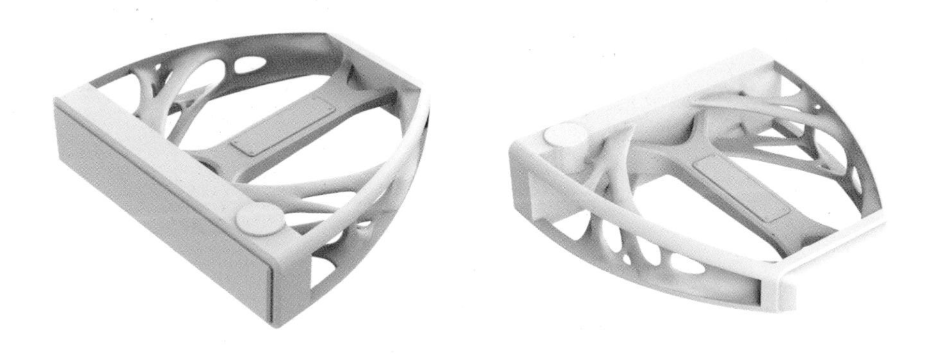

▲ 제너레이티브 디자인을 활용한 골프 퍼터 디자인 D 최종 시안

❺ 제너레이티브 디자인 골프 퍼터 E

E 디자인은 디자인 콘셉트를 고려하여 'ㄷ' 형태의 퍼터 페이스와 육각형 형태의 후면부 객체 조형을 모델링하여 유지 형상으로 적용하였으며, 페이스의 모서리는 모따기로 하중 조건이 적용될 수 있는 면을 생성하였습니다. 그리고 페이스와 후면 객체 사이 공간에 사각형의 객체를 생성하여 장애물 형상을 적용하였으며, 추가 학습을 통해 4개의 기둥 형상이 간격을 벌리며 떨어져 있는 장애물 형상을 적용하였습니다.

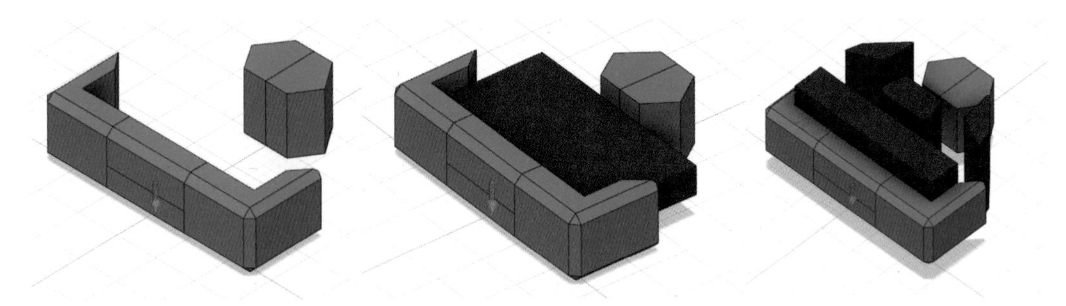

▲ 골프 퍼터 디자인 E를 위한 제너레이티브 디자인 유지·장애물 형상

이어서 육각형의 후면 객체에 구속 조건을 적용하였으며, 육각형 바깥쪽 좌·우 면에는 퍼터 안쪽으로 향하는 하중 조건을 적용하였습니다. 그리고 퍼터 페이스 정면에서 안쪽으로 향하는 하중 조건을 기본으로 한 뒤 학습을 추가하고 모따기로 생성한 면에 각각 안쪽으로 향하는 하중 조건을 적용하여 제너레이티브 디자인 학습을 진행하였습니다.

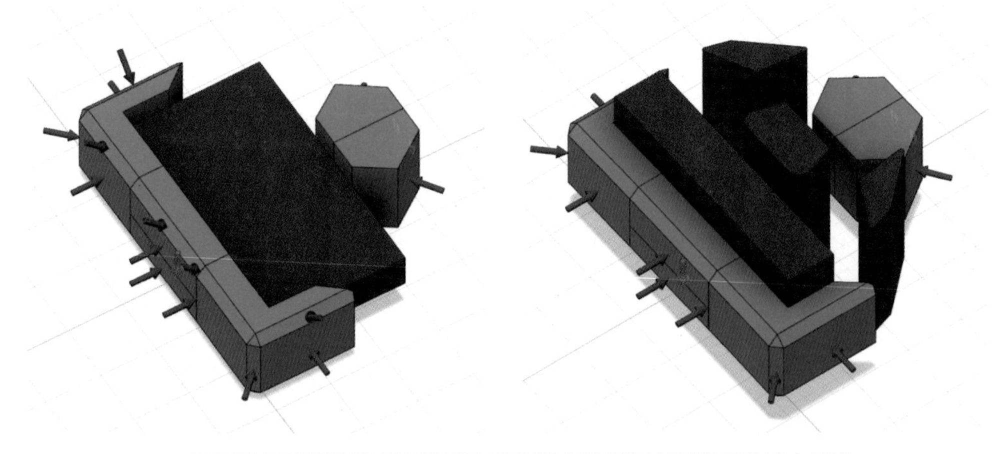

▲ 골프 퍼터 디자인 E의 조형 개발을 위한 제너레이티브 디자인 하중·구속 조건

학습결과, 하중 조건이 다양해지면서 생성된 결과물도 다양해진 것을 확인할 수 있었습니다. 그러나 아래의 우측 이미지처럼 장애물 형상이 퍼터 페이스를 완전히 덮고 중간에 통로만을 만들어

배치한 경우에는 'ㄷ' 형태의 페이스 영역 양 끝에서부터 육각형의 후면 객체까지 장애물 형상을 피해서 생성되는 제한된 결과물을 보여주었습니다.

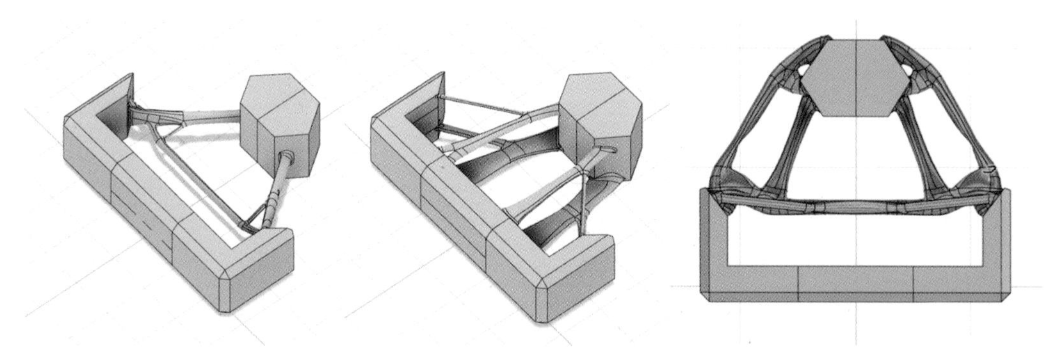

▲ 골프 퍼터 디자인 E의 조형 개발을 위한 제너레이티브 디자인 생성 시안 선택

선택한 결과물은 디자인 조형 개발에 그대로 적용하지 않고 불필요한 요소는 제거, 포개기, 이어 붙이는 등 객체 간의 조합과 편집과정을 거쳐 조형 개발의 아이디어로 활용하여 편집을 진행하였습니다.

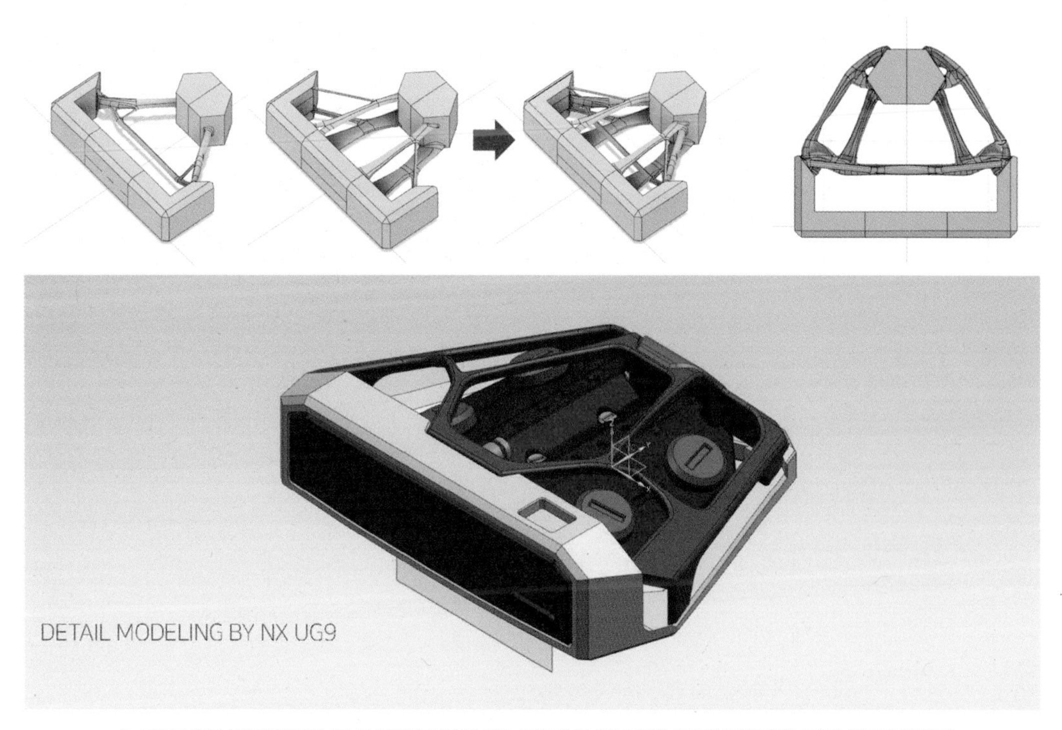

▲ 골프 퍼터 디자인 E의 조형 개발을 위한 제너레이티브 디자인 결과물의 조형·구조 활용 및 편집

위의 과정을 거친 후 생성된 결과물은 퍼터 실루엣과 상단부의 그물망 구조를 가진 커버 디자인에 영감을 얻어 디자인에 적용할 수 있었으며, 디자이너의 감각과 감성을 바탕으로 최종 디자인을 제안하였습니다.

▲ 제너레이티브 디자인을 활용한 골프 퍼터 디자인 E 최종 시안

지금까지 사례를 통하여 제너레이티브 디자인의 활용 사례, 제품 디자인 활용 사례에 대해 알아보았습니다.

이 외에도 암 체어, 촛대, 보틀디스펜서, 핸드폰거치대, 자동차 휠 등의 다양한 제너레이티브 디자인을 활용한 사례를 진행해보았습니다.

아래 이미지의 암체어와 촛대, 보틀디스펜서, 핸드폰거치대, 자동차 휠은 Part 2의 예제를 통해서 기본 형상*(유지 형상, 장애물 형상)* 모델링과 제너레이티브 디자인 설계 조건 입력, 결과물 편집 등의 과정과 결과물을 활용하여 제작해보도록 하겠습니다.

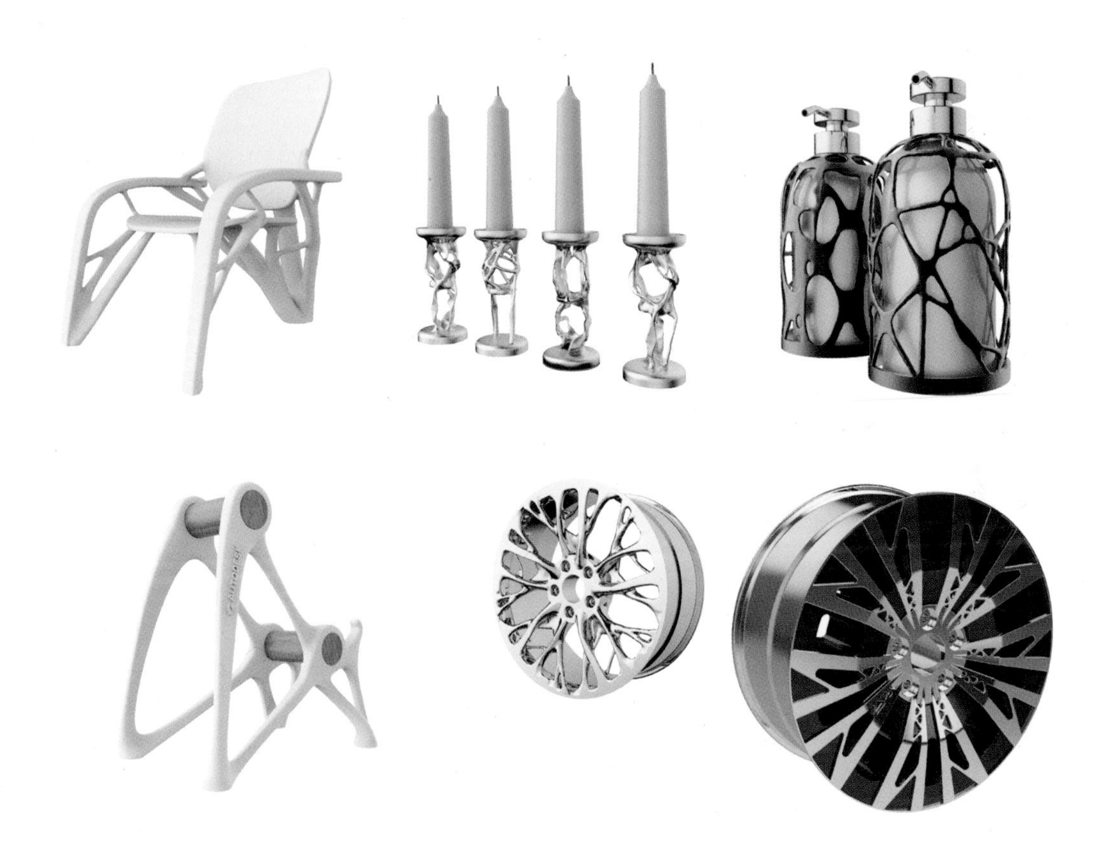

▲ **Part2에서 실습을 통해 만들어 볼 수 있는 제너레이티브 디자인 사례**
(상단 좌측부터 암체어, 촛대, 보틀 디스펜서, 핸드폰 거치대, 자동차 휠)

GENERATIVE DESIGN

02

Generative Design & Product Design

제너레이티브 디자인의 제품 디자인 활용

01 오토데스크 퓨전 360

A. 오토데스크 퓨전 360은?

퓨전 360은 단일 패키지에 산업 및 기계설계, 공동작업과 가공을 결합한 제품개발을 위한 클라우드 기반의 3D CAD / CAM 도구입니다. 퓨전 360은 통합된 콘셉트에서 생산 플랫폼 디자인 아이디어를 쉽고 빠르게 탐색할 수 있습니다.

퓨전 360은 프로젝트에서 모든 팀원이 협업할 수 있는 단일 공간을 제공하고 있으며, 자동 데이터 관리 기능을 갖추고 있어 모든 모델, 디자인, 정보 등을 자동으로 보관, 수정, 관리하고 관계자들과 공유할 수 있습니다.

또한, 클라우드를 기반으로 하고 있어 디자이너와 엔지니어들이 사무실이든 현장이든 언제 어디서나 퓨전 360에 접속할 수 있습니다.

AUTODESK Fusion 360

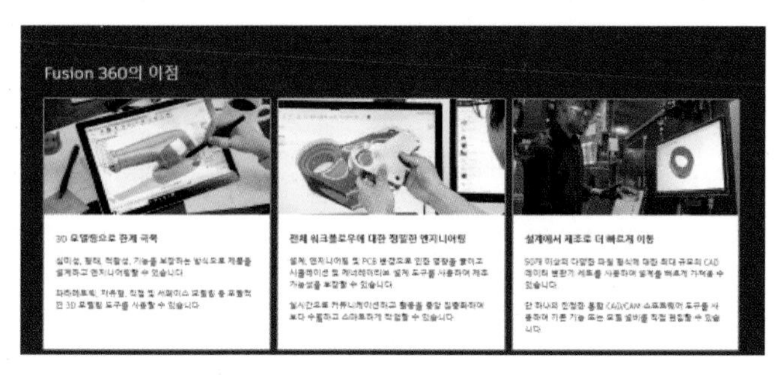

https://www.autodesk.co.kr/products/FUSION-360(위 QR 코드 스캔)에 접속하면 퓨전 360에 대한 다양한 소개와 해당 소프트웨어를 다운로드 할 수 있습니다.

B. 퓨전 360의 기능

퓨전 360은 디자인, 렌더링, 시뮬레이션, 제너레이티브 디자인, 애니메이션, 제조, 도면, 회로설계 등 디자인 Visualizing 작업뿐 아니라 설계, 제조/양산에 이르는 제품개발 모든 주기에 이르는 다양한 기능을 지원하고 있습니다.

스케치부터 양산까지 하나의 소프트웨어를 사용하며, 클라우드 기반으로 자유롭게 데이터를 공유, 편집, 관리가 가능하다는 점에서 제품개발 프로세스의 업무 효율을 높여주어 산업계에서 점차 활용 범위가 넓어지고 있습니다.

또한, 추가 익스텐션인 인공지능 기반의 제너레이티브 디자인을 활용함으로써 공학 기반의 결과물 생성을 통해 제품 디자인의 아이디어를 더욱 확장 시킬 수 있습니다.

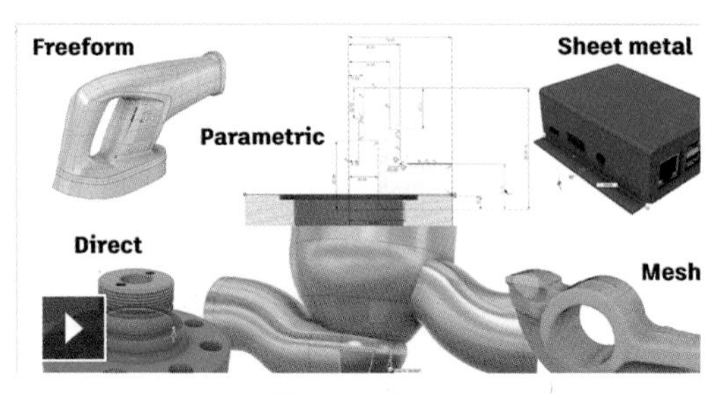

▲ 유연한 3D 모델링 및 설계

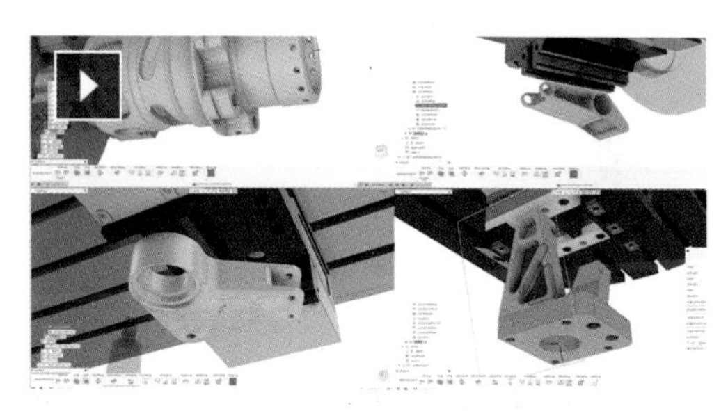

▲ 통합 CAD + CAM

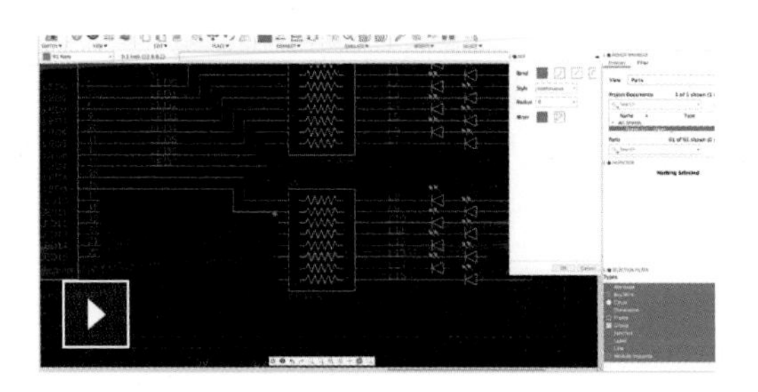

▲ 전자 PCB 설계

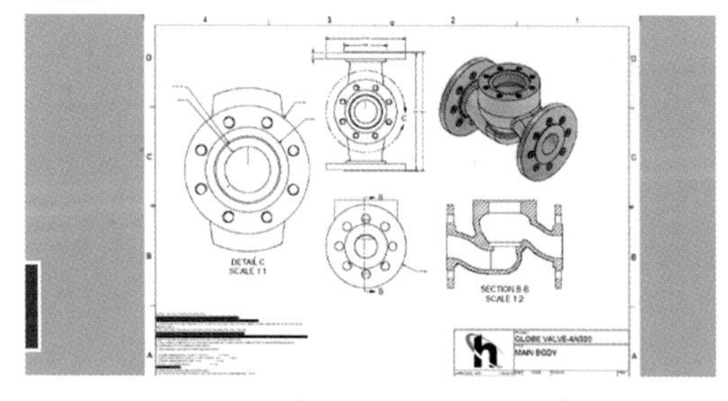

▲ 렌더링 및 문서(도면)화

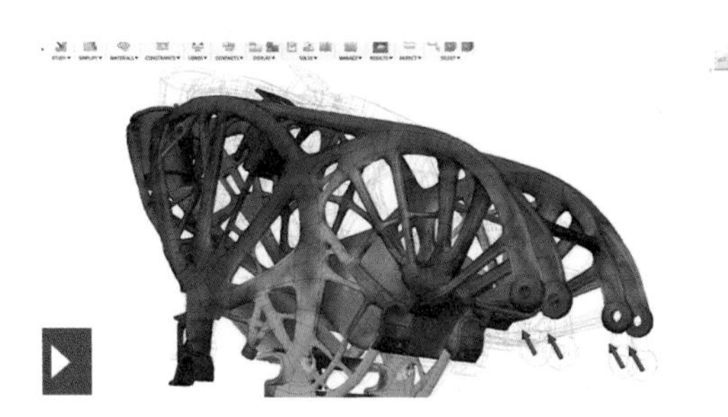

▲ 제너레이티브 디자인

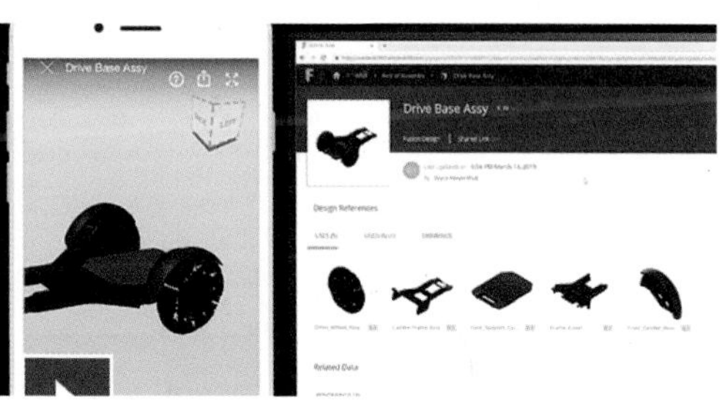

▲ 클라우드 작업 및 데이터 관리

C. 퓨전 360 익스텐션

퓨전 360의 익스텐션을 통해 기능을 확장하면 혁신을 구현할 수 있고, 고품질의 제품을 제작, 제조 및 설계 프로세스를 제어할 수 있습니다.

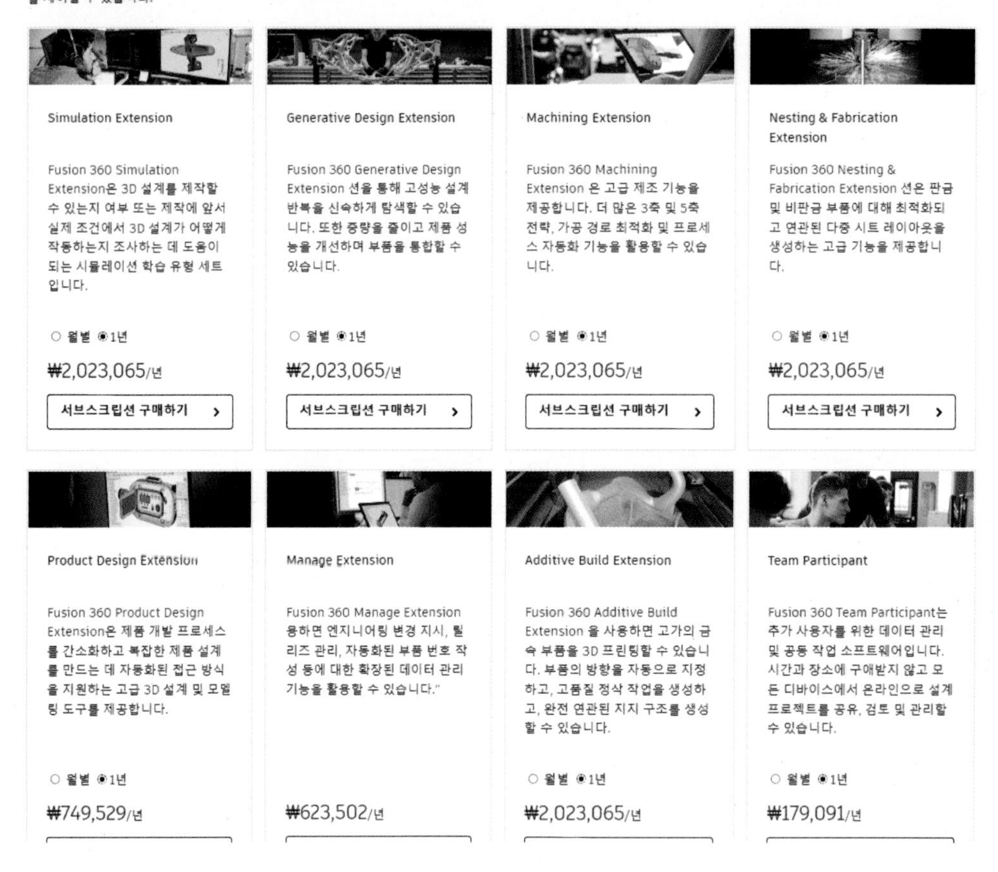

D. 퓨전 360 시작하기

퓨전 360은 협업 제품개발을 위한 클라우드 기반 제품 설계 도구입니다. 퓨전 360 도구를 사용하면 제품개발 팀 내에서 제품 아이디어를 탐색하고 협업을 효율적으로 수행할 수 있습니다.

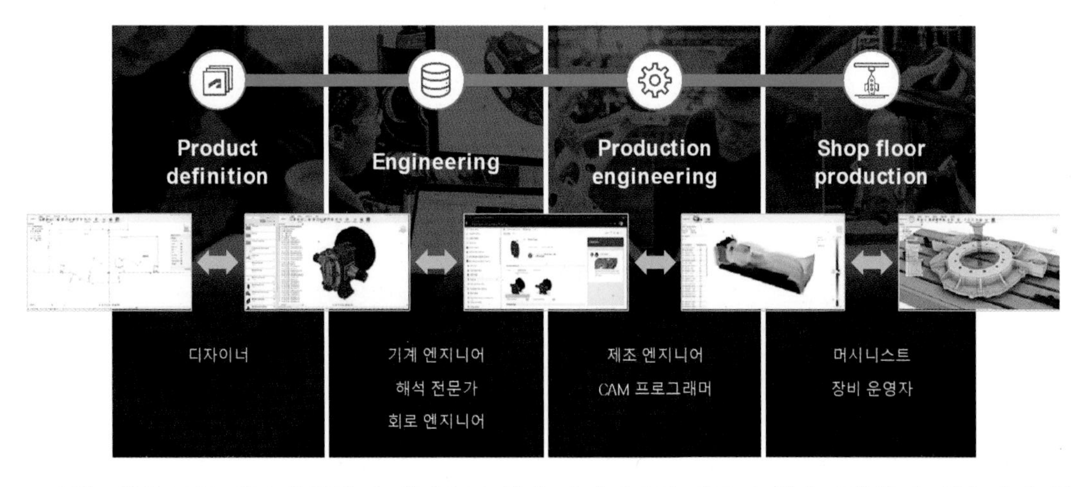

또한, 생산 도구 세트에 통합된 개념으로 설계 아이디어를 빠르고 쉽게 탐색할 수 있습니다. 퓨전 360을 사용하면 제품의 형태, 기능 및 제작에 집중할 수 있습니다. 조각 도구를 사용하여 형태를 탐색하고 모델링 도구를 사용하여 마무리 기능을 만듭니다. 이러한 도구를 사용하면 디자인 아이디어를 빠르게 반복할 수 있습니다. 디자인이 결정되면 어셈블리를 만들어 디자인의 적합성과 움직임을 검증하거나 사진처럼 사실적인 렌더링을 만들어 모양을 확인할 수 있습니다. 마지막으로 디자인을 제작해야 합니다. 3D 프린팅 워크플로우를 사용하여 신속한 프로토타입을 만들거나 캠 작업 공간을 사용하여 구성 요소를 가공하기 위한 도구 경로를 만듭니다.

또한 퓨전 360은 협업 제품개발을 위해 설계 팀을 한데 모으는 데 도움이 됩니다. 모든 설계는 클라우드에 저장되므로 사용자와 사용자의 팀은 항상 최신 데이터에 액세스할 수 있습니다. 퓨전 360은 또한 작업하면서 디자인 히스토리를 축적합니다.

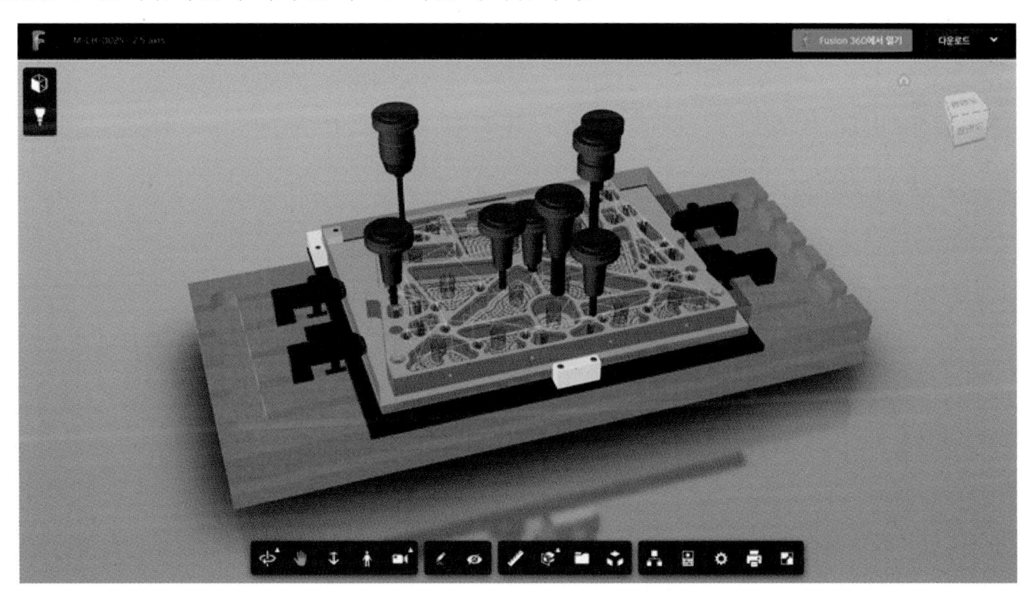

오토데스크 클라우드를 사용하여 웹 브라우저에서 각 버전을 확인할 수 있습니다. 또한 이전 버전을 현재 버전으로 승격할 수 있습니다. 마지막으로 퓨전 360의 공유 링크를 통해 설계를 공유하고 설계 진행 사항을 추적합니다. 오토데스크 아이디가 없어도 설계 및 툴패스를 웹 브라우저를 통해 확인 가능합니다.

퓨전 360은 필요한 사항에 따라 클라우드의 힘을 활용하고, 로컬 리소스도 함께 사용하는 하이브리드 환경을 사용합니다. 예를 들어, 디자인 데이터는 클라우드에 저장되며 디자인의 새 버전을 저장할 때마다 이미지를 클라우드로 렌더링합니다. 이것은 컴퓨터에서 로컬로 디자인을 만들고 편집하는 동안 동시에 생성됩니다. 이를 통해 컴퓨터의 성능과 클라우드의 성능을 동시에 활용할 수 있습니다.

퓨전 360은 웹 브라우저를 통해 다운로드 가능하며, 무료 체험판이 30일 동안 제공됩니다. 무료 기간 동안 기능을 마음껏 사용해 볼 수 있습니다.

퓨전 360 무료 체험판 설치 : http://autode.sk/2Nfy79y

E. 퓨전 360 어플리케이션

퓨전 360 어플리케이션으로 퓨전 360 CAD 모형을 언제 어디서나 보고, 공동 작업을 수행할 수 있습니다. 이 앱은 DWG, SLDPRT, IPT, IAM, CATPART, IGES, STEP, STL을 포함하여 100개가 넘는 파일 형식을 지원하고, 이 앱을 사용하여 친구, 파트너, 고객, 팀과 설계를 쉽게 공유할 수 있습니다.

무료 앱은 제품 설계 및 개발을 위해 동반 클라우드 기반 데스크탑 제품, Autodesk® 퓨전 360™, 3D CAD, CAM 및 CAE 도구와 함께 작동합니다.

주요 기능

- SLDPRT, SAT, IGES, STEP, STL, OBJ, DWG, F3D, SMT 및 DFX를 포함한 100개가 넘는 데이터 형식을 업로드 및 보기
- 프로젝트 활동 보기/추적 및 업데이트
- 크고 작은 3D 설계 및 조립품 검토
- 설계 특성 및 전체 부품 리스트에 액세스
- 쉽게 볼 수 있도록 모형의 구성요소를 분리 및 숨기기
- 터치하여 줌, 초점 이동 및 회전으로 탐색

- 주석 달기
  - 사진을 업로드 하여 정보 공유 또는 프로젝트 상태 보고, 프로젝트 활동에 대한 주석 달기
- 데이터 공유
  - 회사 내부 및 외부 관계자와 공유
  - 표식이 있는 설계 스크린샷을 직접 앱에서 공유

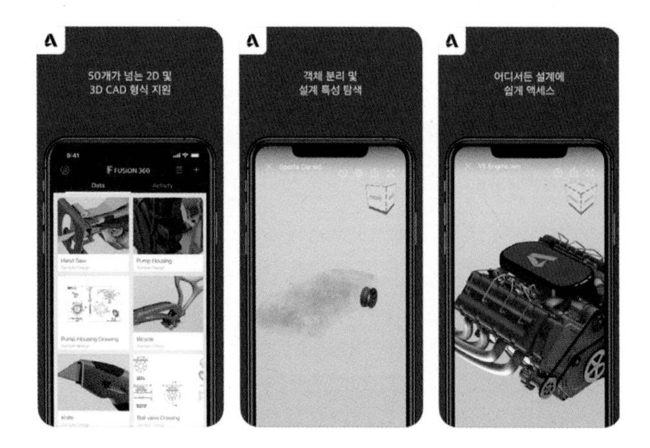

안드로이드 다운로드 : https://autode.sk/3IDwvNU
iOS 다운로드 : https://autode.sk/3JDrMNv

F. 퓨전 360 공식 카페

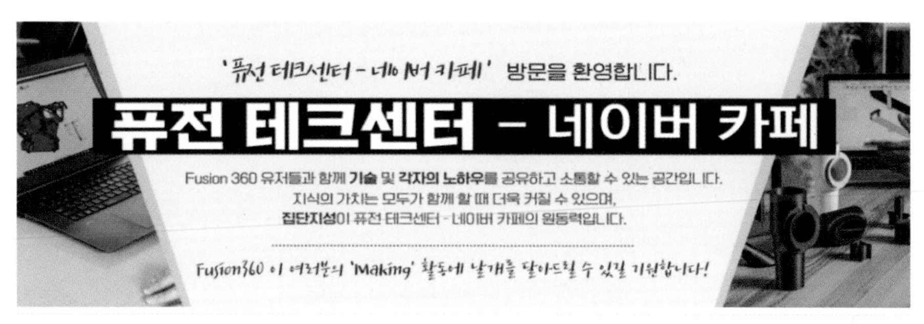

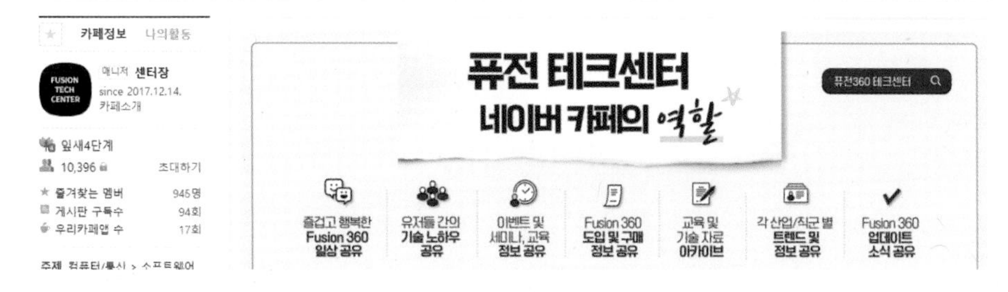

네이버 공식 카페인 '퓨전 360 유저 모임'에 가입하면 퓨전 360의 튜토리얼, Tip, 유저 작품 등의 유용한 정보와 업데이트 정보를 빠르게 확인할 수 있습니다.(https://cafe.naver.com/autodeskfusion360)

▶ 퓨전 360 유저 모임
네이버 카페 바로가기

G. 제너레이티브 디자인 사용하기

퓨전 360의 제너레이티브 디자인을 사용하기 위해 소프트웨어 준비 상태를 확인합니다.

본 책에서 진행하게 되는 제너레이티브 디자인은 오토데스크의 퓨전 360을 통해 진행됩니다.

오토데스크 홈페이지에서 계정 생성을 하고 무료 체험판을 다운로드 하시면 체험판(30일)으로 퓨전 360을 사용하실 수 있습니다.

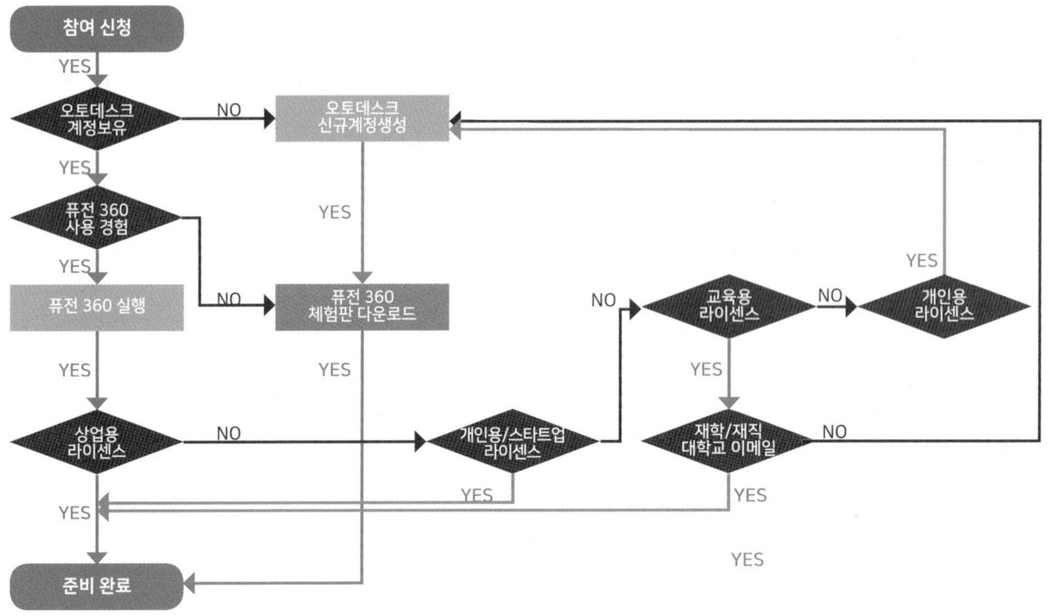

▲ 퓨전 360 라이센스 플로우 차트

제너레이티브 디자인의 경우에는 별도의 익스텐션 라이센스를 구매하셔야 제너레이티브 디자인을 이용할 수 있습니다. 익스텐션 라이센스가 없는 경우 체험판으로 제너레이티브 디자인을 7일 동안 체험하실 수 있습니다.

제너레이티브 디자인을 사용할 수 있는 또 다른 방법인 교육용 라이센스의 경우 대학교 이메일 계정(학생, 교수 등)을 보유하고 있어야 제너레이티브 디자인 사용이 가능합니다. 이 경우는 오토데스크 홈페이지를 통하여 학교 이메일 계정 및 학생증, 재직증명서 등으로 인증하시면 활성화 됩니다.

※ 제너레이티브 디자인 가이드북 예제파일 다운로드

우측 QR코드를 통해 접속하면 가이드북에서 진행되는 다섯 가지의 예제파일을 받아보실 수 있습니다.

피앤피북 www.pnpbook.com 홈페이지에 들어가, [게시판] – [다운로드]를 클릭합니다. 제너레이티브 디자인 <예제파일> 다운로드를 클릭하고 화면 아래쪽 압축파일을 다운로드 합니다.

▲ 피앤피북 홈페이지 예제파일 다운로드

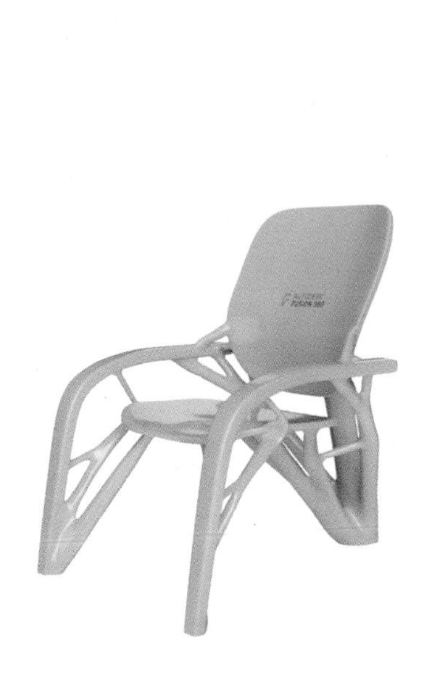

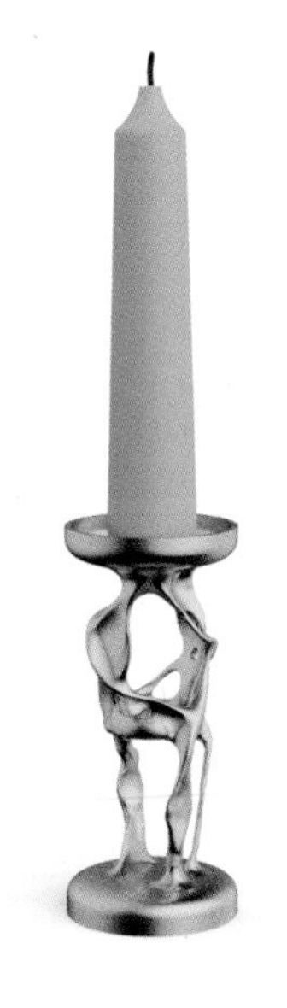

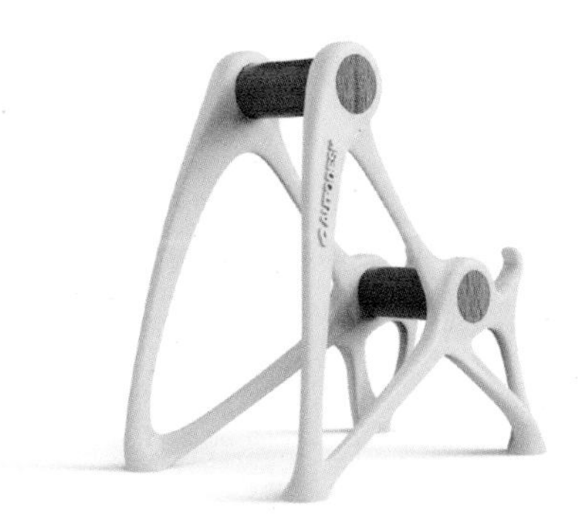

02 제너레이티브 디자인 의자 만들기

A. 기본 도형을 이용한 의자 만들기 이해

1 Cylinder + Cylinder

방향이 다른 두 개의 원기둥과 다리받침을 할 개체로 이루어진 의자를 만들어 볼 수 있습니다.

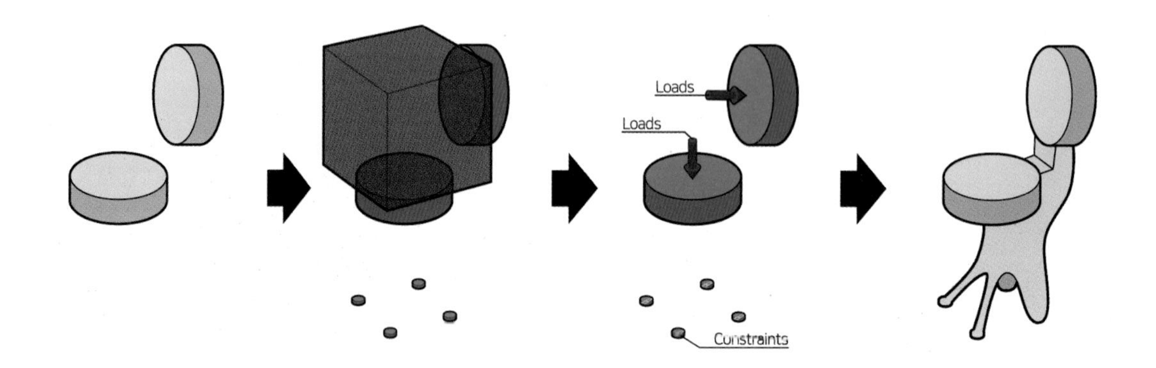

2 Cylinder + Pipe

원기둥과 파이프를 기능영역으로 응용하여 의자를 만들어 볼 수 있습니다.

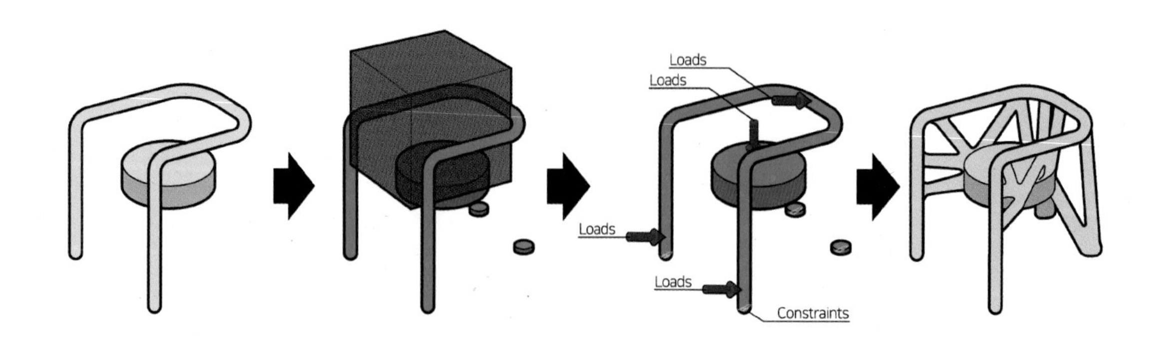

3 Cylinder + Cylinder + Pipe

방향이 다른 두 개의 원기둥과 두 개의 파이프를 기능영역으로 하여 의자를 만들어 볼 수 있습니다.

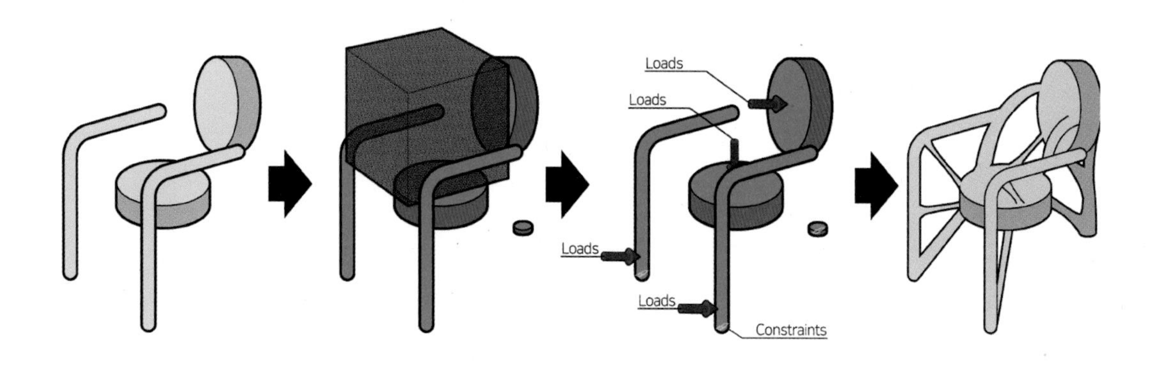

B. 제너레이티브 디자인을 활용하여 Arm Chair 만들기

디자이너 또는 디자인을 전공한 학생이라면 이미지 리서치를 진행하면서 한번쯤 보았을 'Arm Chair' 또는 'Born Chair'를 보셨을 것입니다.

'Arm Chair'는 네덜란드의 디자이너이자 작가인 요리스 라만*(joris laarman)*의 대표작으로 요리스 라만은 컴퓨터 알고리즘을 기반으로 의자뿐 아니라 테이블, 조명, 건축물에 이르는 다양한 분야에서 작품활동을 하고 있습니다.

2006년에 발표된 'Arm Chair'는 Bone Series의 두 번째 작품으로 뼈의 성장을 모방하여 알고리즘을 적용한 작품으로 성장하면서 힘을 받을 필요가 없는 부분을 비워내는 뼈의 성장원리를 이용해 힘을 지탱하는 데 필요한 최소한의 요소만 남기고 불필요한 부분은 제거해 나가면서 최종 디자인을 완성하였습니다.

본 예제에서는 컴퓨터 알고리즘을 기반으로 한다는 점에서 제너레이티브 디자인과 맥락을 같이 하고 있는 요리스 라만의 'Arm Chair'를 첫 번째 테마로 하여 오토데스크의 퓨전 360을 통해 제작해 보고자 합니다.

미리보기

본 예제를 통해 제작해 보게 될 제너레이티브 디자인을 이용한 'Arm Chair'입니다.

제너레이티브 디자인을 활용하면 별도의 복잡한 알고리즘을 구축할 필요 없이 초기 기능영역에 대한 모델링과 설계 옵션만으로 손쉽게 만들어낼 수 있습니다.

1 퓨전 360 실행

본 예제는 퓨전 360의 프리폼 모델링과 제너레이티브 디자인 기능을 사용합니다. 먼저, 퓨전 360을 실행시킨 후 프리폼 모델링으로 전환합니다.

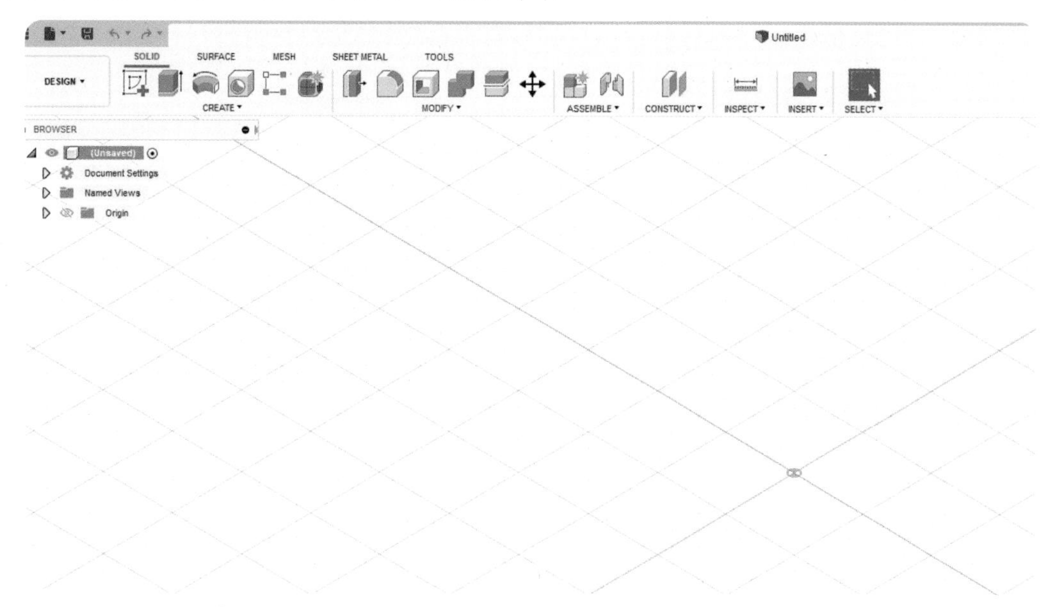

2 좌판 형상 제작

의자의 기능 역할(*유지 형상*)을 하게 될 좌판을 생성해줍니다. 모델링에 익숙하신 분들이라면 자유롭게 디자인하면서 모델링할 수 있습니다. 예제에서는 길이 680mm, 너비 500mm, 높이 25mm의 BOX를 바닥에서부터 약 420mm 올려서 생성해주었습니다.

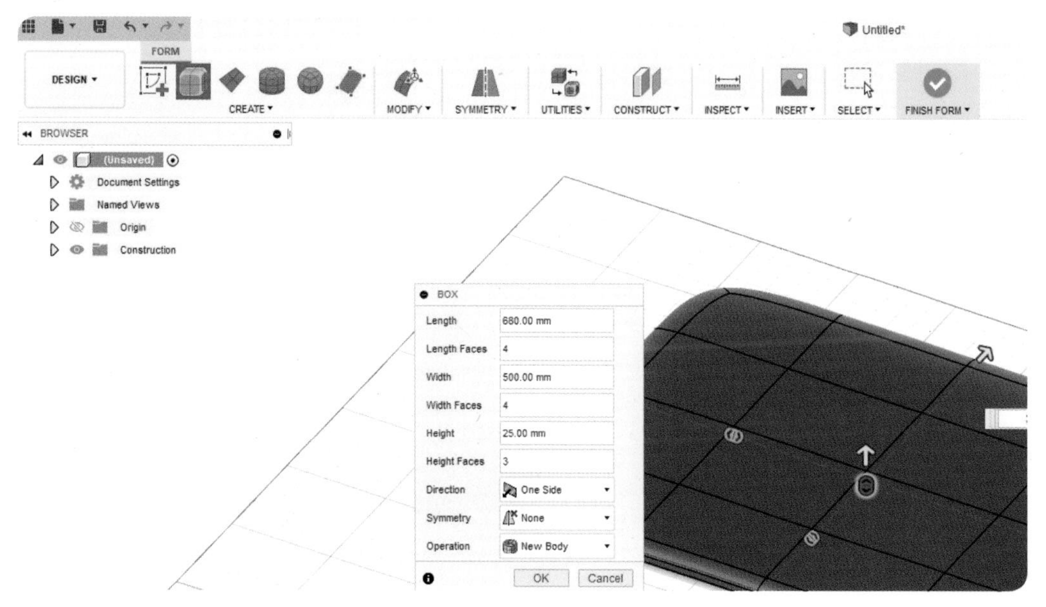

3 좌판 형상 편집

좌판 형상을 Edit Form 기능으로 편집합니다.

좌판의 형상은 디자이너가 의도하는 콘셉트로 자유롭게 디자인할 수 있습니다. 예제에서는 디스플레이 모드를 Box Type으로 변경한 뒤 좌판의 형상을 편집하였습니다.

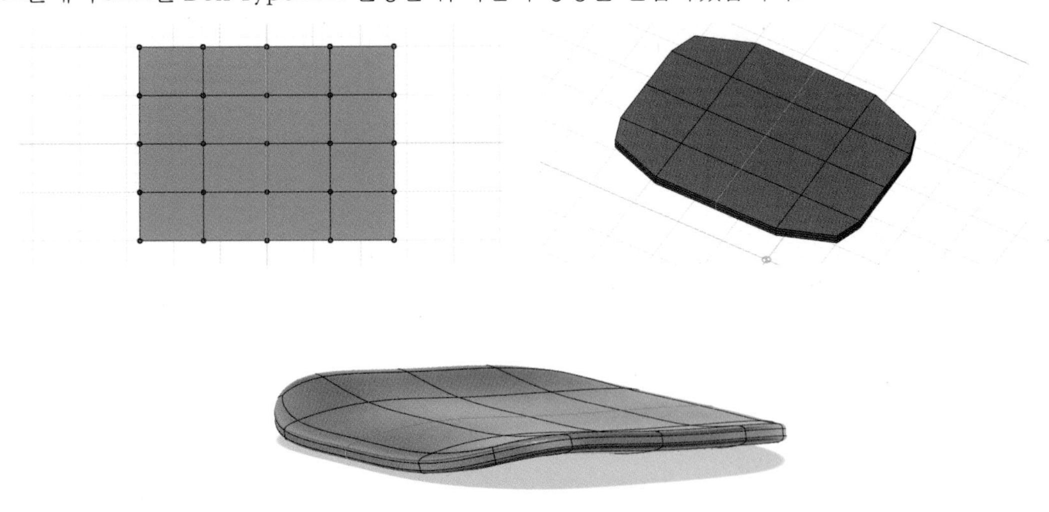

4 등받이 형상 제작

좌판과 같은 방법으로 등받이 형상을 제작합니다.

좌판의 높이가 비교적 낮기 때문에 등받이는 길게 제작하여 등을 안정적으로 기댈 수 있도록 하였습니다. 좌판보다는 조금 높은 약 500mm 높이에 600×550×25의 박스를 생성하였습니다.

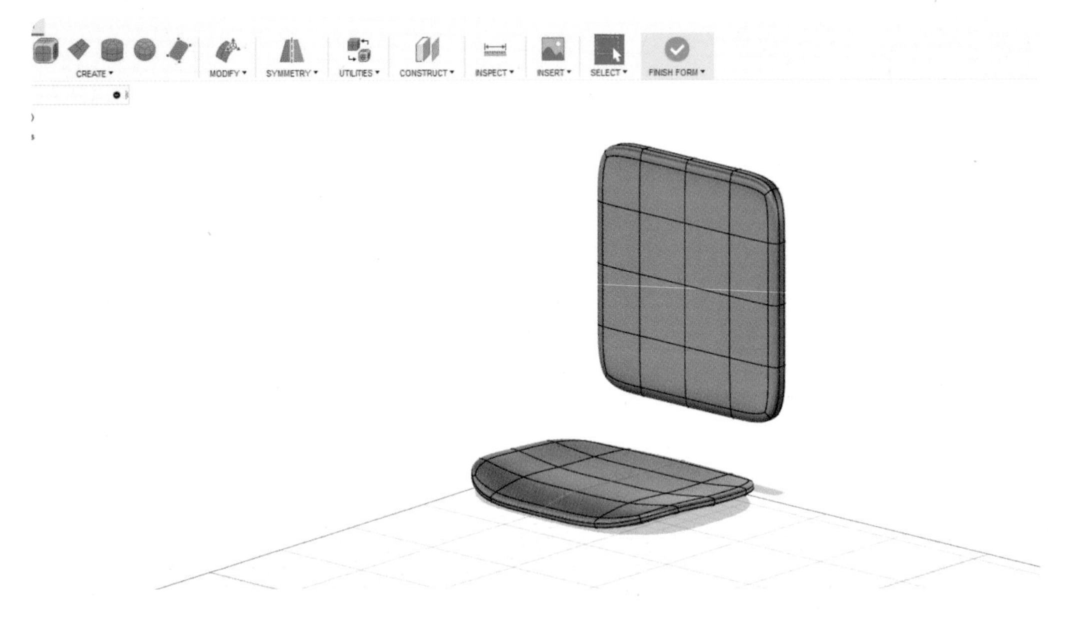

5 등받이 형상 편집

등받이 형상을 Edit Form 기능으로 편집합니다.

좌판과 마찬가지로 디자이너가 의도하는 콘셉트로 자유롭게 디자인할 수 있습니다. 예제에서는 편안한 좌착감을 위해 좌판과 등받이 양 끝에 몸을 감싸줄 수 있도록 편집하였습니다.

6 팔걸이 및 다리 형상 제작

예제에서는 Arm Chair의 제작방식과 유사하게 팔걸이와 다리 형상을 제작하였습니다.

좌판이나 등받이 형상과 같은 방법으로 Box를 늘리고 구부리는 편집 과정을 거치거나 Sketch로 Profile을 생성 후 Pipe나 Sweep 기능으로 디테일하게 형상을 생성하실 수도 있습니다. 예제에서는 Box를 편집하여 간단하게 팔걸이와 다리 형상을 생성하였습니다.

7 다리받침 형상 제작

편의상 다리받침이라 불리는 형상을 제작합니다.

Arm Chair를 자세히 보면 의자 뒤쪽으로는 다리를 지지하는 구조가 한쪽으로 모여있는 것을 볼 수 있습니다. 예제에서도 이와 같은 구조를 생성하기 위해 뒤쪽으로는 하나의 다리받침 형상을 제작하였습니다.

안정적인 구조를 위해 다리 받침은 좌판보다 뒤쪽으로 배치하였습니다.

기본 기능영역이 설계적으로 불안하게 위치하고 있으면 제너레이티브 디자인 생성이 과도하게 되거나 무게중심을 맞추기 위해 하부쪽으로 덩어리져 생성될 수 있습니다.

8 제너레이티브 디자인 모드 전환

퓨전 360 메뉴 좌측 상단에 모드를 Design에서 Generative Design으로 변경해 줍니다. 상단의 메뉴가 Generative Design의 기능으로 변경됩니다. 기본적으로 Study1부터 자동 적용되어 Generative Design Study를 진행할 수 있습니다

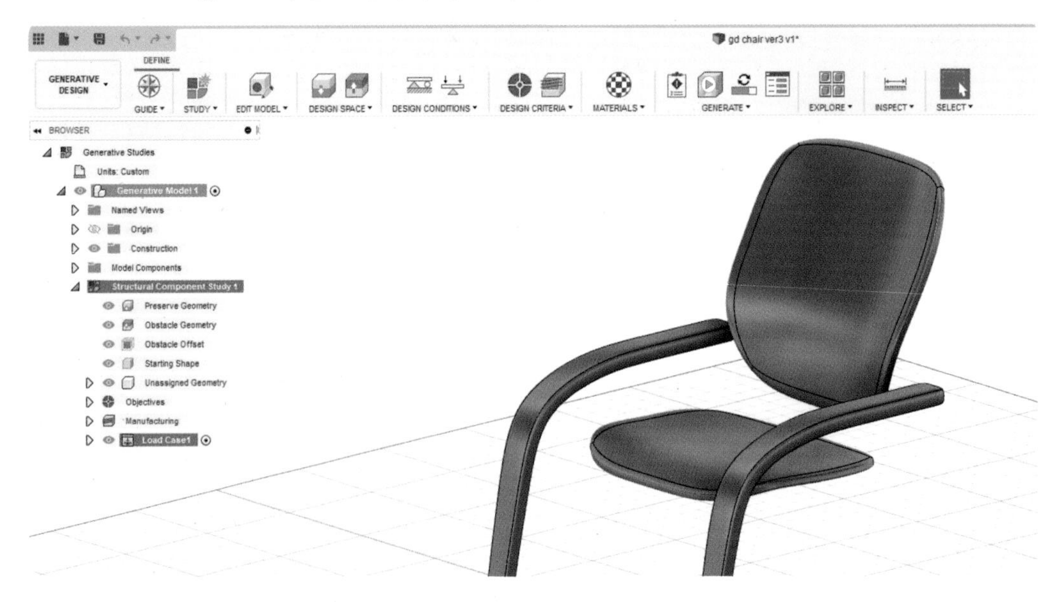

9 장애물형상 제작

먼저 개체를 추가로 생성하여 장애물형상으로 제작하고자 합니다. 장애물형상은 제한영역으로 지정하여 제너레이티브 디자인이 생성되지 못하도록 합니다. Edit Model 기능을 사용하면 Generative Design 모드에서도 추가로 개체를 생성/편집할 수 있습니다.

예제의 장애물형상은 사람이 앉을 수 있는 공간을 확보하기 위해서 좌판과 등받이 사이의 공간을 제한영역으로 모델링하여 장애물형상으로 설정하였습니다.

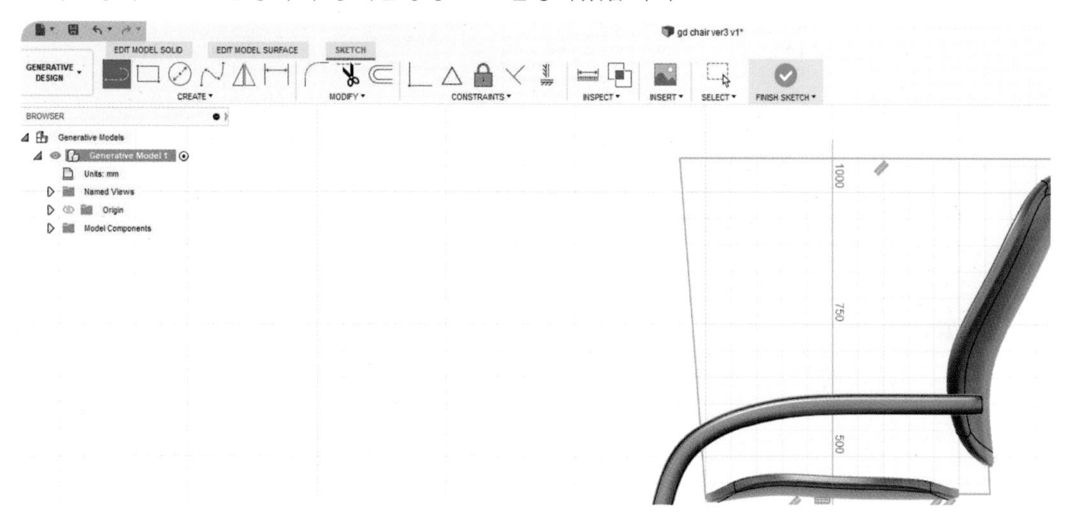

10 장애물형상 편집

장애물형상을 편집합니다. 만약 장애물형상이 유지형상 개체*(좌판, 등받이, 팔걸이 등)*와 겹쳐서 간섭이 생긴다면 Generative Design이 생성이 되지 않기 때문에 장애물 형상을 수정하거나 유지형상과의 겹쳐진 부분을 삭제해야 합니다. 예제에서는 Combine의 Cut 기능으로 유지형상에 겹쳐져 있는 장애물형상을 제거하였습니다.

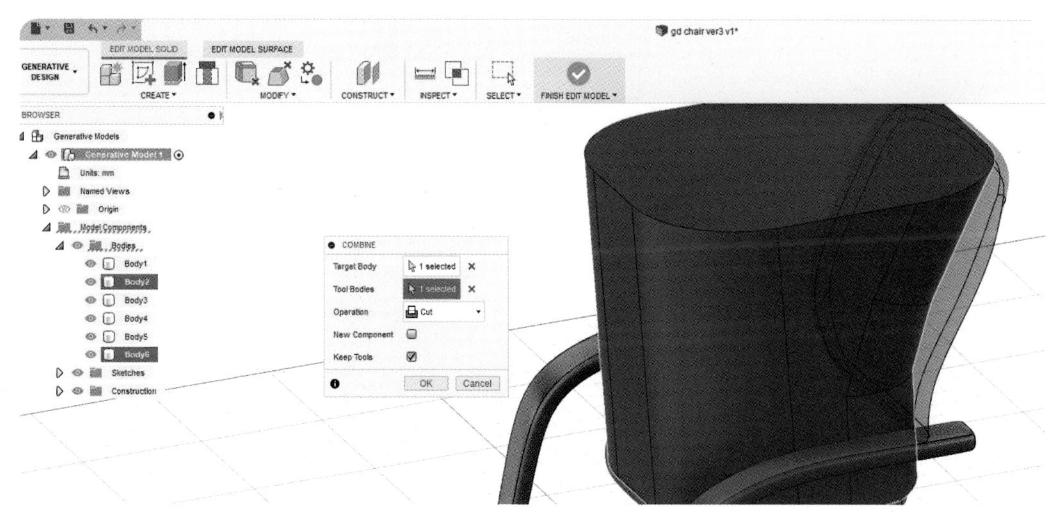

11 형상 검토

유지형상, 장애물형상 등 개체에 문제가 없는지 검토합니다. 팔걸이와 등받이 좌판 형상에 영향이 가지 않도록 겹쳐진 영역이 제거된 장애물 형상을 보실 수 있습니다.

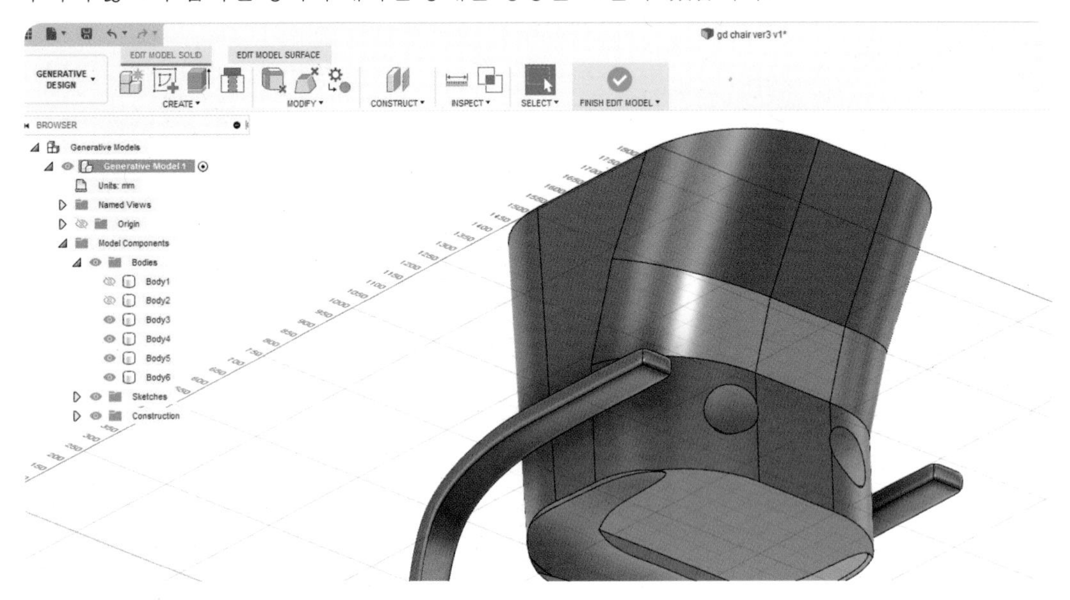

12 유지, 장애물, 시작형상 지정

디자인 생성에 꼭 필요한 기능영역(유지형상)과 제한영역(장애물형상)을 지정합니다. 본 예제에는 적용하지 않았지만 Starting Shape을 통해 제너레이티브 디자인이 시작되는 영역을 지정할 수 있습니다.

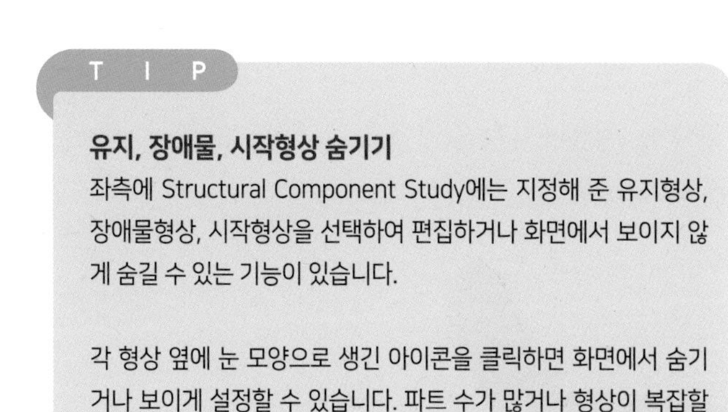

TIP

유지, 장애물, 시작형상 숨기기

좌측에 Structural Component Study에는 지정해 준 유지형상, 장애물형상, 시작형상을 선택하여 편집하거나 화면에서 보이지 않게 숨길 수 있는 기능이 있습니다.

각 형상 옆에 눈 모양으로 생긴 아이콘을 클릭하면 화면에서 숨기거나 보이게 설정할 수 있습니다. 파트 수가 많거나 형상이 복잡할 경우 숨김 기능을 통해서 쉽게 설계 옵션을 적용할 수 있습니다.

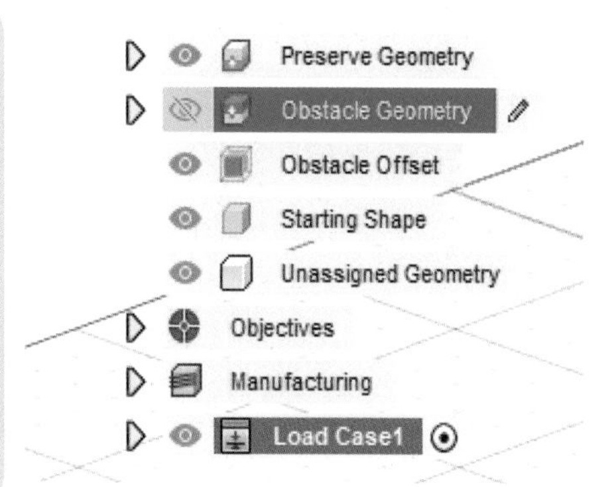

13 구속조건 적용

Structural Constraints 기능으로 유지형상에서 고정되어야 할 지점을 선택해 줍니다.

기본적으로 의자는 바닥에 놓이므로 다리 기능을 하는 개체의 바닥 면을 구속조건으로 적용하였습니다.

14 하중조건 적용

힘이 작용하는 지점에 하중조건을 적용합니다. 예제에서는 앉았을 때의 무게 150kg, 등받이로 미는 힘은 100kg을 적용하였습니다.*(100kg = 약 1000N)*

15 소재, 가공방식 설정

제품에 적용하고자 하는 소재와 가공방식을 선택합니다. 예제에서는 적층 및 3축, 5축의 밀링을 선택하였습니다. 소재는 퓨전 360에서 제공하는 플라스틱 계열의 적층 소재를 선택하였습니다. 예제는 조형 생성을 우선 목표로 하였기 때문에 해당 소재와 가공방식을 적용하였으나 실제 설계 목표와 요구사항이 있다면 해당하는 가공방식과 소재를 선택하면 됩니다.

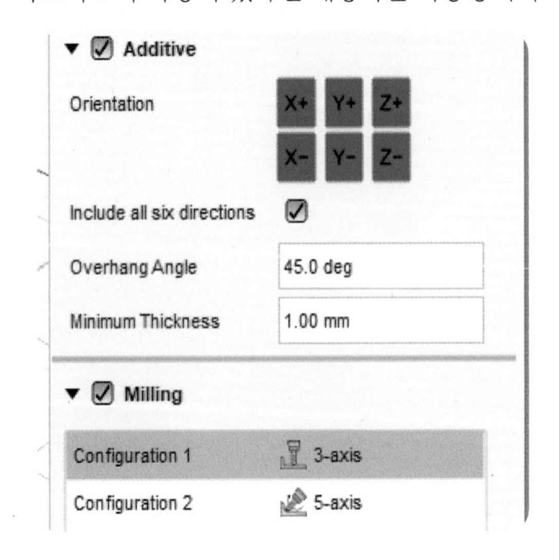

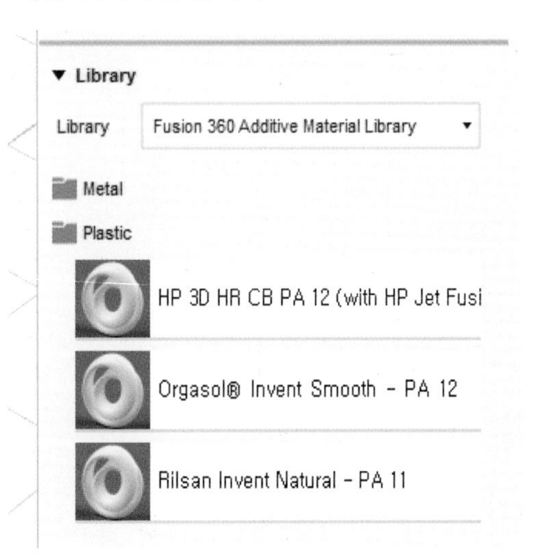

16 Clone Study로 설계 옵션 확장

퓨전 360 Generative Design의 장점은 Study를 추가 or 복제하여 다른 설계 옵션을 적용하고 각각의 Study를 동시에 Generate 하여 결과물을 생성할 수 있다는 것입니다. 예제에서는 Study를 복제하여 이전 Study의 설정을 그대로 가져와 기능영역에 하중조건을 추가하였습니다.

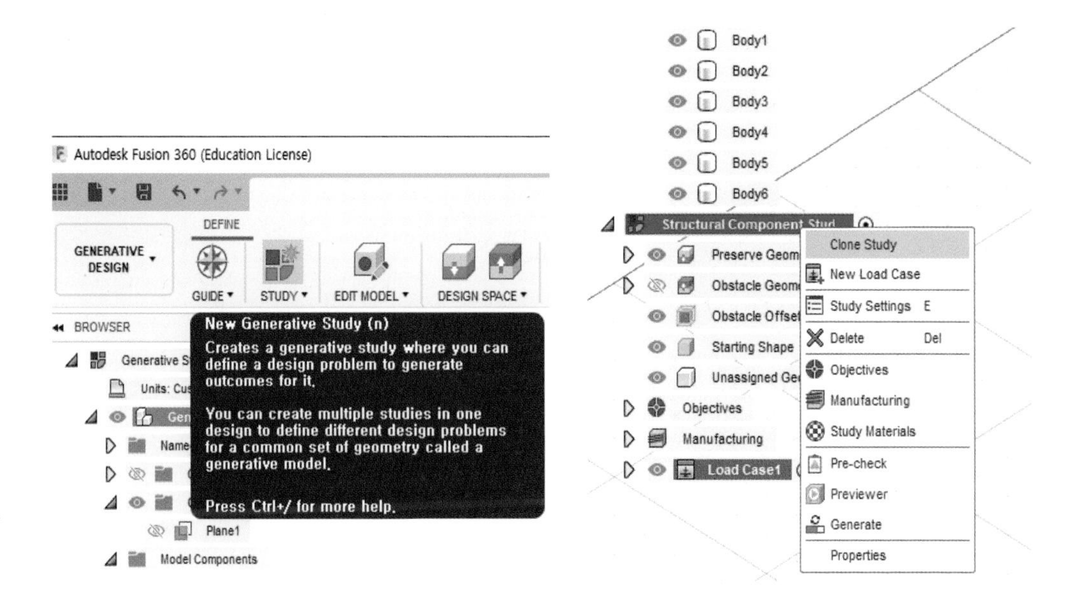

17 기능영역 편집

복제한 두 번째 Study에는 기능영역을 분할하여 다른 방향에서 하중이 적용되도록 하였습니다. Edit Model에서 선을 그린 뒤 팔걸이와 다리 역할의 개체를 분할시켜 주었습니다.

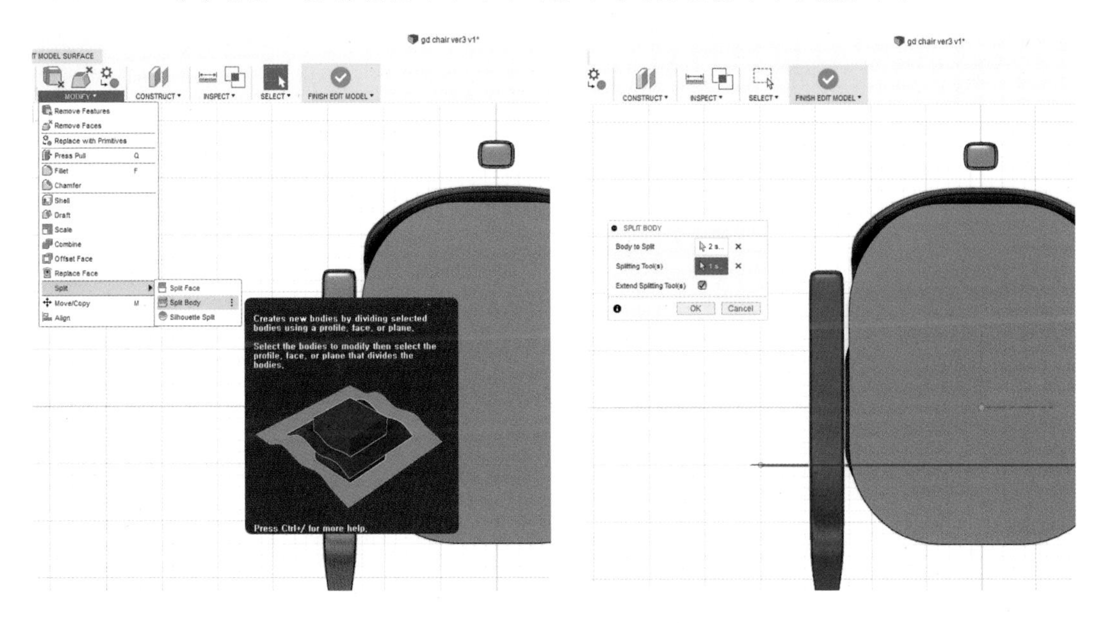

18 하중조건 추가

팔걸이와 다리 역할을 하던 개체는 하나의 개체였지만 분할한 뒤 서로 다른 개체가 되었습니다.

분할된 개체에 기능영역이 해제되어 있으므로 해제된 개체에 다시 기능영역(유지형상)을 설정하고 추가로 하중조건을 적용합니다. 예제에서는 분할된 팔걸이와 다리에 추가로 하중조건을 적용하였습니다.

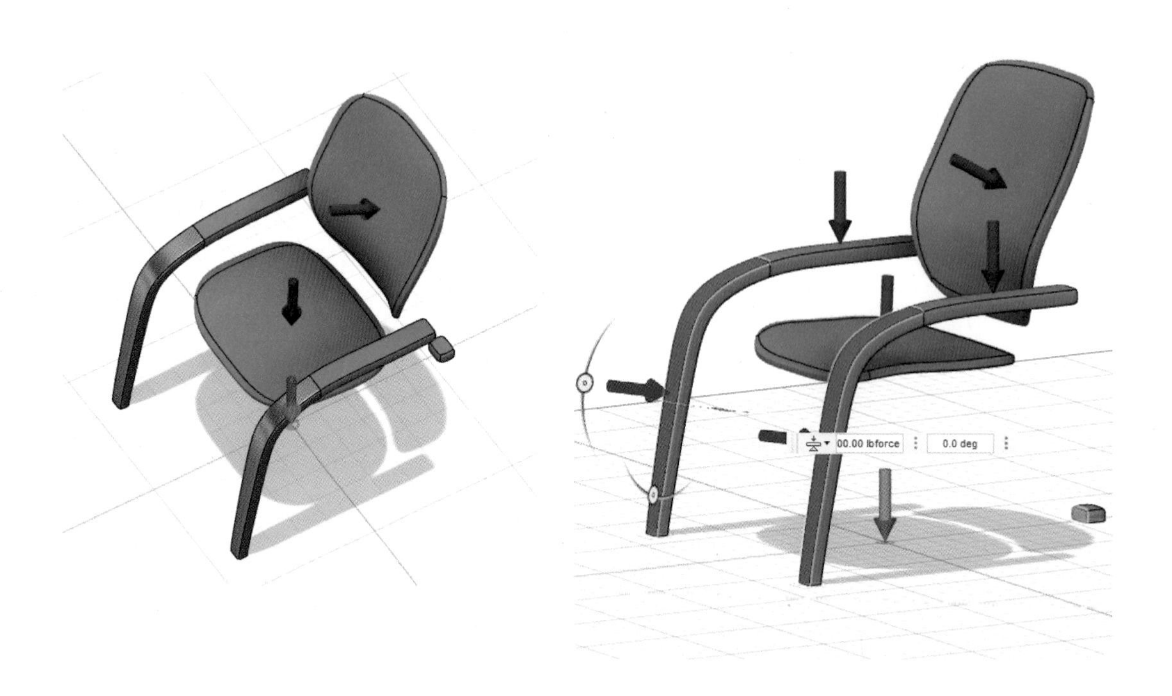

19 Study 복제 및 설계옵션 적용 반복

다양한 결과물을 얻어내고자 하면 이전의 방법과 같이 기능영역을 추가하거나 편집하고 힘의 작용과 방향을 다양하게 적용해볼 수 있습니다.

Generative Design으로 조형의 아이디어를 얻고자 한다면 하중조건뿐 아니라 소재나 가공방식 등 필수 설계조건 외에 설계조건을 다양하게 함으로써 더욱더 광범위한 결과물을 생성할 수 있습니다.

예제는 총 3개의 Study로 진행하였습니다.

20 Generative Design 실행

모든 Study 설정이 완료되었다면, 상단의 Generate 명령으로 Generative Design을 실행시킵니다.

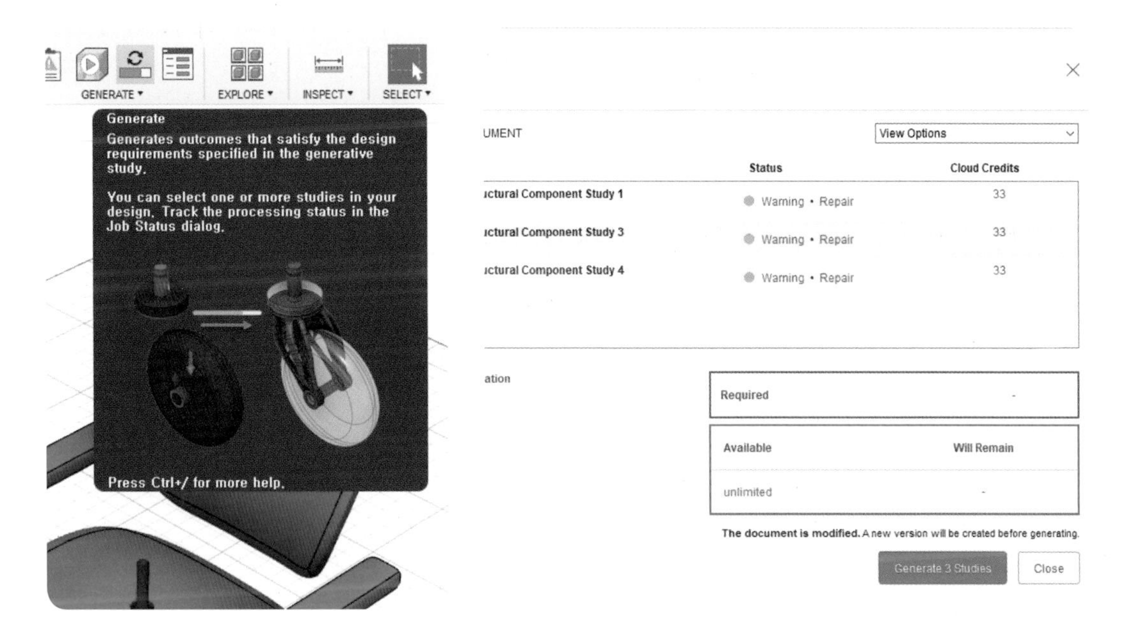

21 기다림

결과물이 생성되는 시간은 Study나 형상, 옵션에 따라 길어질 수도 있습니다.

퓨전 360은 Cloud를 기반으로 하여 작업을 수행하기 때문에 기다리는 동안 다른 작업을 수행하여도 연산에는 큰 영향을 받지 않습니다.

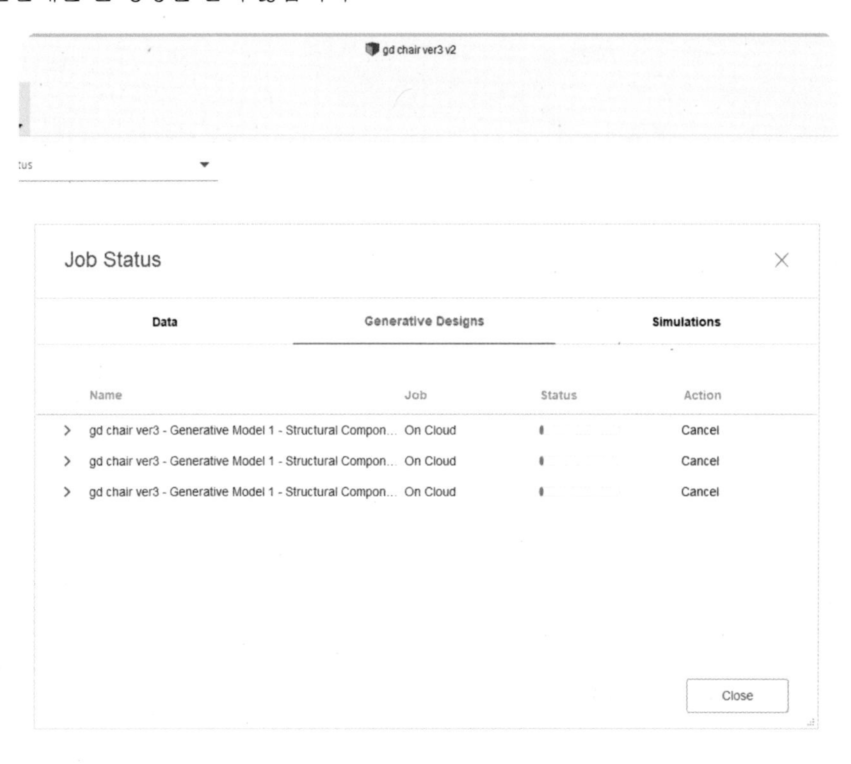

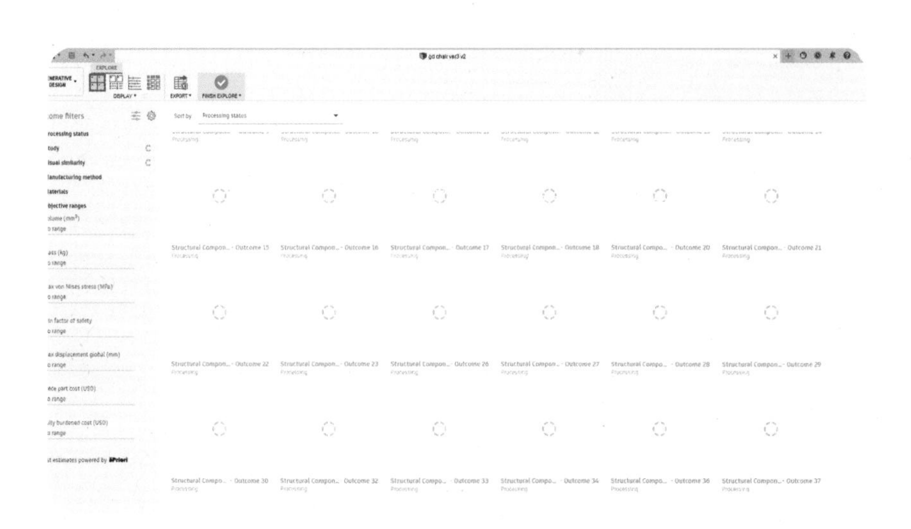

22 결과물 생성 그리고 선택

결과물의 생성과정은 미리보기를 통해 확인하실 수 있습니다. 기다림의 시간이 지나 결과물 생성이 완료되면 디자이너는 원하는 조형을 선택하면 됩니다.

여러 시안 중 미리보기를 통해 마음에 드는 시안이 있으면 클릭하셔서 큰 화면으로 보실 수 있습니다. 그리고 마우스를 이용하여 회전하면서 모델링을 검토할 수 있습니다.

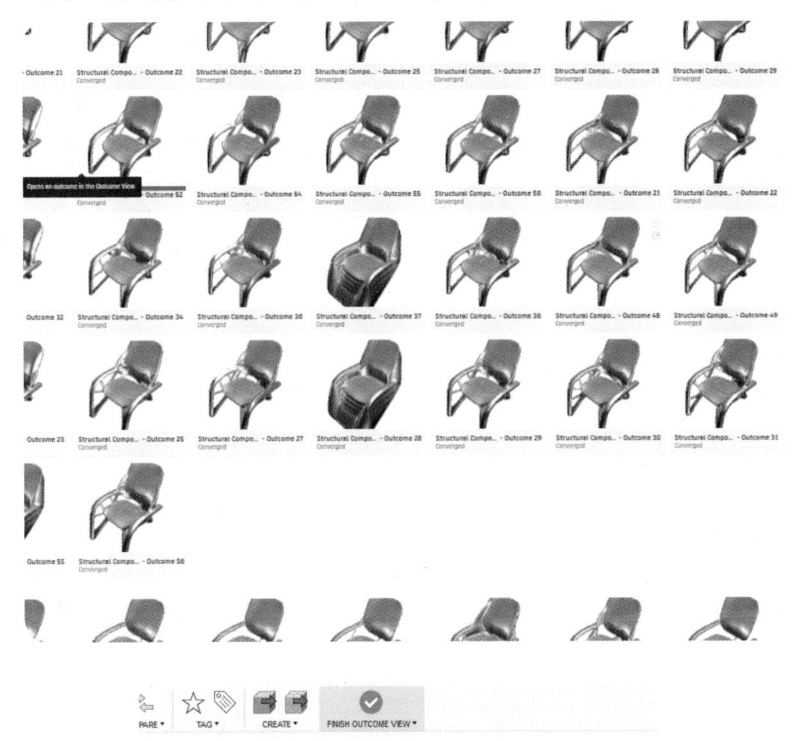

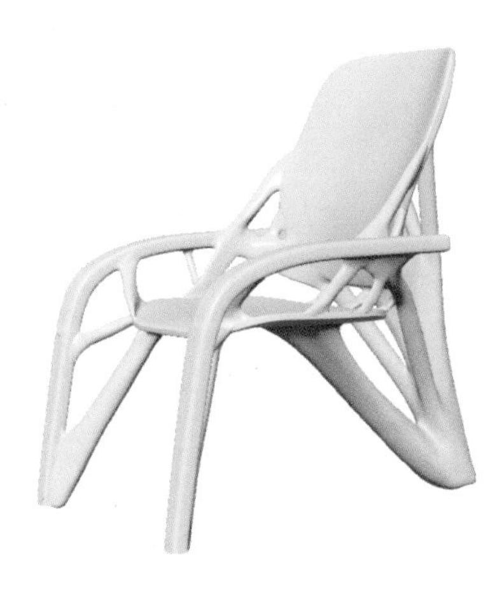

23 결과물 내보내기

미리보기를 통해 원하는 시안을 선택하면 Free Form이나 Mesh 타입으로 내보낼 수 있습니다. 여러 결과물을 내보내거나 원하는 시안을 쉽게 찾기 위해 즐겨찾기로 추가하여 찾아보실 수 있습니다.

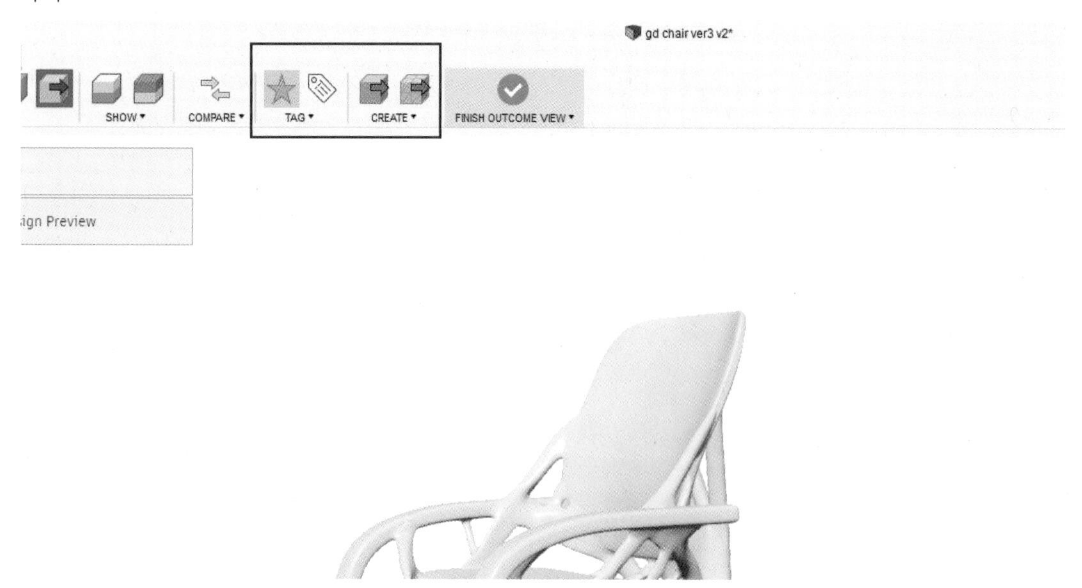

24 디자인 검토 및 편집

내보내기 한 결과물은 조형 검토 후 디자이너의 의도에 따라 편집을 진행할 수 있습니다. 퓨전 360 내에서 Free Form을 이용하여 결과물을 바로 편집할 수 있습니다.

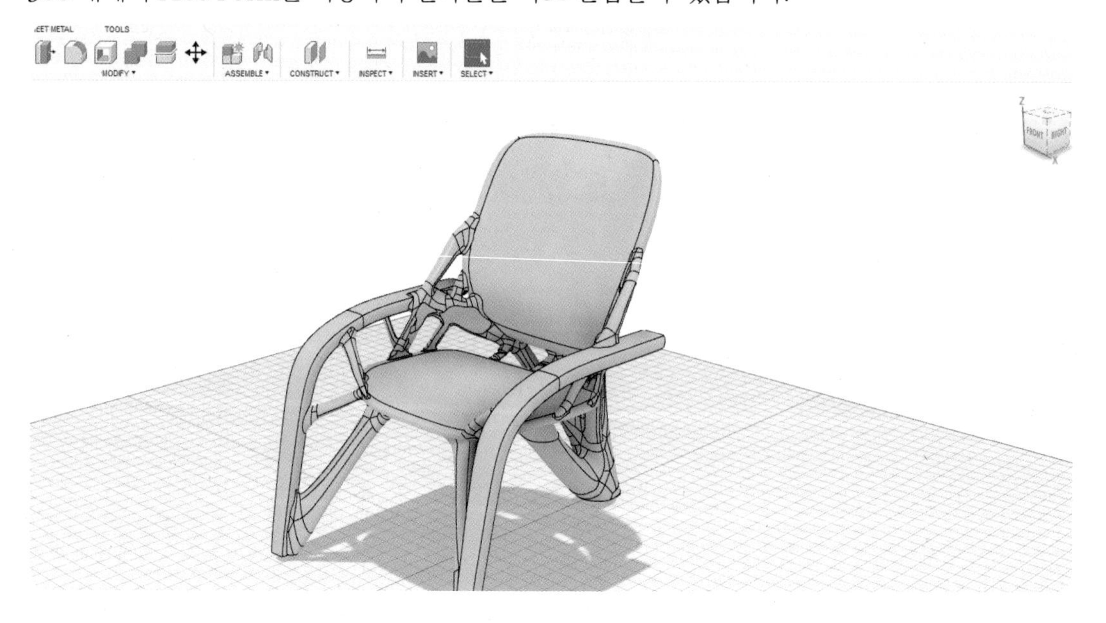

완성된 디자인의 제너레이티브 디자인 'Arm Chair'입니다.

제너레이티브 디자인을 활용하여 설계 요구조건에 부합하는 객관적 데이터를 기반으로 생성된 결과물은 디자이너의 아이디어 발상에 도움을 줄 수 있을 것이며, 사용자의 감각이나 감성에 따라 얼마든지 자신만의 디자인으로 확장시킬 수 있습니다.

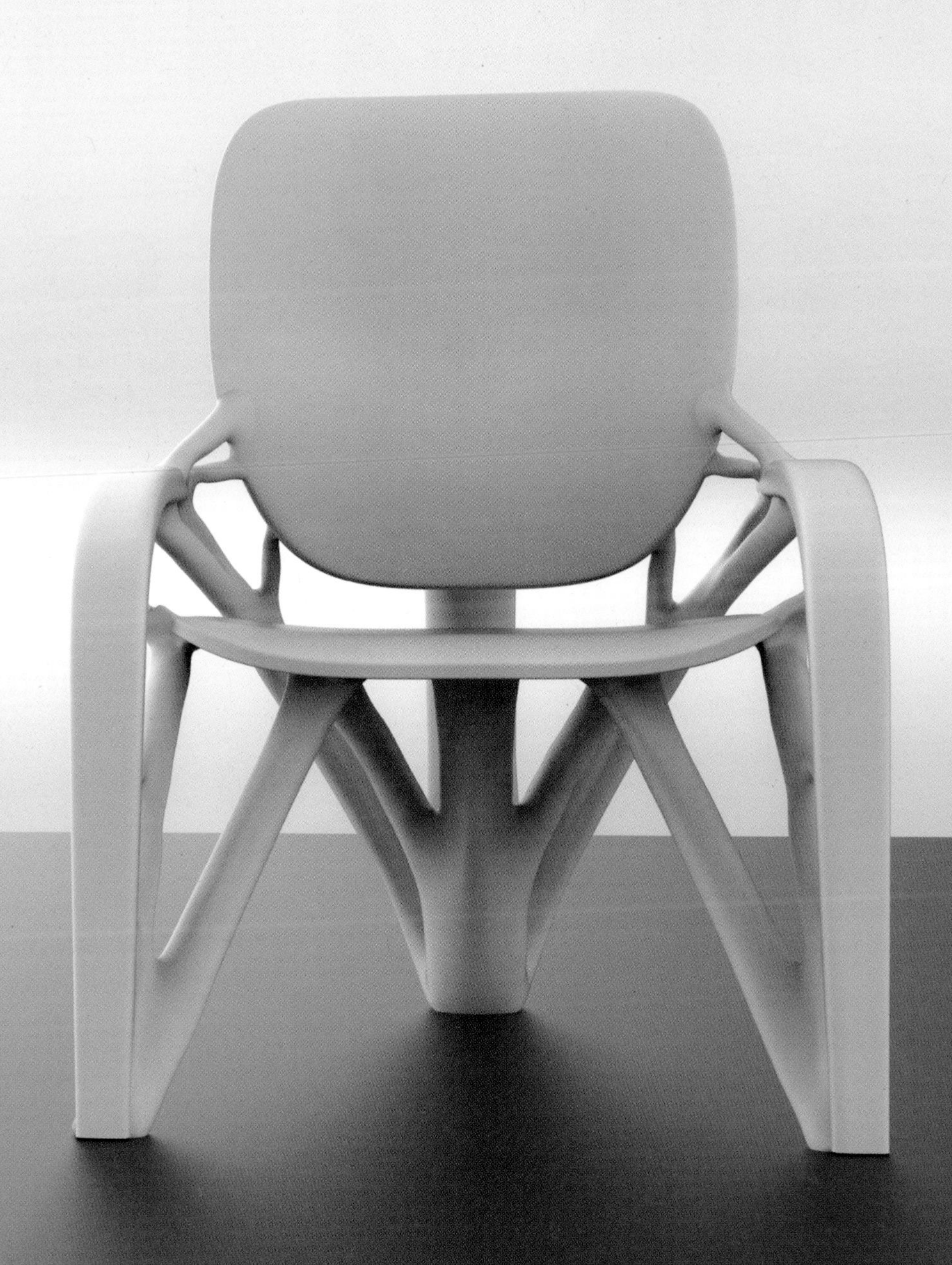

03 제너레이티브 디자인 촛대 만들기

A. 기본 도형을 이용한 촛대 만들기 이해

1 Cylinder + Cylinder

두 개의 평행한 원기둥을 연결하는 구조로 조형을 생성할 수 있습니다.

▶ 단일 하중

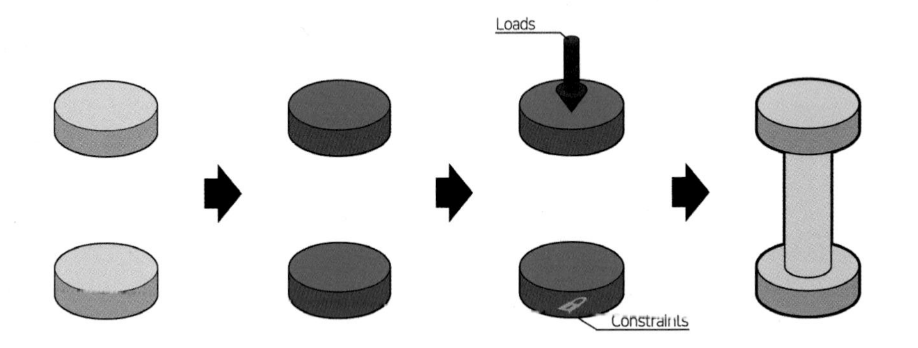

2 Cylinder + Cylinder

두 개의 평행한 원기둥을 연결하는 구조로 조형을 생성할 수 있습니다.

▶ 단일 하중 + 장애물형상

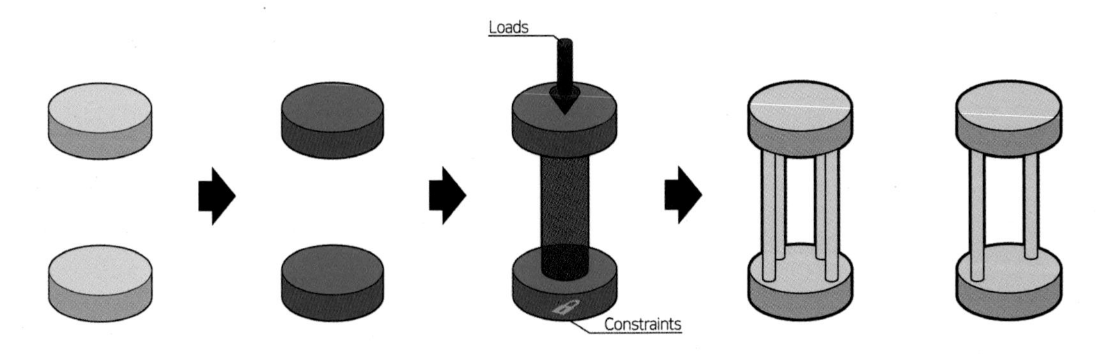

3 Cylinder + Cylinder

두 개의 평행한 원기둥을 연결하는 구조로 조형을 생성할 수 있습니다.

▶ 다중 하중 + 장애물형상

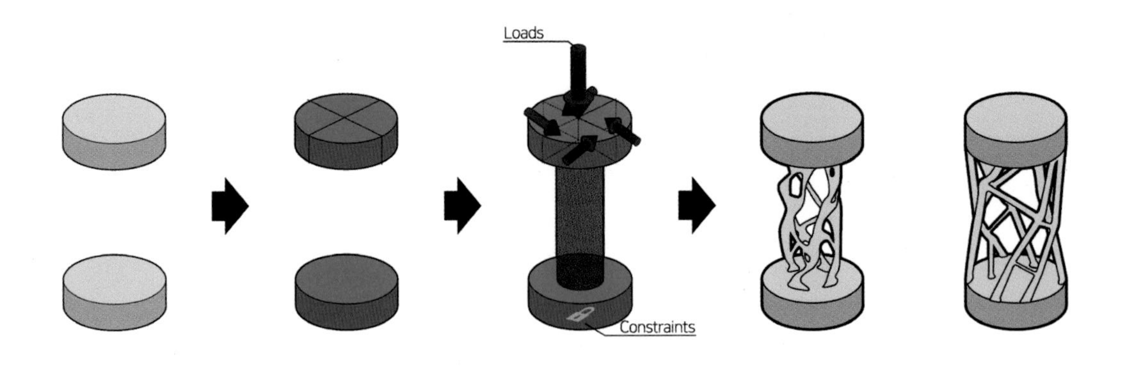

4 Cylinder + Torus

두 개의 평행한 원기둥 사이에 둥근 도넛 형상을 연결하는 구조로 조형을 생성할 수 있습니다.

▶ 단일 하중

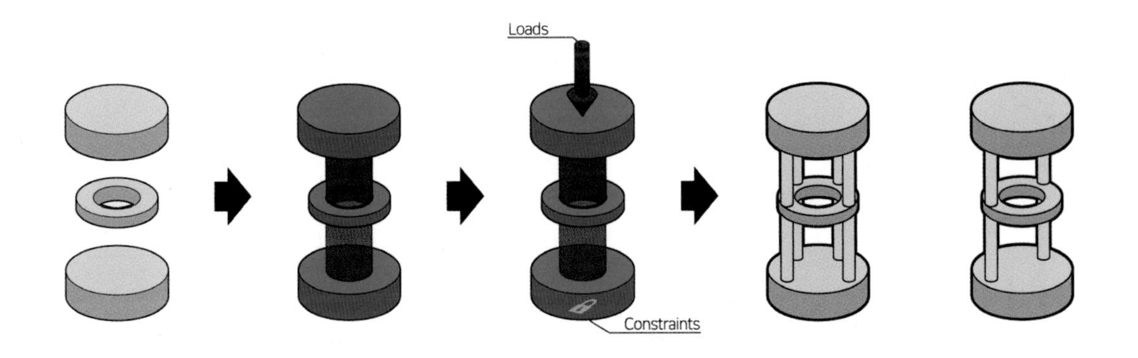

5 Cylinder + Torus

두 개의 평행한 원기둥 사이에 둥근 도넛 형상을 연결하는 구조로 조형을 생성할 수 있습니다.

▶ 다중 하중 + 장애물형상

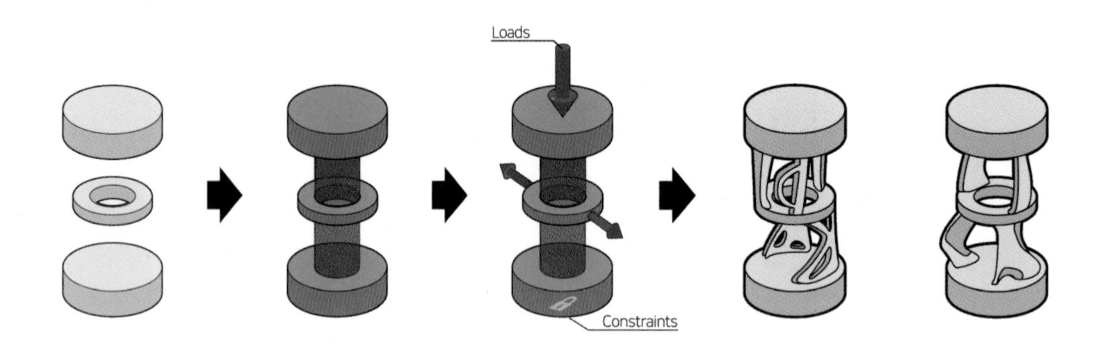

6 Cylinder + Torus

두 개의 평행한 원기둥 사이에 둥근 도넛 형상을 연결하는 구조로 조형을 생성할 수 있습니다.

▶ 다중 하중 + 장애물형상

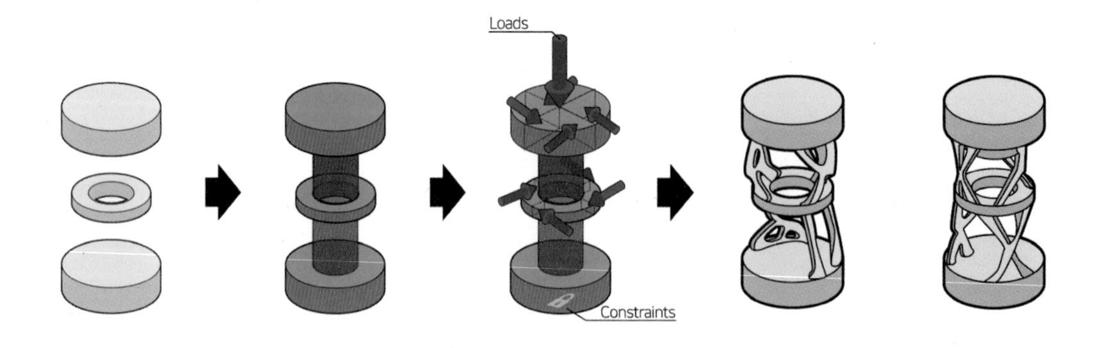

B. 제너레이티브 디자인을 활용하여 금속 촛대 만들기

▲ 단순한 구조로 생성된 제너레이티브 디자인 촛대 예시

제너레이티브 디자인을 사용하면서 가장 기대되었던 것은 설계 목적에 대한 솔루션을 얻는 것보다 과연 어떤 조형이 나올 것인가에 대한 것이었습니다.

하지만 늘 새롭고 특이하고 유기적인 형상을 가진 결과물만 나온 것은 아니었습니다.

무엇인가 놓이고, 누르고, 당기고, 미는 등의 힘이 작용하는 지점이 있다면 그 지점에 하중을 적용하였고 어떤 조형, 어떤 구조가 나올까 기대하면서 제너레이티브 디자인을 실행했지만 항상 그 기대를 만족시킬 수는 없었습니다. 그냥 수직 또는 수평 형태의 정말 단순한 구조가 나오는 경우도 있었으며, 가느다란 뼈대로 볼품없는 구조가 나오기도 했습니다.

어떻게 보면 제너레이티브 디자인은 설계 목표에 따라서 가장 효율적이고, 가장 가볍고, 가장 저렴하게 만들어낼 수 있는 결과물을 제안하기 때문이 아닐까 생각합니다.

시작형상에 따라서 생성되는 결과물이 달라질 수는 있겠지만 좀 더 다양하게 결과물을 생성해내기 위해 필요 하중 이상의 힘과 방향, 그리고 제너레이티브 디자인의 조형과 구조를 유도할 수 있는 장애물형상과 추가적인 개체 생성으로 여러 번의 시도를 해보았고, 이를 활용하여 서로 같은 방향으로 정렬해 있는 개체를 연결시키는 구조를 만들어 보았습니다.

두 번째 예제에서는 단순하게 생성될 수 있는 구조를 좀 더 복잡하고 재미있게, 생성할 수 있도록 하중조건을 다양하게 하고 장애물형상과 유지형상을 추가로 생성하는 방법으로 금속 촛대를 제너레이티브 디자인으로 생성해보도록 하겠습니다.

미리보기

본 예제를 통해 제작해 보게 될 제너레이티브 디자인을 이용한 금속 촛대입니다.

다중 하중조건과 장애물형상 등을 이용하여 디자이너는 새로운 조형의 결과물을 생성할 수 있습니다.

본 예제의 방법은 같은 방향**(수직)**으로 정렬되어 있는 개체와 정렬된 방향으로 하중조건이 부여될 수 있는 다른 제품이나 부품 분야에도 응용하여 새로운 조형 탐색을 위한 가이드가 될 수 있을 것이라고 생각됩니다.

1 퓨전 360 실행

금속 촛대 예제의 유지형상 모델링을 위해서 퓨전 360을 실행시킵니다.
퓨전 360을 실행시키신 후 프리폼 모델링으로 전환합니다.

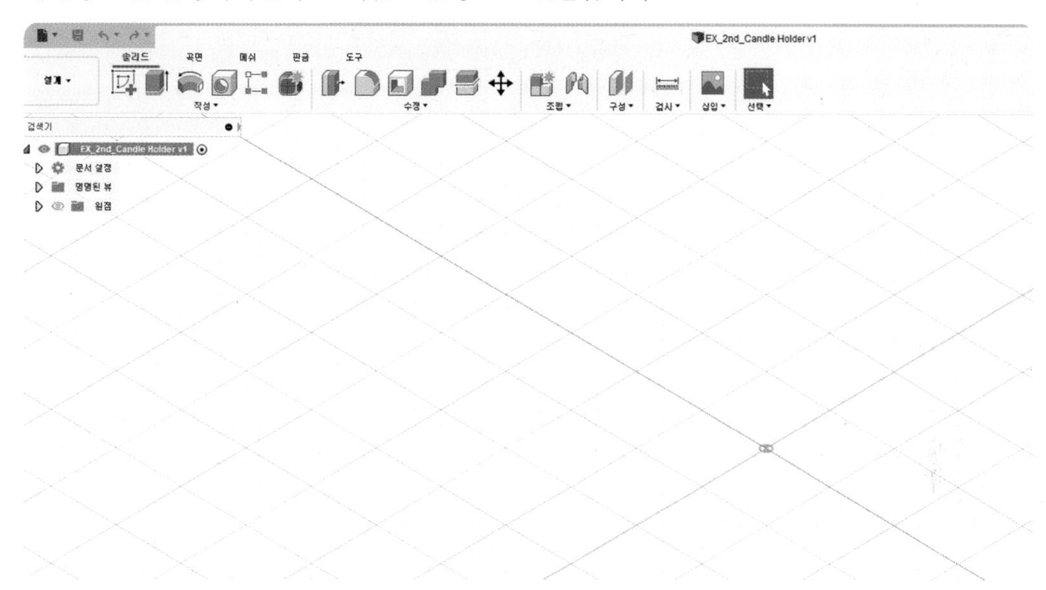

2 촛대 받침 형상 제작

촛대의 받침 형상 제작을 위해 프리폼에서 Cylinder를 제작해줍니다.
예제에서는 지름 50mm에 높이는 약 15mm로 제작하였습니다.

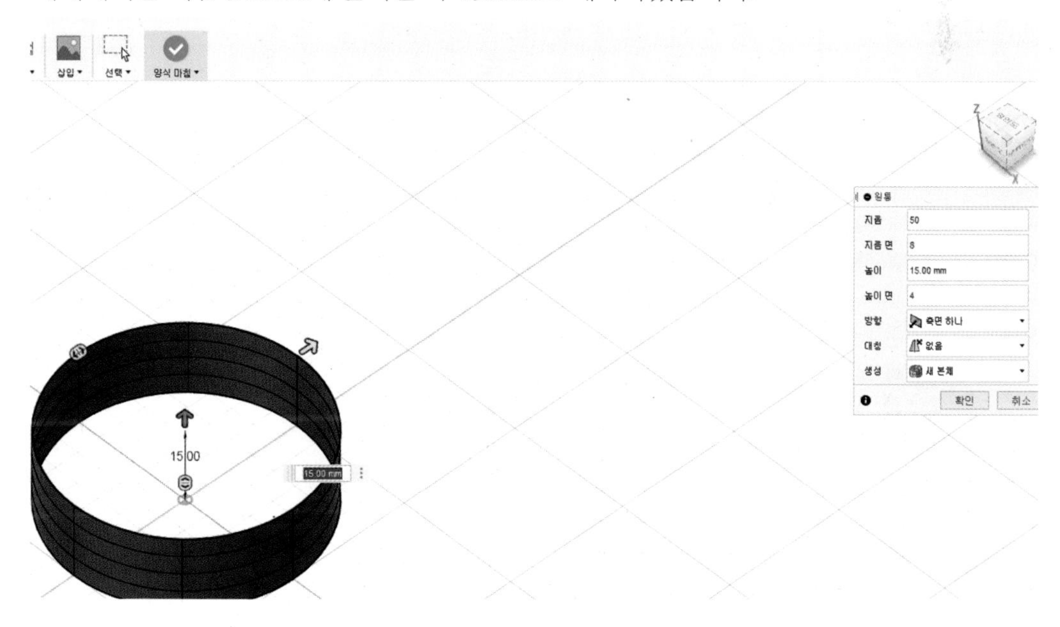

3 받침대 형상 편집하기_끝막음

MODIFY의 구멍 채우기 기능으로 원기둥 개체의 윗부분을 막아줍니다.

4 받침대 형상 편집하기_형상 수정

받침대의 측면에 면과 모서리를 이동시켜 뒤집힌 그릇과 같이 만들어 줍니다.
모양을 만들면서 필요없어 보이는 모서리 한 줄은 삭제해 주었습니다.

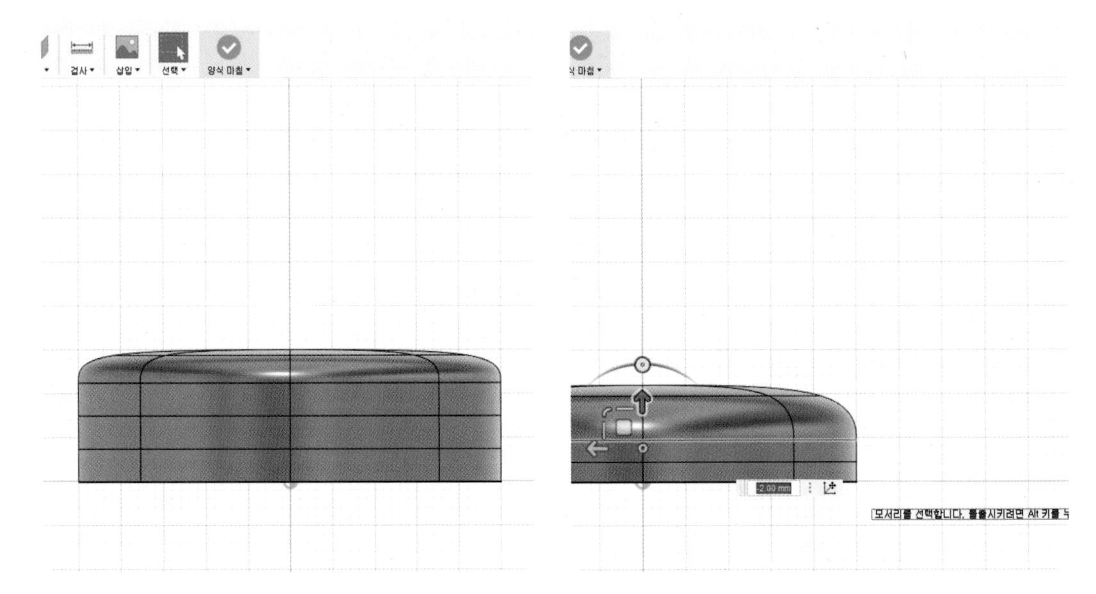

5 받침대 형상 편집하기_복사 및 이동

받침대 개체를 선택하고 복사 및 이동시킵니다. 옵션 창의 Create Copy를 체크하여 사본으로 만들어 줍니다. 사본으로 복사된 받침대 개체는 약 100mm 위쪽으로 올려주고 오른쪽 그림과 같이 컵 모양 형태로 회전시켜 줍니다.

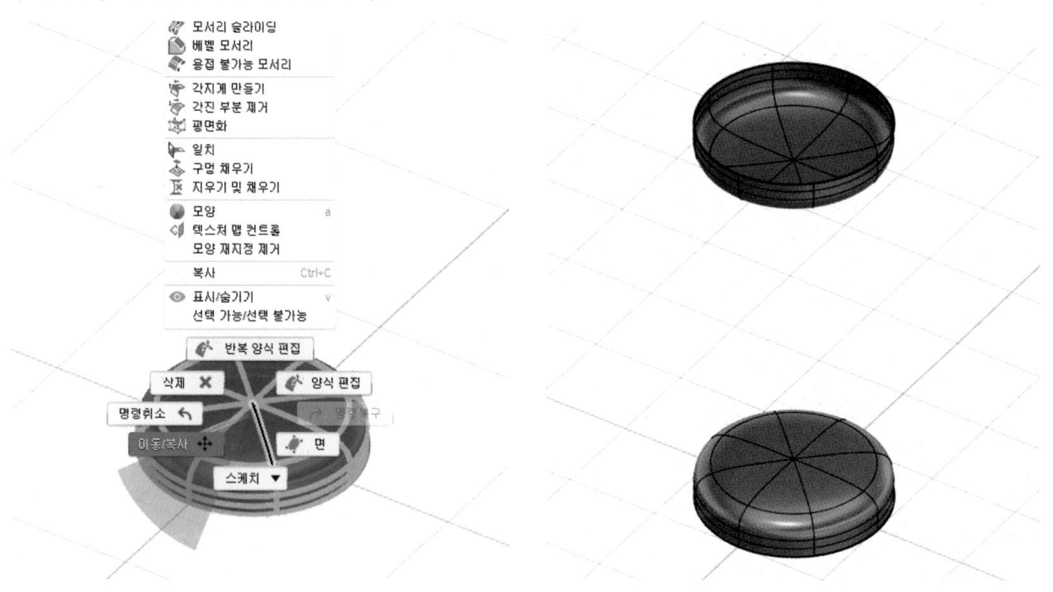

6 받침대 형상 편집하기_끝막음

받침대 형상을 완성하기 위해 받침대 개체의 아래쪽 면을 Fill Hole로 채워줍니다. 채워진 면은 Crease 명령으로 각지게 만들어 형상 제작을 마무리합니다.

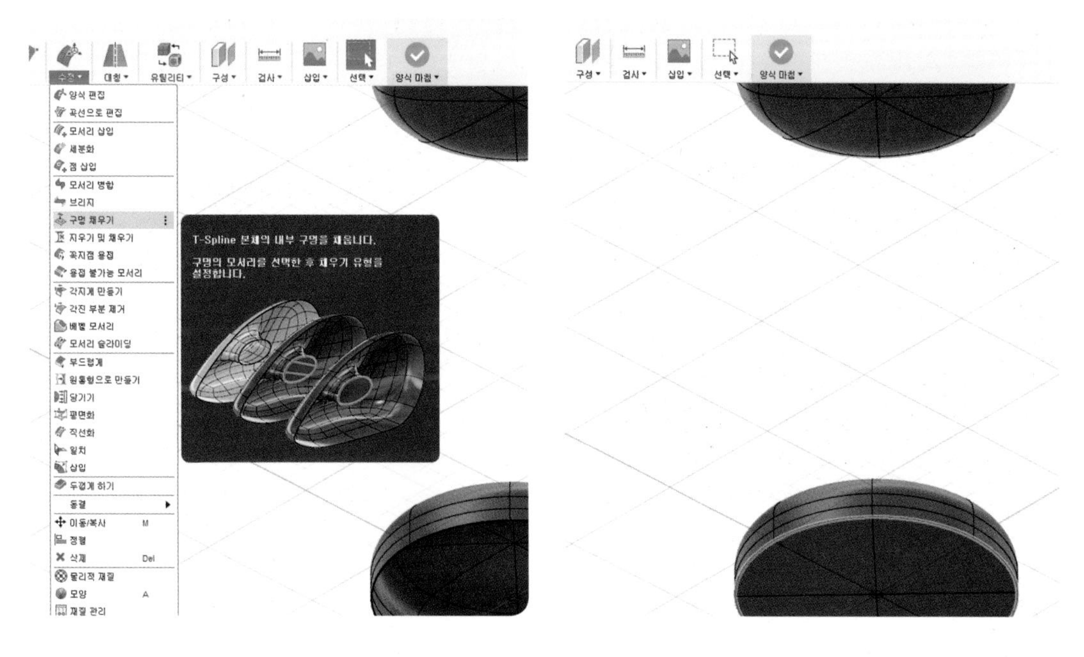

7 촛대 형상 확인

촛대의 기능영역인 유지형상을 확인합니다. 양초를 받쳐줄 초 받침대 개체는 하단의 개체와는 Mirror 된 형상으로 되어 있습니다.

초 받침대의 현재 상태는 Surface 상태이므로 Solid 형상으로 편집합니다.

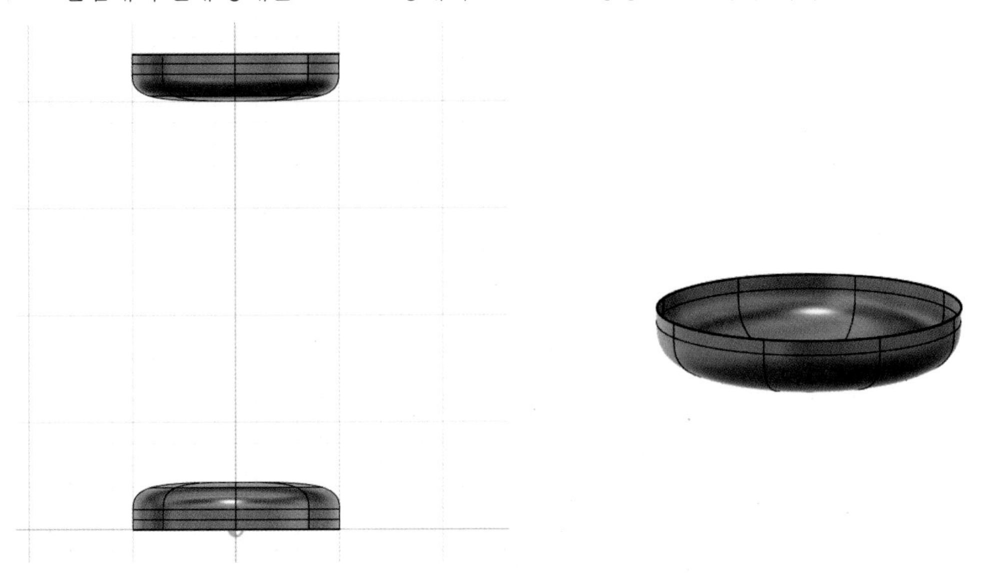

8 초 받침대 두껍게 하기

Surface로 되어 있는 초 받침대는 MODIFY의 Thicken(두껍게 하기) 기능으로 두께를 적용합니다. 예제는 -2mm를 적용하여 안쪽으로 2mm만큼 두께를 생성하였습니다.

9 형상 확인 및 프리폼 종료

촛대의 기능영역 모델링이 다되었습니다. 프리폼 모델링을 종료하고 형상을 검토합니다. 형상이 마음에 들지 않는 경우 하단의 히스토리에서 프리폼 모델링을 다시 활성화하여 수정할 수 있습니다.

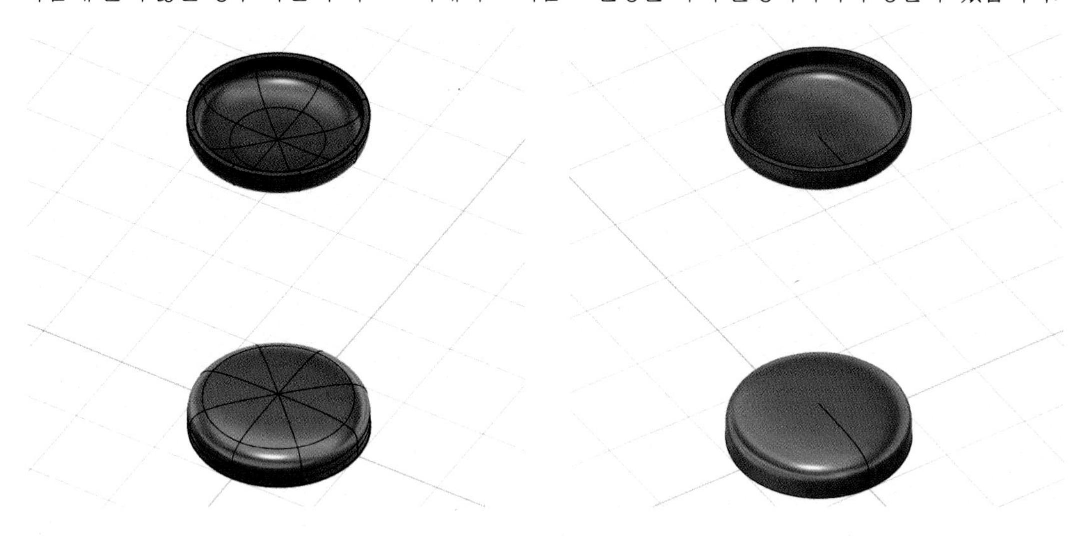

10 장애물형상 제작

Generative Design의 생성에 방해가 될 수 있는 장애물형상 개체를 만들어 보겠습니다. 정해진 형상에서부터 Generative Design이 생성되는 시작형상과는 달리 장애물형상은 특정 개체를 피해 결과물이 생성될 수 있도록 유도할 수 있습니다.

먼저 스케치에서 기준선을 그립니다. 예제는 두 받침대를 연결하는 수직선과 수직선의 중간을 가로지르는 직선을 생성하여 Centerline으로 변경하였습니다.

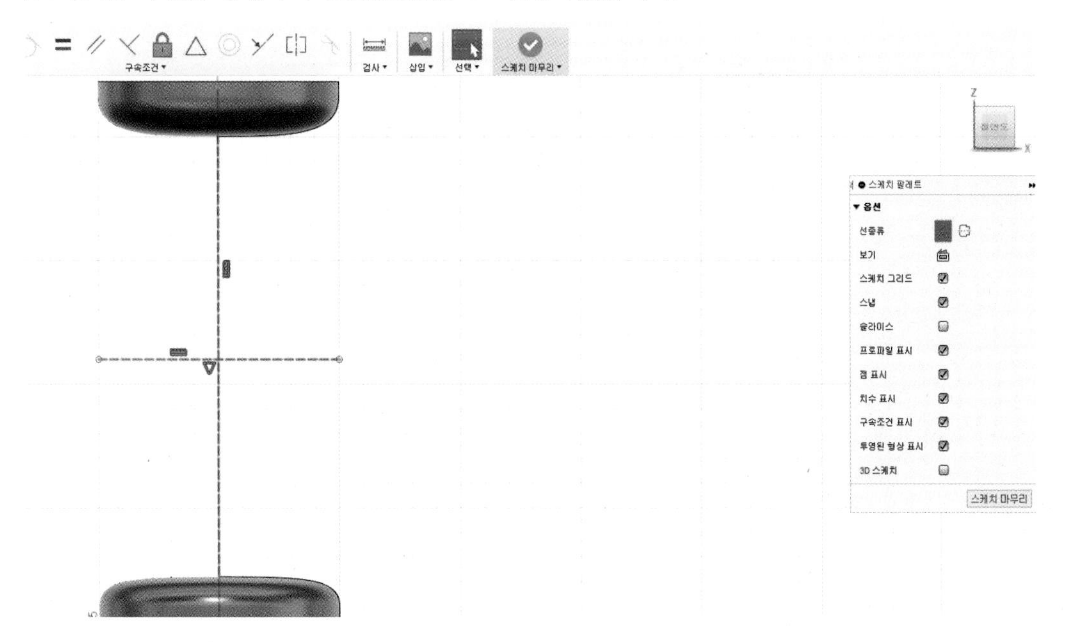

11 스케치하기-1

장애물형상을 생성하기 위한 스케치를 합니다.

수평의 중심선을 기준으로 위, 아래로 원을 그려주었습니다.

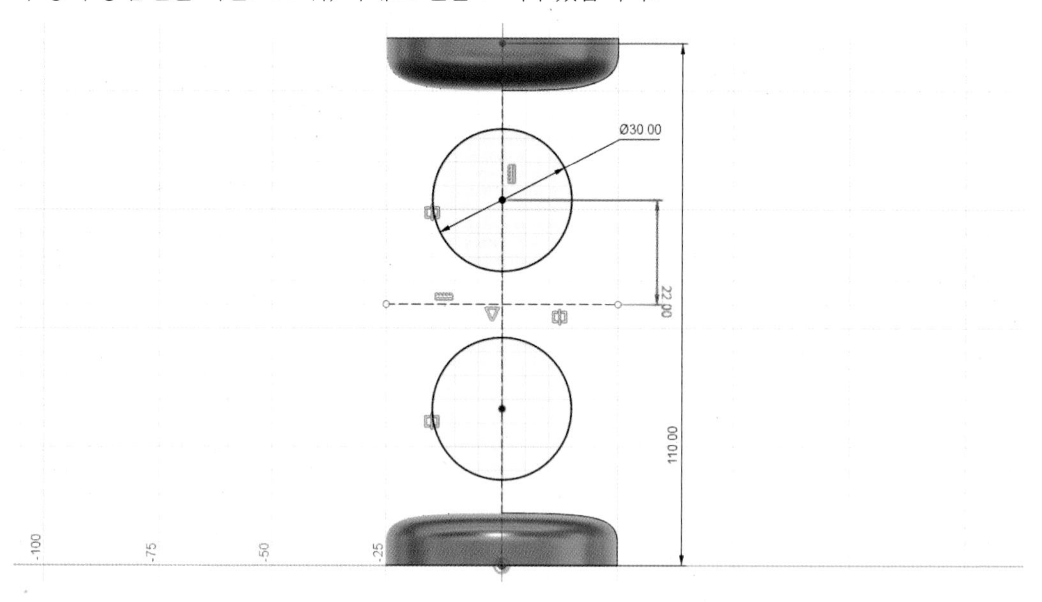

12 스케치하기-2

부드럽게 연결되는 볼록한 라인의 형상을 만들어 주고자 합니다. 유지형상 사이에 힘이 전달될 수 없는 과도한 장애물형상은 지양하고 스케치를 생성합니다.

두 원과 받침대의 사이, 원과 원 사이에 Spline으로 곡선을 임의로 생성합니다. 이후 원과 접점 부분에 Tangent로 구속을 걸어줍니다.

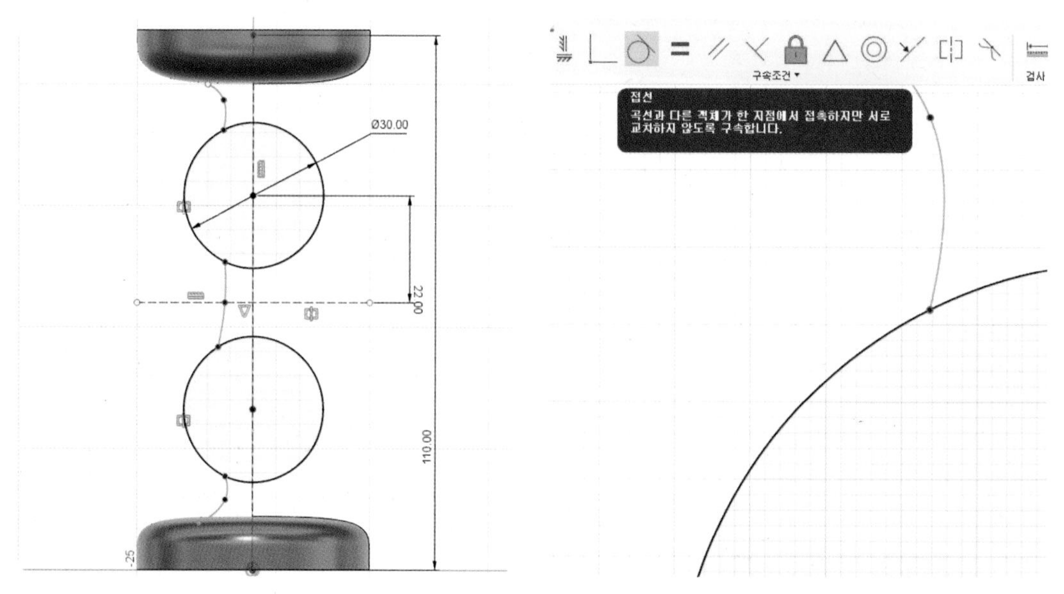

13 스케치하기-3

Tangent로 연결된 선을 정리해줍니다. Tangent로 연결된 접점을 포함한 Spline의 제어점을 이용하여 스케치를 정리합니다. 앞에 말씀드렸던 바와 같이 힘이 전달되지 못하도록 과도한 스케치는 지양하여 각자의 디자인으로 장애물형상의 스케치를 진행합니다.

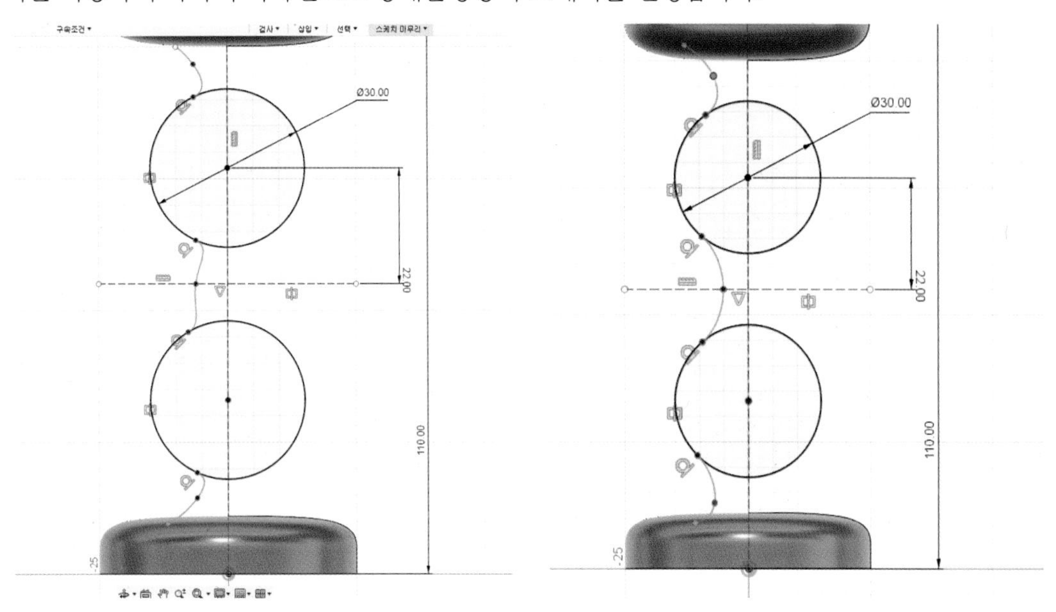

14 장애물형상 3D 생성

스케치의 나머지 부분을 연결하여 닫힌 상태로 만들어 줍니다.
스케치를 종료한 뒤 중심에서 Revolve로 회전시켜 3D 개체로 생성합니다.

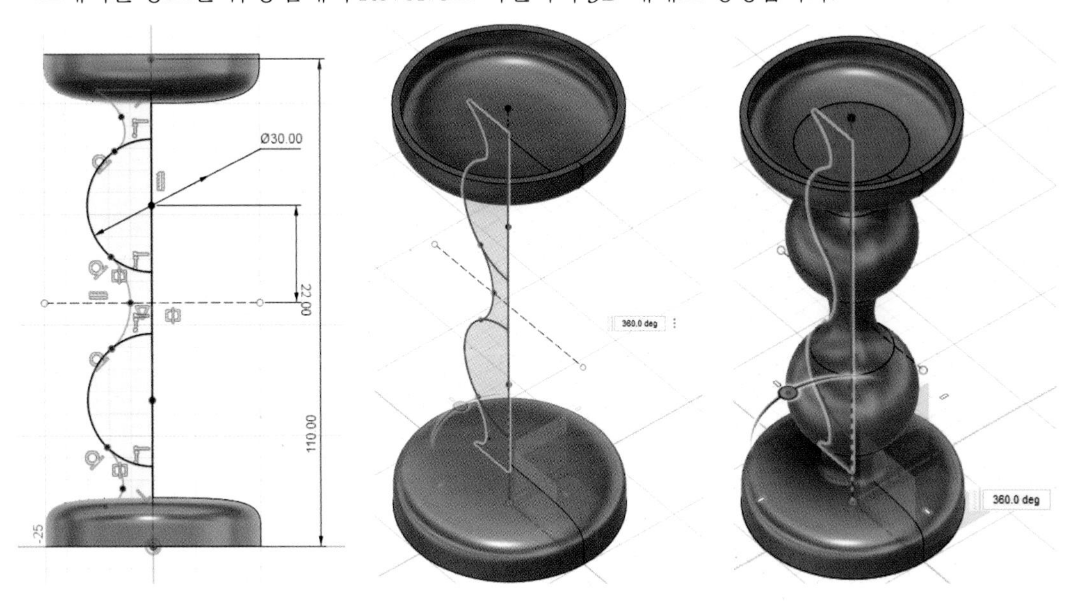

15 스케치 수정

생성된 장애물형상이 위쪽 받침대 유지형상을 침범하여 노출된 것을 볼 수 있습니다. 앞서 의자 사례에서 설명드린 바와 같이 장애물 형상이 유지형상을 침범하는 경우에는 Generative Design이 생성되지 않기 때문에 유지형상을 침범한 장애물 형상을 제거해야 합니다. 스케치를 수정하여 장애물 형상이 유지형상을 침범하지 않도록 수정하여 줍니다.

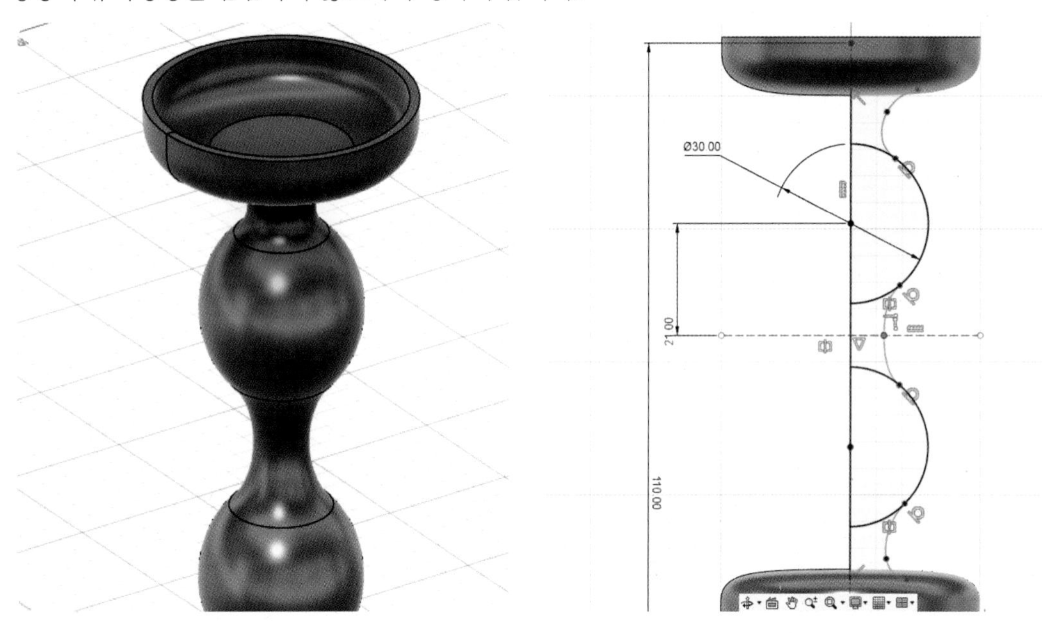

16 장애물형상 편집

좀 더 확실하게 장애물형상이 유지형상과 겹치지 않게 하고자 Combine의 Cut 기능으로 유지형상에 겹쳐져 있는 장애물형상을 제거하였습니다.

17 개체 추가

Generative Design 탐색 시 개체 생성에 영향을 줄 수 있는 추가 개체를 생성합니다. 예제에서는 프리폼 모델링을 이용하여 도넛 형상인 Torus를 촛대 형상 중앙에 추가하였습니다.

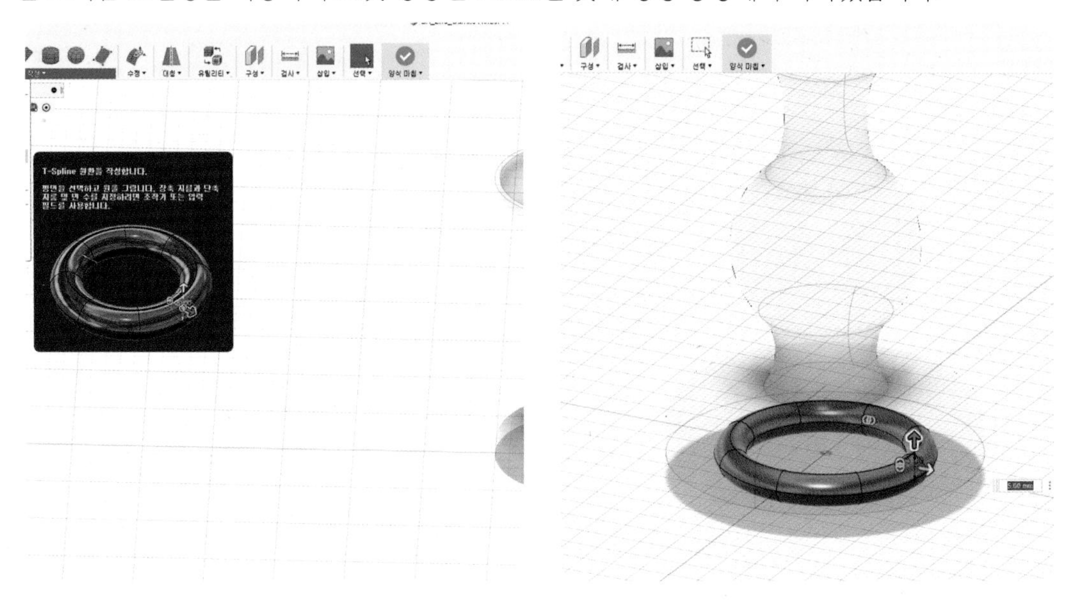

18 추가된 유지형상 개체 편집

추가된 개체는 촛대의 중간 정도에 위치시켰으며, 내/외부의 모서리를 스케일 조절로 좀 더 얇게 편집하였습니다.

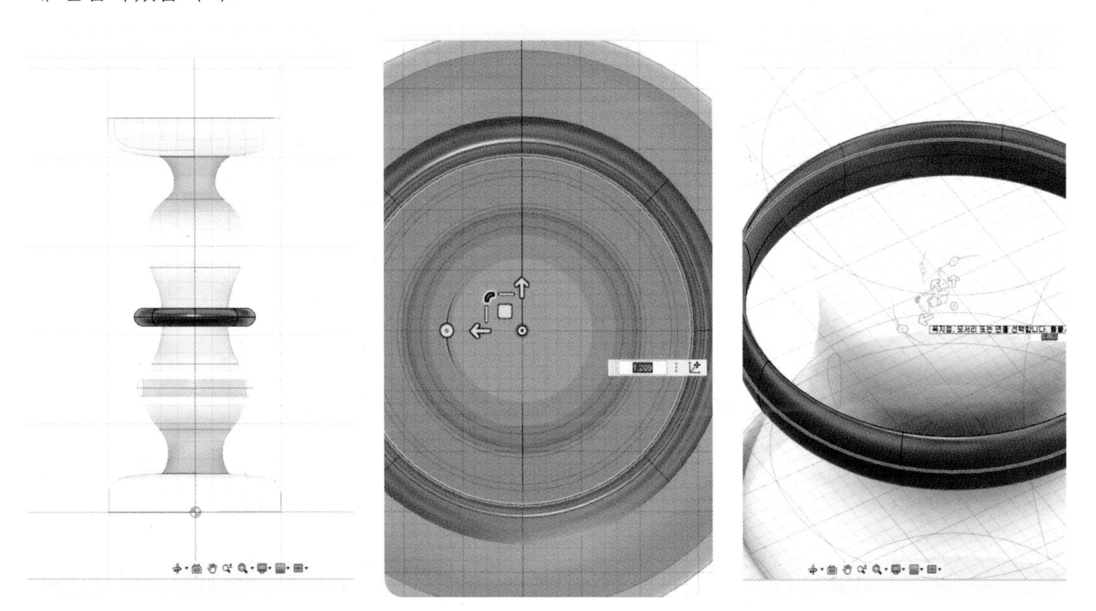

19 형상 검토

Torus까지 추가/편집이 완료되었다면 프리폼 모델링을 종료하여 전체적인 형상을 검토합니다.

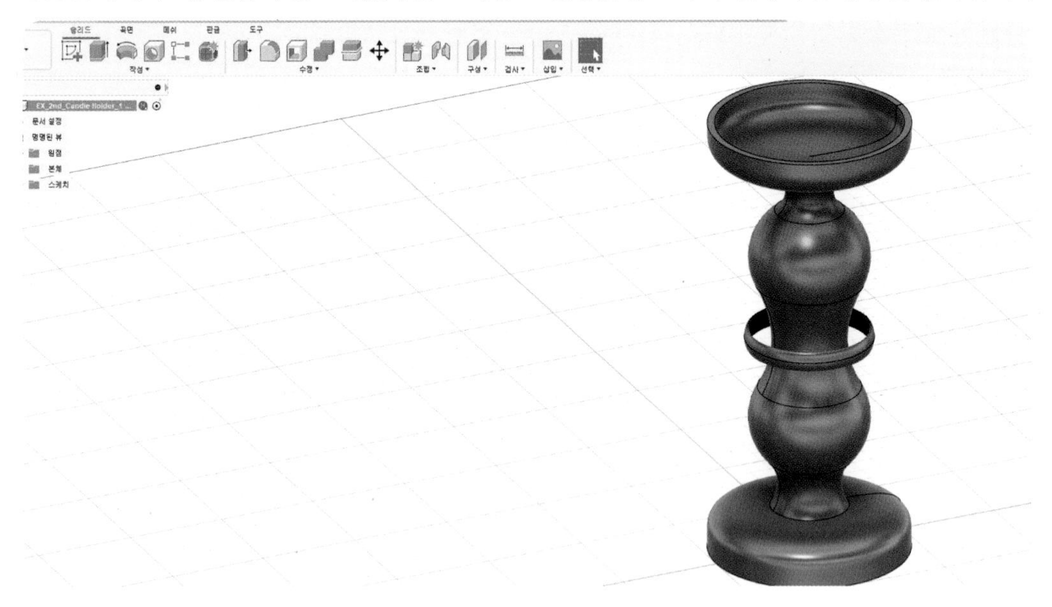

20 제너레이티브 디자인 모드 전환

퓨전 360 메뉴 좌측 상단에 모드를 Design에서 Generative Design으로 변경하여 줍니다. 상단의 메뉴가 Generative Design의 기능으로 변경됩니다.

기본적으로 Study1부터 자동 적용되어 Generative Design Study를 진행할 수 있습니다.

21 기능영역(유지형상) 편집

하중조건을 다양하게 적용하기 위해 유지형상을 편집합니다.
Edit Model에서 촛대의 중심을 가로지르는 선을 그린 뒤 4분할하였습니다.

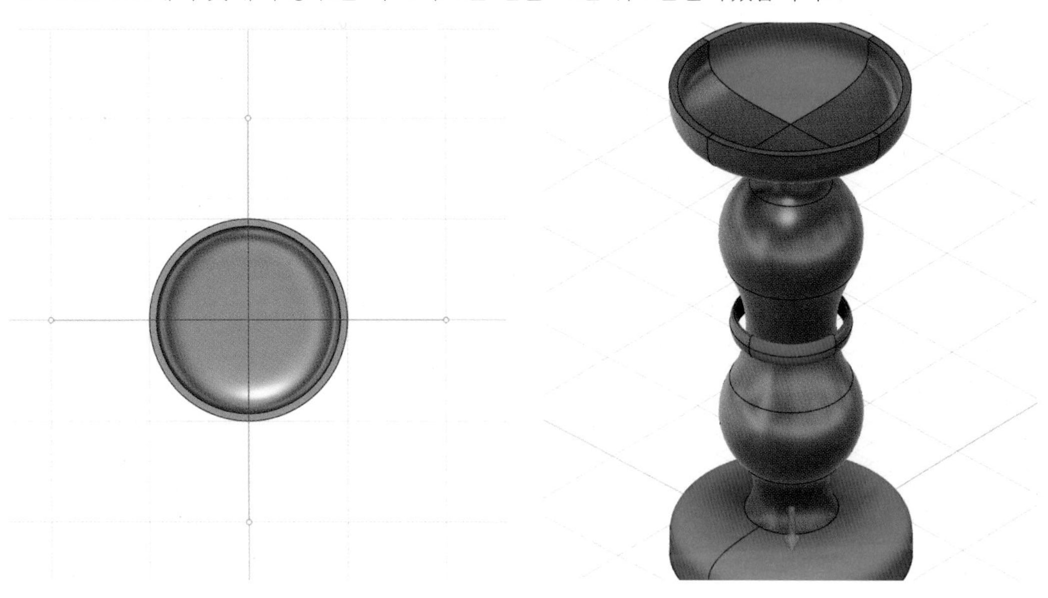

22 유지/장애물형상 지정 가공방식 설정

유지형상, 장애물형상을 지정하고 결과물을 생성하는 데 사용될 가공방식을 설정합니다.
예제에서는 적층 및 3축, 5축의 밀링을 선택하였습니다.

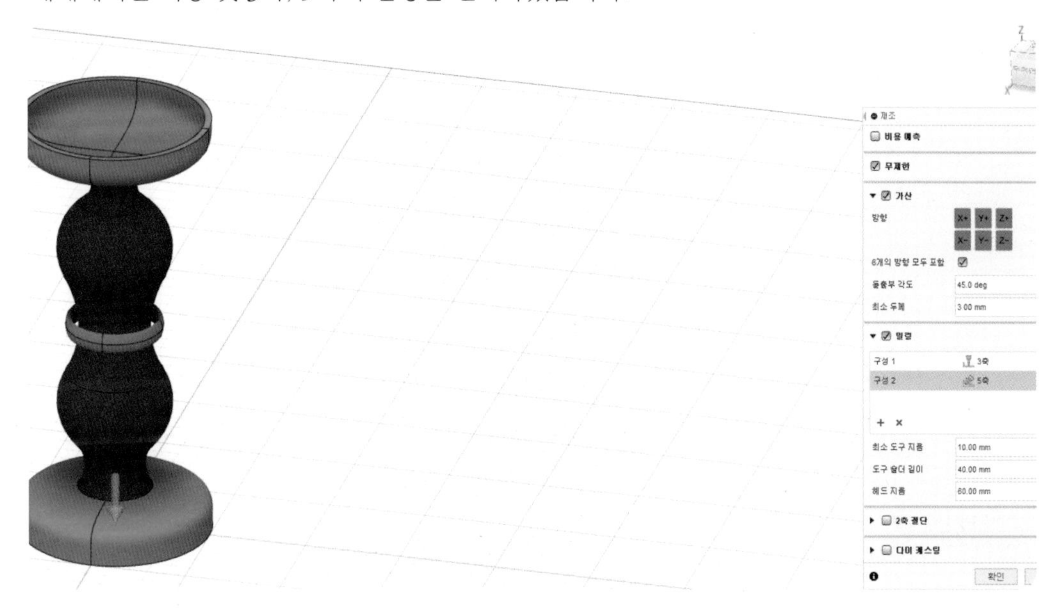

23 소재 설정

소재는 퓨전 360에서 제공하는 금속 계열의 적층 소재를 선택하였습니다.

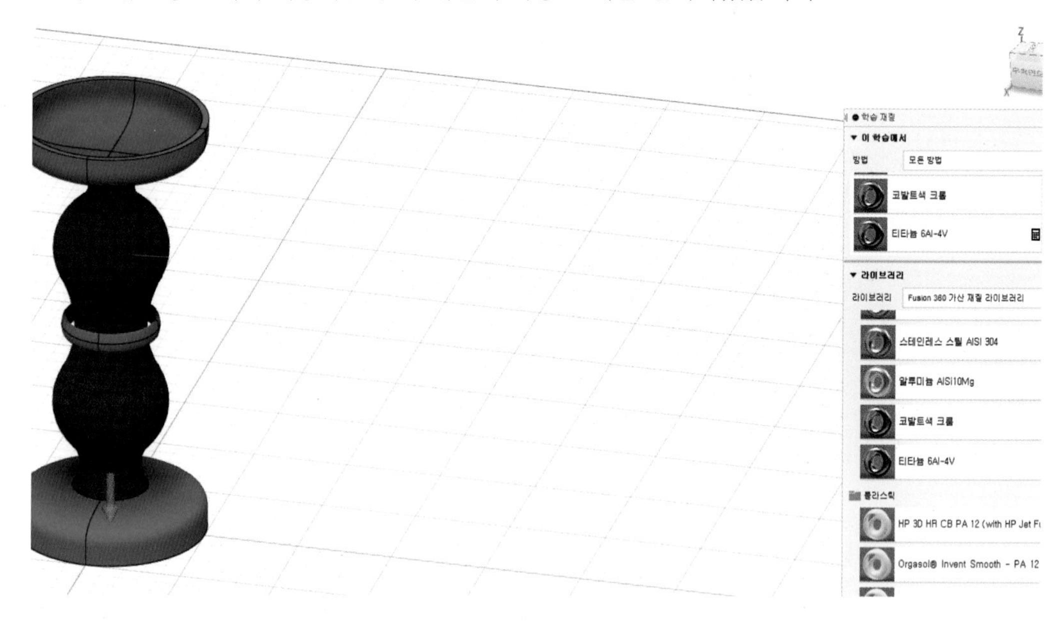

24 구속조건 적용

Structural Constraints 기능으로 유지형상에서 고정되어야 할 지점을 선택하여 줍니다. 촛대의 받침대 바닥 면을 구속조건으로 적용하였습니다.

25 Study1 하중조건 적용

Study1에서는 상단의 초 받침대에서 누르는 힘을 적용하기 위해 분할된 개체에 각각 10N(약 1kg)의 하중조건을 적용하였습니다.

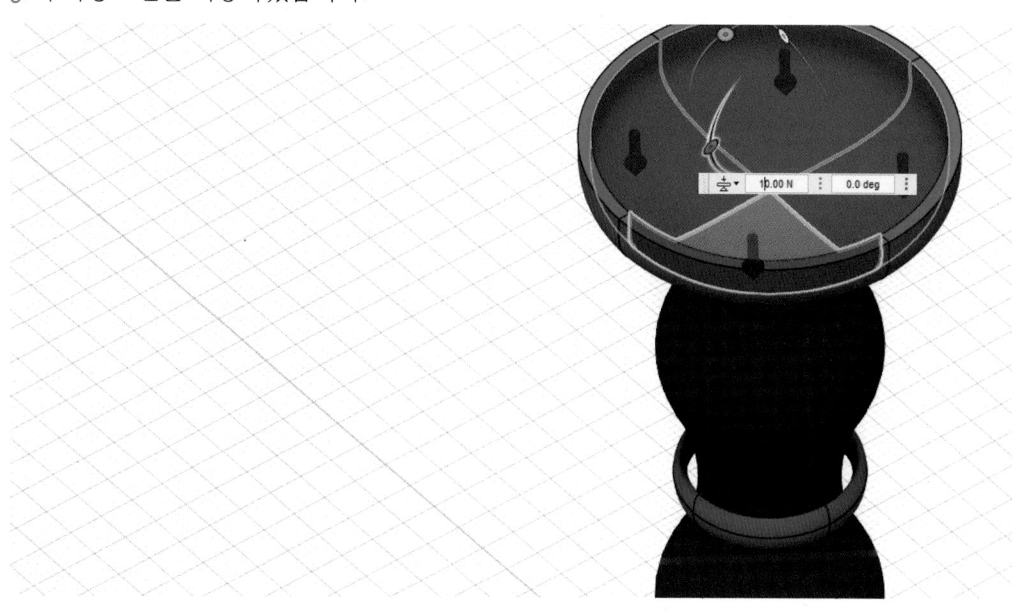

26 Study2 하중조건 적용

Study1을 복제하여 Study2를 생성한 뒤, 상단의 초 받침대에 적용된 하중조건 외에 중간에 생성했던 추가 개체의 양쪽으로 벌어지는 하중조건을 적용하였습니다. 양쪽으로 벌어지는 하중조건도 각각 10N의 힘을 적용하였습니다.

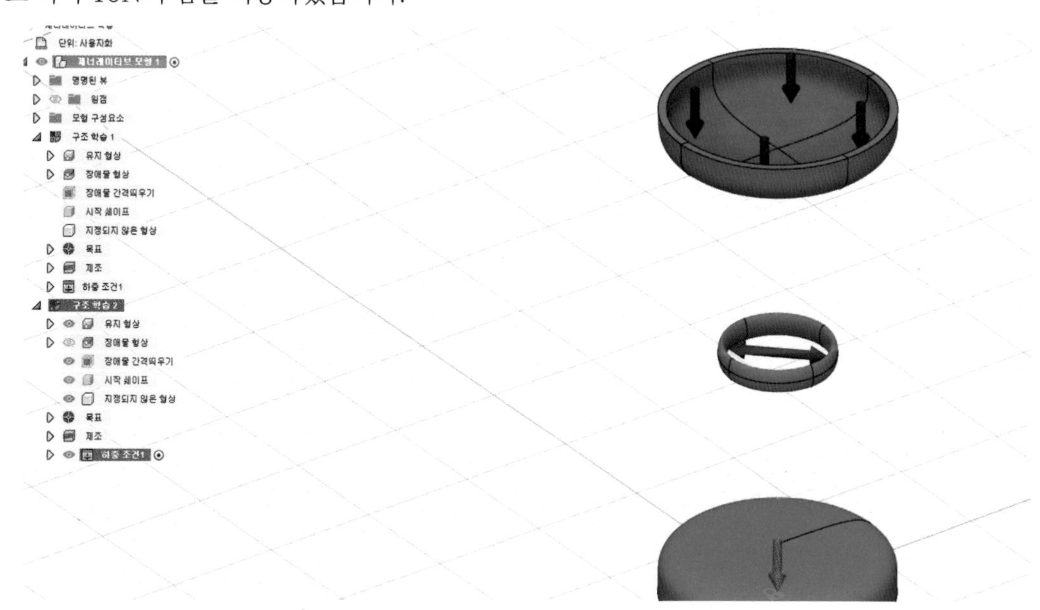

27 Study3 하중조건 적용

Study2를 복제하여 Study3을 생성하였습니다. 상단에서 누르는 힘과 추가 개체에 양쪽으로 벌어지는 힘에다 4분할 시켰던 상단의 초 받침대와 중간 추가 개체의 절단면에 서로 다른 방향으로 하중조건을 적용하였습니다.

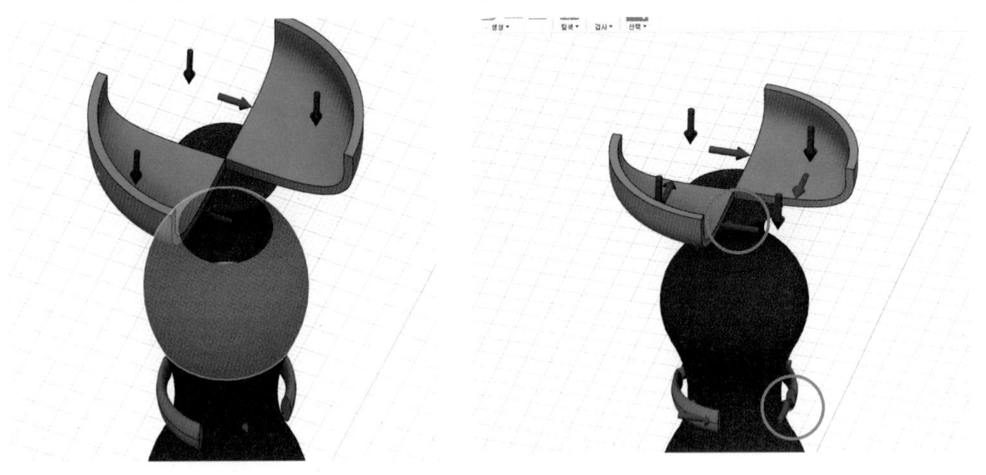

절단면을 선택하기 위해 유지형상의 파트 일부를 숨기기 하여 그림과 같이 서로 엇갈리게 하중을 적용하였습니다. 표시된 파트와 숨긴 파트를 Swap시켜 나머지 파트의 절단면에도 하중을 적용합니다.

28 제너레이티브 디자인 실행

모든 Study 설정이 완료되었습니다. 예제와는 별개로 각자 하중조건이나 추가 개체를 생성하여 Study를 진행한다면 좀 더 다양한 결과물을 얻을 수 있습니다. 연산이 되는 동안 잠시 기다리면 결과물이 생성됩니다.

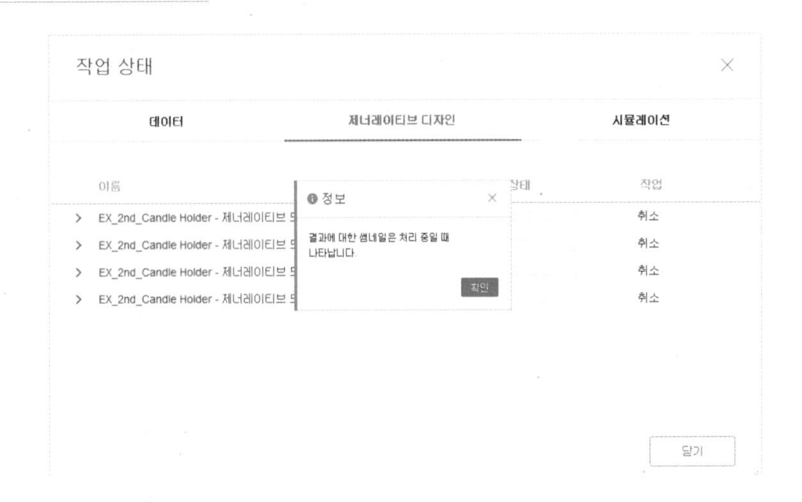

29 Study1

초 받침대에서 누르는 하중만 적용하였던 Study1의 탐색 결과물입니다.

하중조건이 위에서 누르는 단일 하중으로만 적용되니 구조 또한 단순하게 생성되는 것을 볼 수 있습니다.

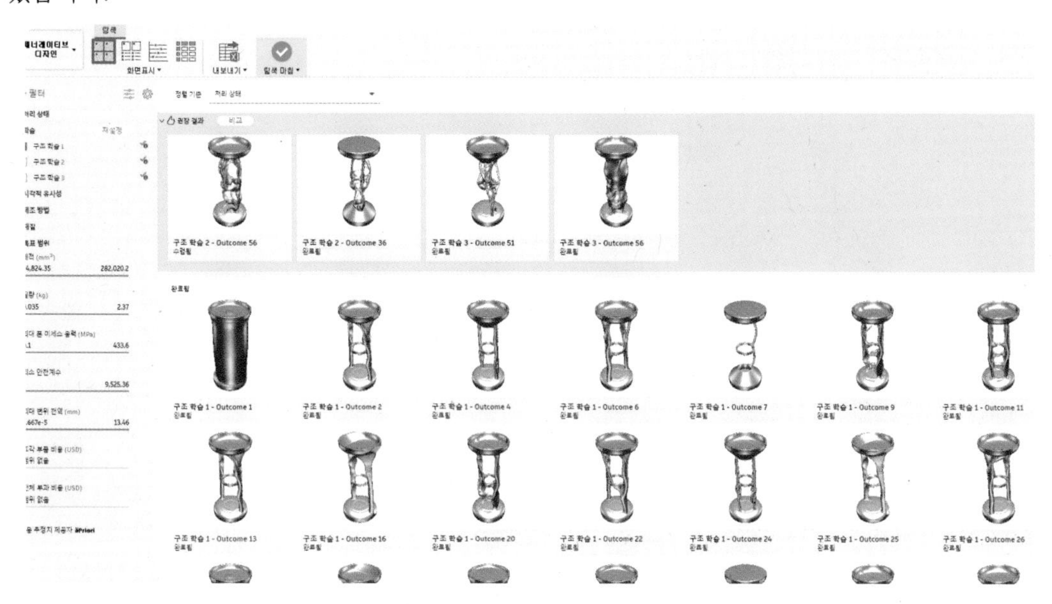

30 Study2

초 받침대의 하중과 추가 개체에 양쪽으로 벌어지는 하중을 적용하였던 Study2의 탐색 결과물입니다.

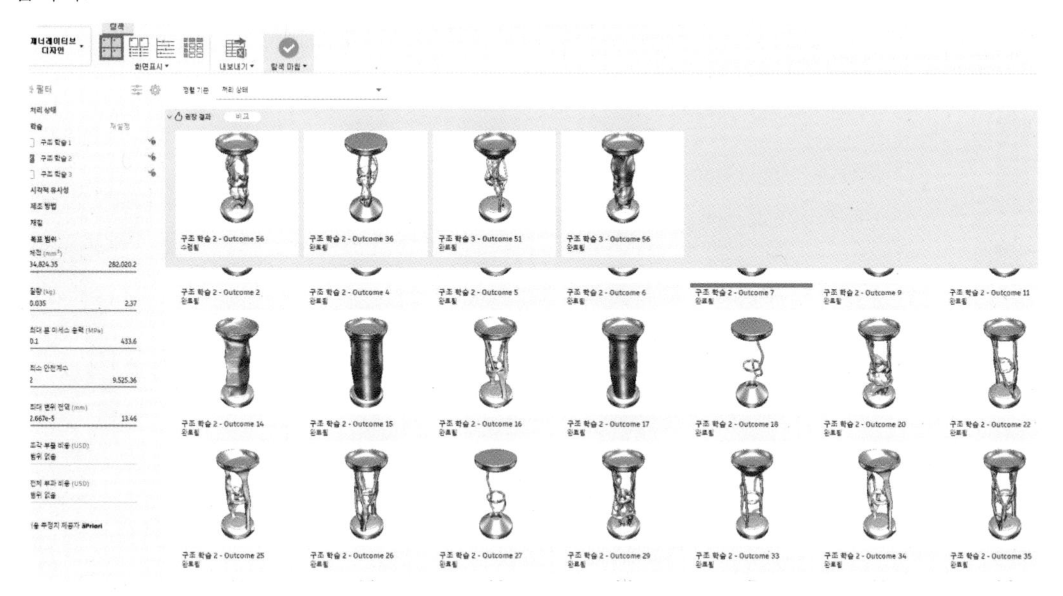

31 Study3

초 받침대와 추가 개체에 서로 다른 방향의 하중을 추가로 적용하였던 Study3의 탐색 결과물입니다. 장애물형상에 영향을 받으며 서로 다른 방향으로 비틀어지게 적용된 하중에 의해 다양한 결과물이 생성되었습니다.

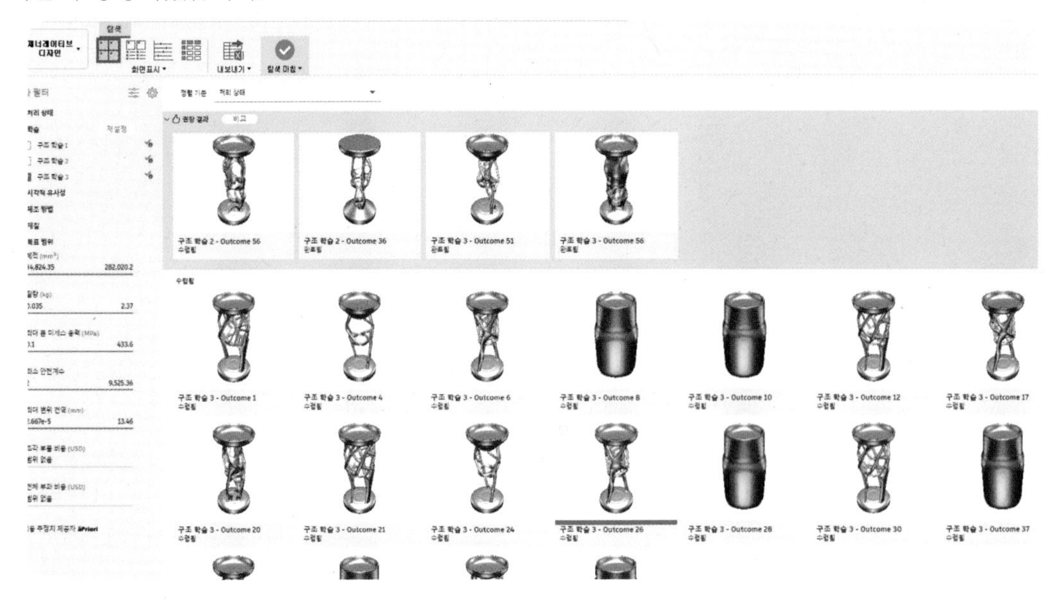

32 결과물 내보내기와 즐겨찾기

여러 탐색 결과물 중 마음에 드는 결과물을 선택하여 내보내기 합니다. 결과 미리보기 종료 이후에 내보내기 한 시안을 찾기 쉽도록 즐겨찾기에 체크해 두었습니다.

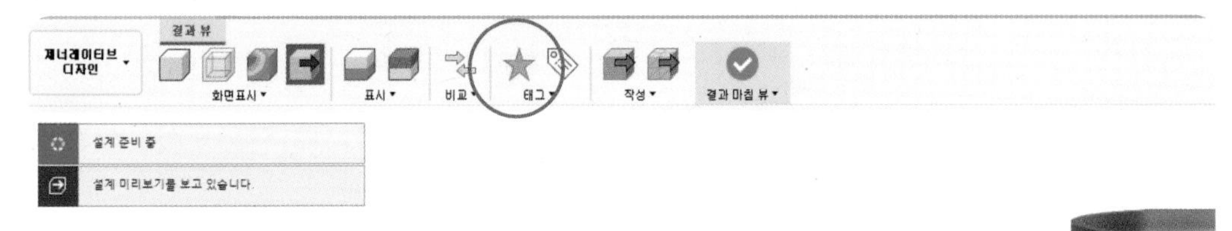

33 즐겨찾기 관리

결과물을 내보내는 데에는 약간의 시간을 필요로 합니다. 마음에 드는 여러 시안을 내보내기 실행한 후, 내보내기 한 시안을 빠르게 찾기 위해 왼쪽의 결과 유형에서 모든 결과를 체크 해제하면, 즐겨찾기만 활성화시켜 체크해 두었던 시안을 바로 확인할 수 있습니다.

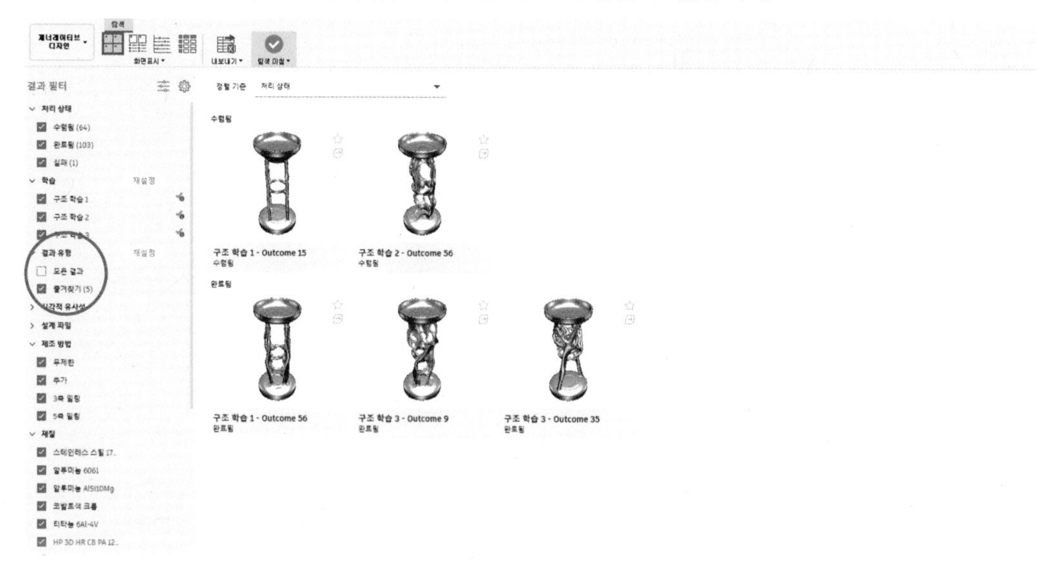

34 제너레이티브 디자인 결과물 디자인 검토

내보내기 완료 후 렌더링 작업을 진행한 결과물입니다. 좌측부터 Study1, Study2, Study3-1, Study3-2*(다른 시안)*입니다. 다른 형태의 다양한 결과물은 디자이너나 설계자에 의해 가공되어 최종 디자인으로 제안될 수 있습니다.

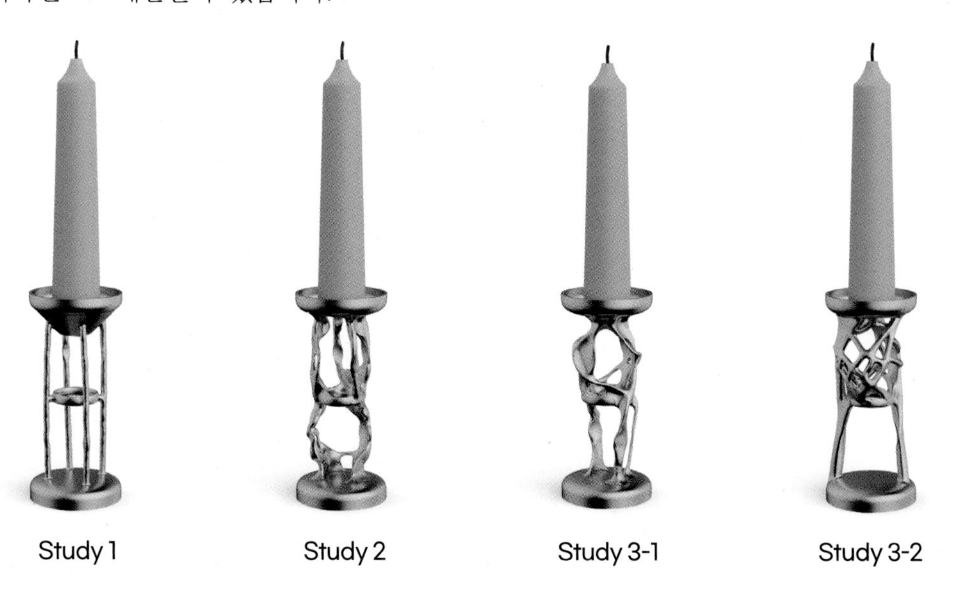

완성된 제너레이티브 디자인 'Candle Holder'입니다.

제너레이티브 디자인을 조형 탐색, 조형 아이디어 발상의 목적으로 사용한다면 설계목표 달성을 위한 요구조건뿐 아니라 다양한 하중조건, 추가(유지형상) 개체, 장애물형상, 시작형상 등을 이용하여 좀 더 다양한 결과물을 얻어낼 수 있습니다.

04 제너레이티브 디자인 휠 만들기

A. 기본 도형을 이용한 휠 만들기 이해

1 Tube + Tube

크기가 다른 두 개의 겹친 튜브를 쪼개고 하중을 부여하여 조형을 생성할 수 있습니다.

▶ 단일 하중

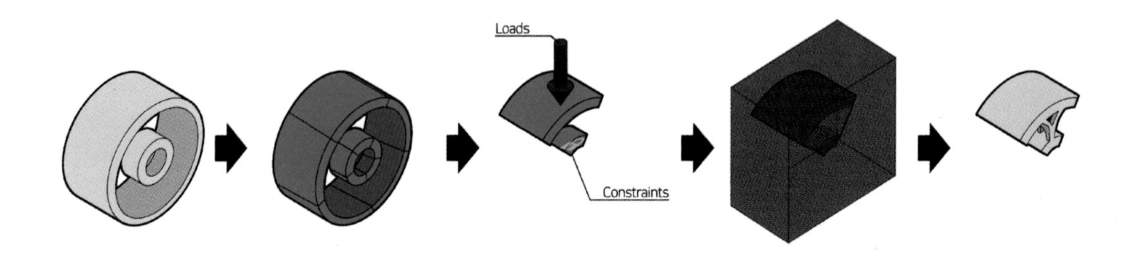

2 Tube + Tube

크기가 다른 두 개의 겹친 튜브를 쪼개고 하중을 부여하여 조형을 생성할 수 있습니다.

▶ 다중 하중

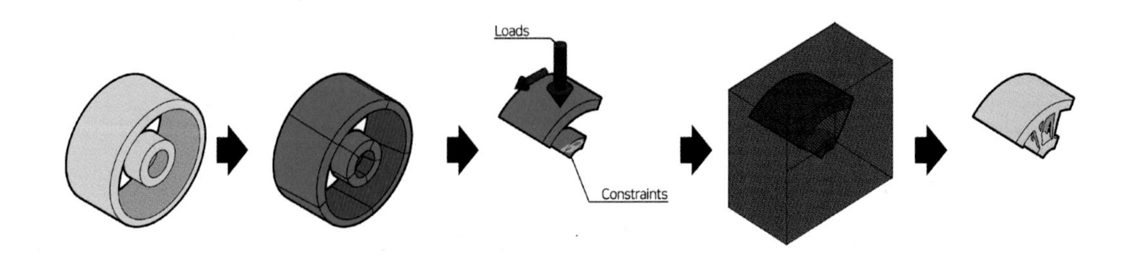

3 Tube + Tube

크기가 다른 두 개의 겹친 튜브를 쪼개고 하중을 부여하여 조형을 생성할 수 있습니다.

▶ 다중 하중

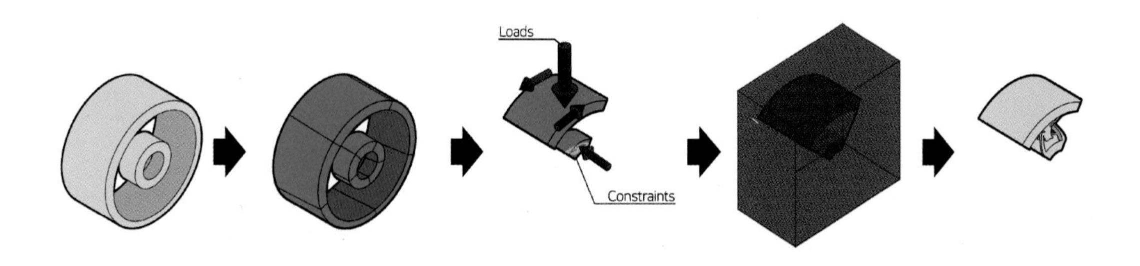

B. 제너레이티브 디자인을 활용하여 자동차 휠 만들기

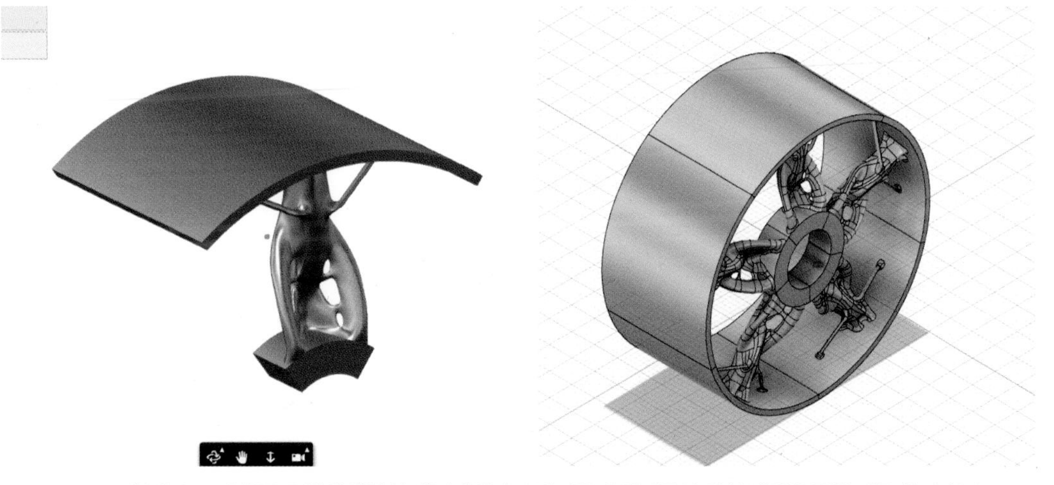

▲ 튜브 형태의 두 객체를 쪼개서 생성한 제너레이티브 결과물과 결과물의 원형 배열을 통해 만든 휠의 형상

동일한 구속조건 아래 다양한 방향에서의 하중을 고려해야 할 제품이거나 그 힘과 조형이 일정한 패턴의 제품이면 하중을 전체적으로 적용할 필요 없이 패턴을 분석하여 객체를 쪼개서 제너레이티브 디자인을 적용할 수 있습니다.

미리보기

본 예제를 통해 제작해 볼 제너레이티브 디자인을 이용한 자동차 휠입니다.

동일한 위치에 구속조건을 두고 여러 방향에서 하중조건이 적용될 때 조형의 일부를 쪼개서 하중을 적용하고 생성된 결과물을 패턴으로 배열하여 합치면 다시 하나의 조형으로 디자인을 제안할 수 있습니다.

1 퓨전 360 실행

자동차의 휠을 제너레이티브 디자인으로 만들어보겠습니다. 예제의 유지형상 모델링을 위해서 퓨전 360을 실행시킵니다.

퓨전 360의 기본 워크스페이스인 설계 모드에서 휠의 기본 형상을 그려봅니다.

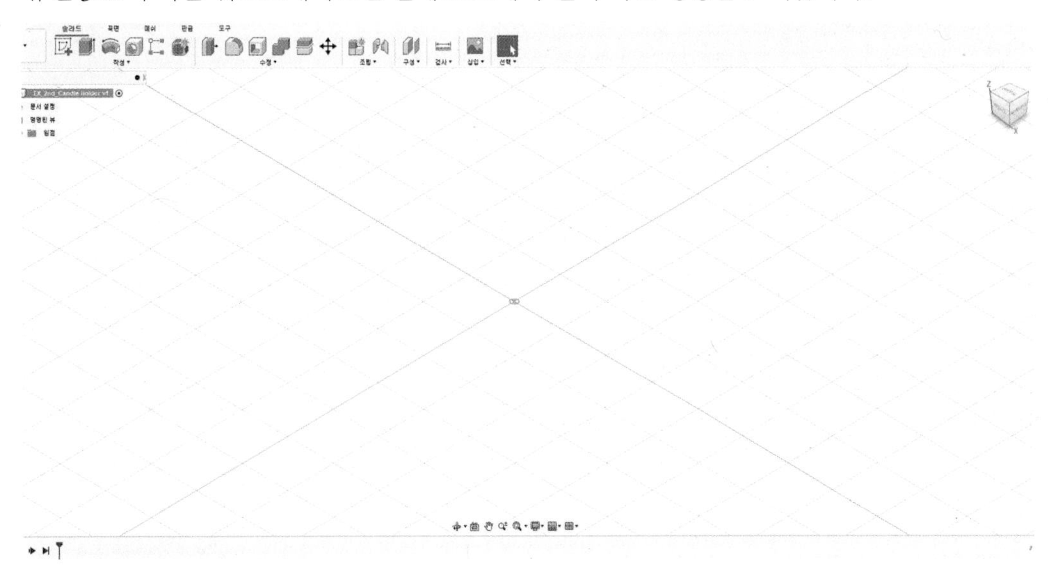

2 휠 도면 기준선 그리기

휠의 기본형상을 그리기 위한 도면을 그려보겠습니다.

원점으로부터 245mm 길이의 수직선과 235mm 거리로 간격을 띄어준 기준선을 그려줍니다.

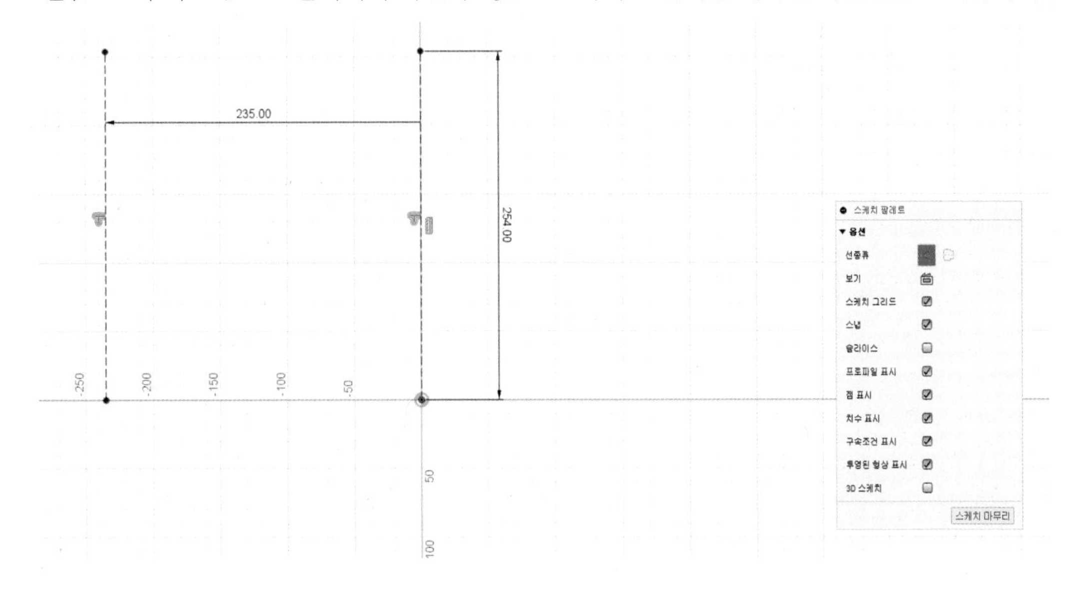

3 림 형상 그리기-1

자동차 휠의 림 부분을 도면으로 그려보겠습니다.

기준선의 위쪽 끝점을 중심으로 아래와 같이 림의 형상을 그렸습니다.

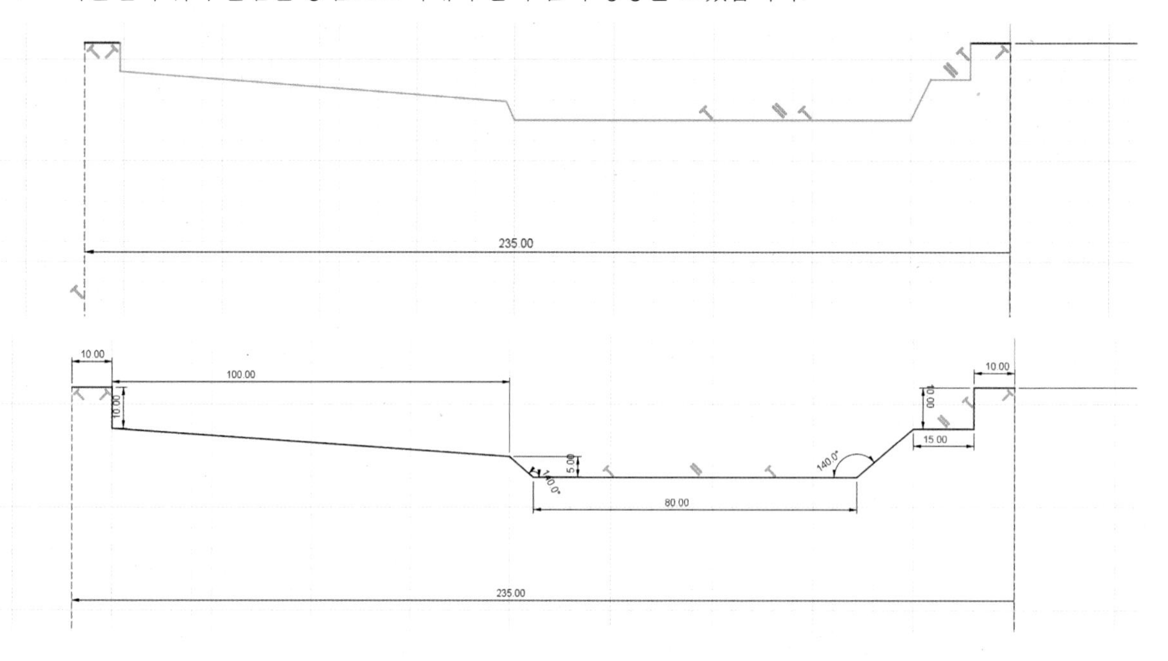

4 림 형상 그리기-2

림의 단면 형상을 완성하기 위해서 앞에서 그려준 도면의 간격띄우기를 실행하여 두께를 적용하고, 두 간격을 띄운 선의 끝점을 연결하여 닫힌 커브로 완성하여 줍니다.

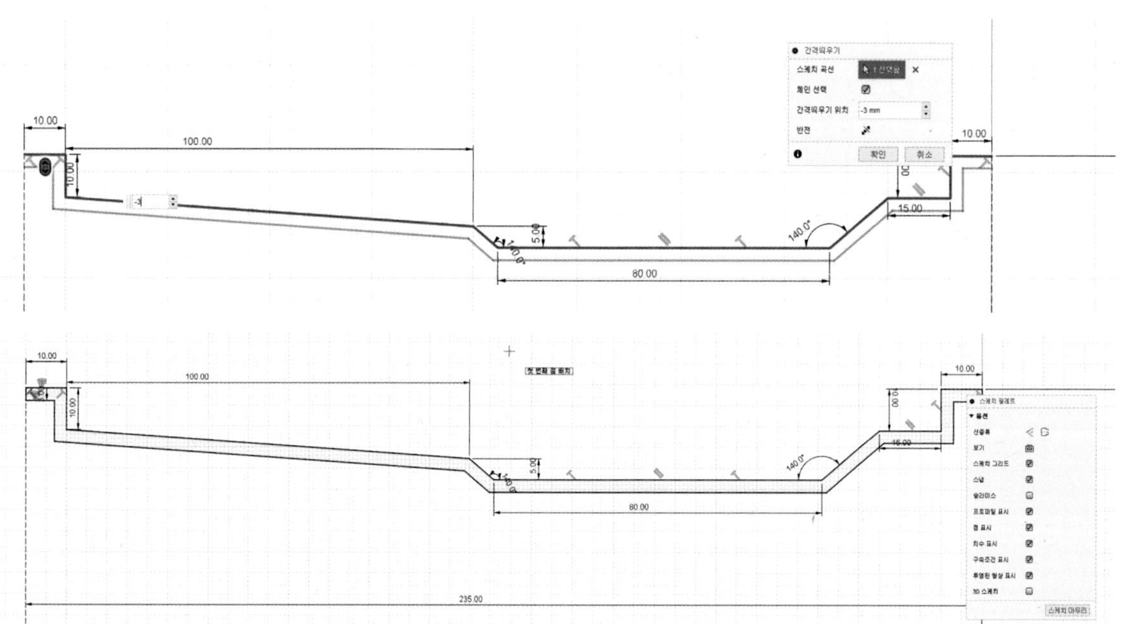

5 허브 및 디스크 형상 그리기-1

림 도면 완성 후, 동일한 구성 평면을 이용하여 디스크의 도면을 그려줍니다.

원점에 연결된 수직 기준선과 간격띄우기 한 기준선의 중간점에 또 다른 수직 기준선을 생성하고 이 기준선에서 시작되는 사각형을 그려줍니다

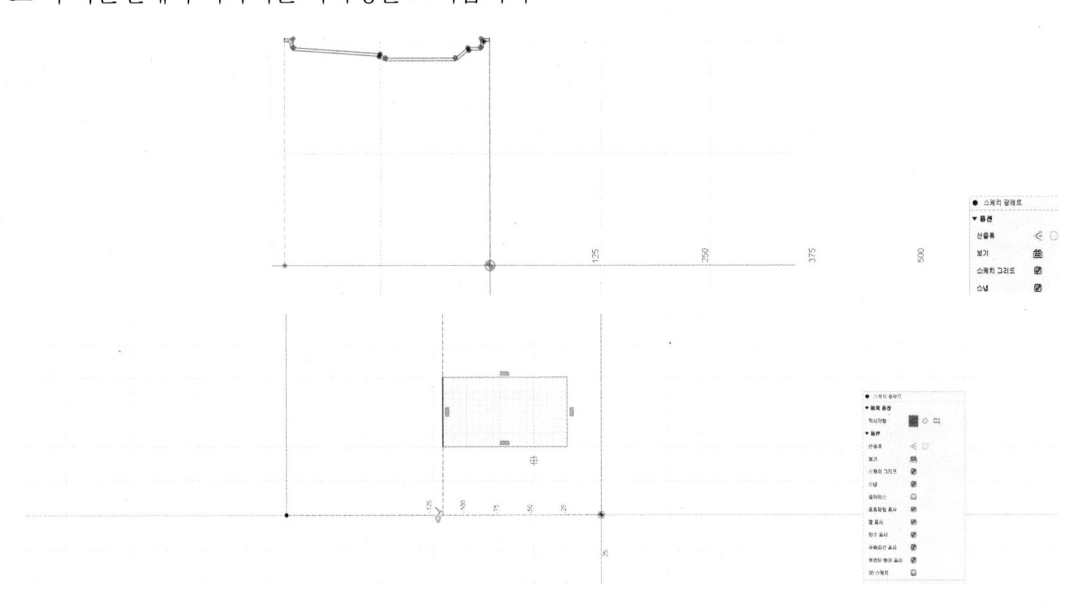

6 허브 및 디스크 형상 그리기-2

그림과 같이 디스크의 위치와 크기를 치수를 입력하여 그려줍니다.

휠의 림과 디스크를 생성하기 위한 도면 준비가 끝났습니다.

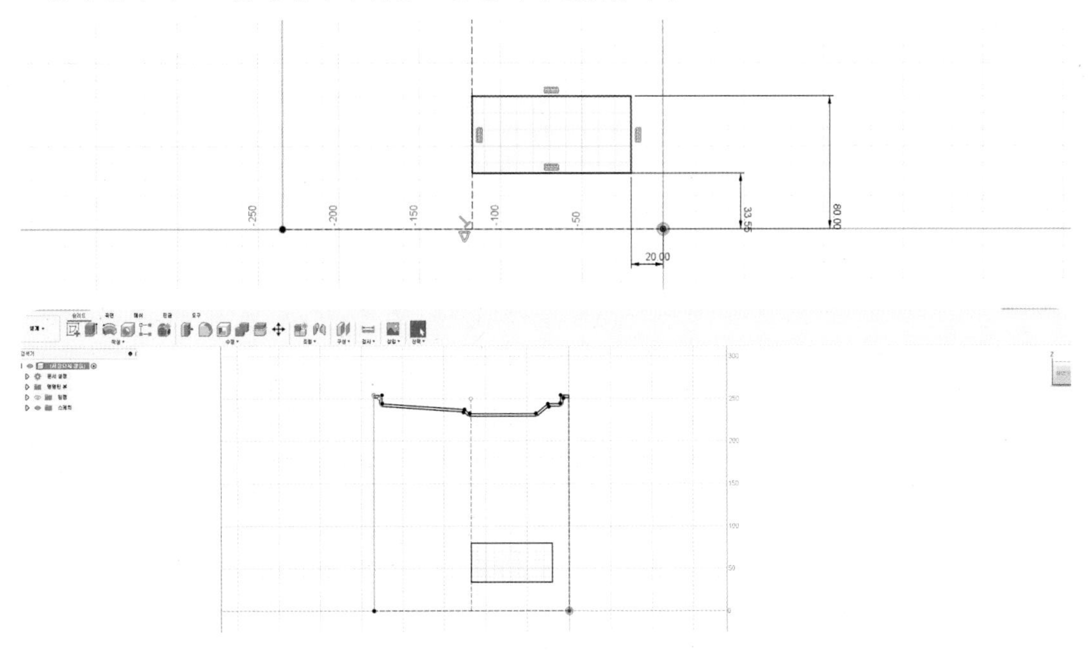

7 림과 디스크 솔리드 생성

스케치로 그려준 림과 디스크 객체는 원점의 축을 기준으로 360도 회전하여 솔리드 객체로 생성합니다. 생성된 객체는 제너레이티브 휠을 만들기 위한 유지형상으로 사용됩니다.

8 제너레이티브 디자인 모드 전환

퓨전 360 메뉴 좌측 상단에 워크스페이스 모드를 Design에서 Generative Design으로 변경하여 줍니다. 상단의 메뉴가 Generative Design의 기능으로 변경됩니다.

기본적으로 Study1부터 자동 적용되어 Generative Design Study를 진행할 수 있습니다

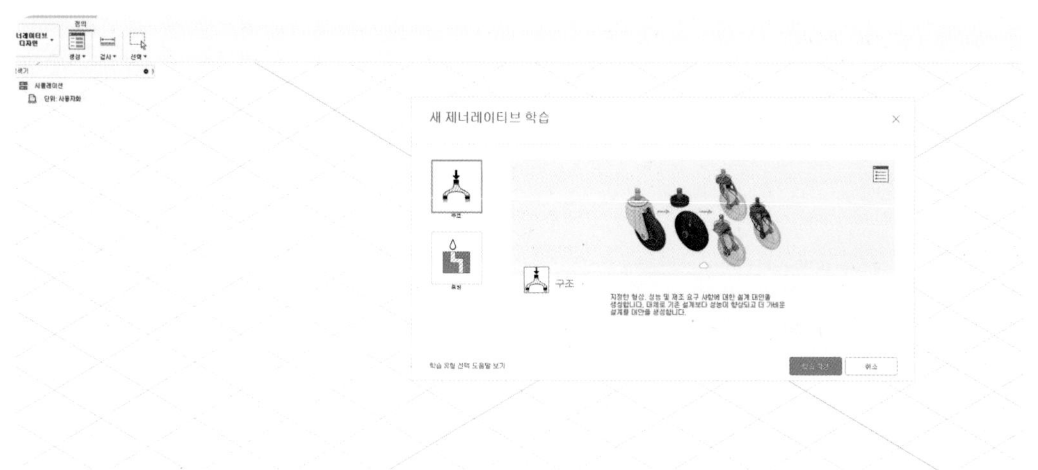

9 림과 디스크 분할-1

림과 디스크를 쪼개기 위한 작업을 진행합니다. 제너레이티브 디자인의 모형편집 기능을 실행합니다.

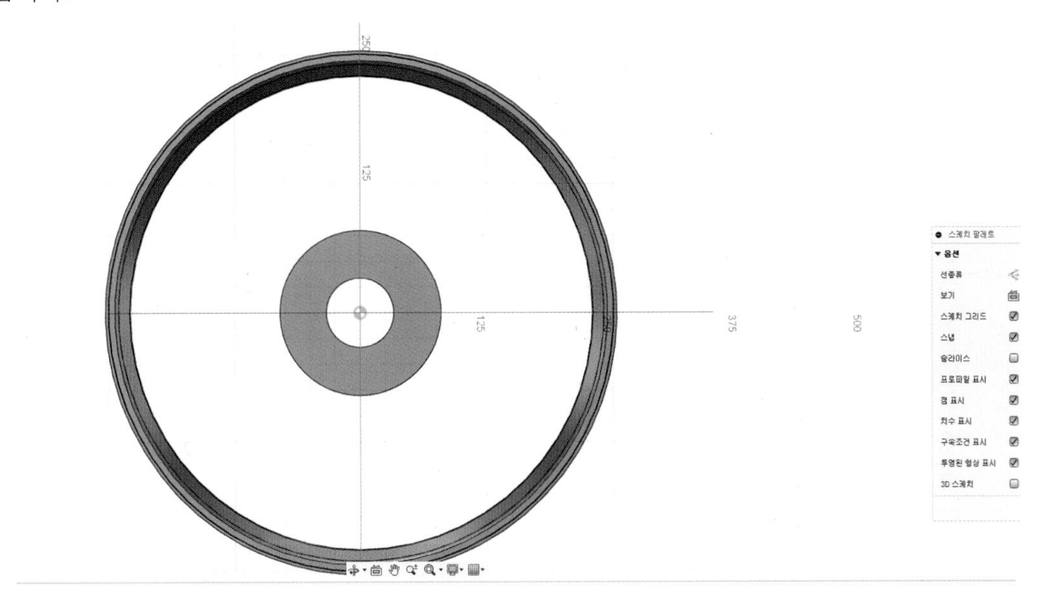

10 림과 디스크 분할-2

일반적으로 자동차 휠에는 5개의 볼트 홀이 있습니다. 볼트 홀 개수에 맞춰 림과 디스크를 5조각으로 나누고자 합니다. 원점에서부터 수직선을 그려준 뒤 중심에서부터 10개의 직선을 패턴의 원형 배열로 배치합니다.

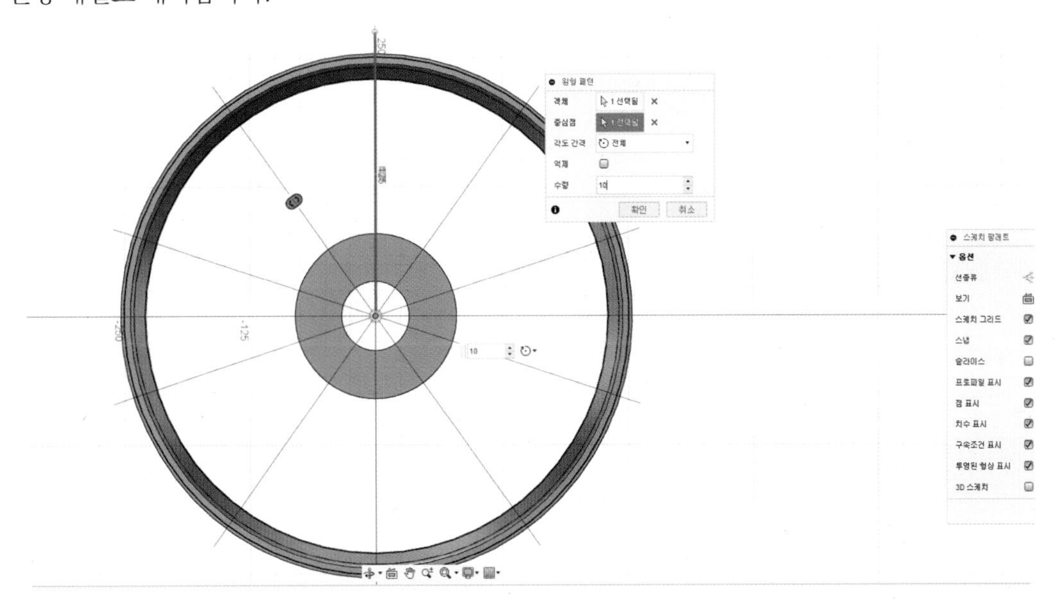

11 림과 디스크 분할-3

원형 배열한 직선은 림과 디스크를 분할하기 위한 분할도구로 사용됩니다. 본체 분할 기능으로 그림과 같이 중심선에서 양옆으로 배치된 직선을 분할 도구로 하여 림과 디스크를 분할합니다.

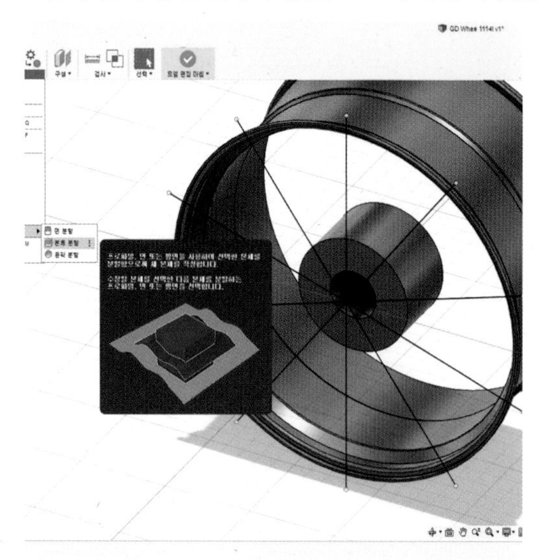

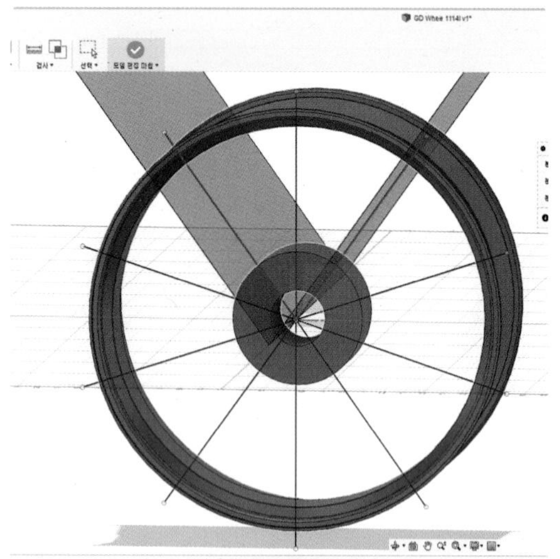

12 제너레이티브 디자인 생성 영역-1

림과 디스크 파트를 연결할 수 있도록 나머지 디스크가 생성될 수 있는 영역을 만들어 줍니다.

휠의 측면 뷰에서 제너레이티브 디자인이 생성될 수 있도록 스케치로 대략적인 형상을 그려줍니다. 림과 디스크 영역에 교차할 수 있도록 그려준 스케치는 스케치 종료 후 그림과 같이 쪼개진 림과 같은 각도로 회전시켜주었습니다.

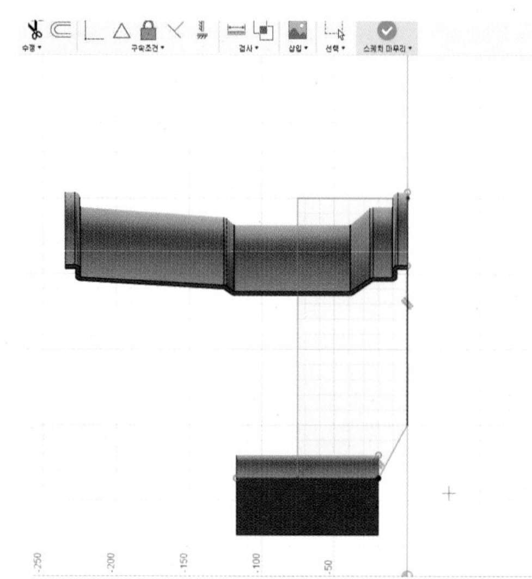

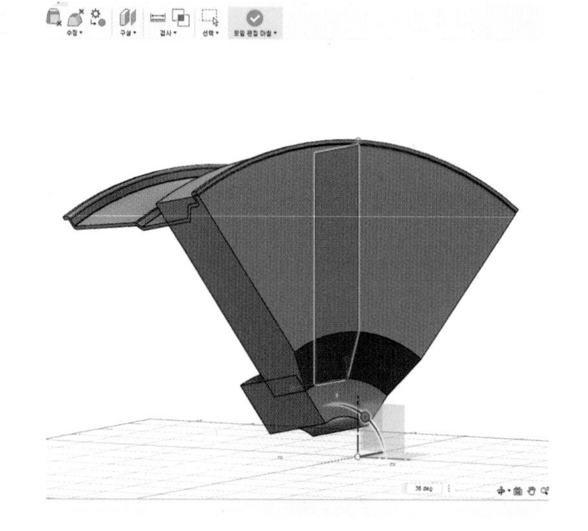

13 제너레이티브 디자인 생성 영역 -2

불필요한 영역에 제너레이티브 디자인이 생성되지 않도록 객체 일부를 분할합니다.
앞서 만들어준 제너레이티브 생성 영역은 림을 분할도구로 하여 본체 분할시킵니다.

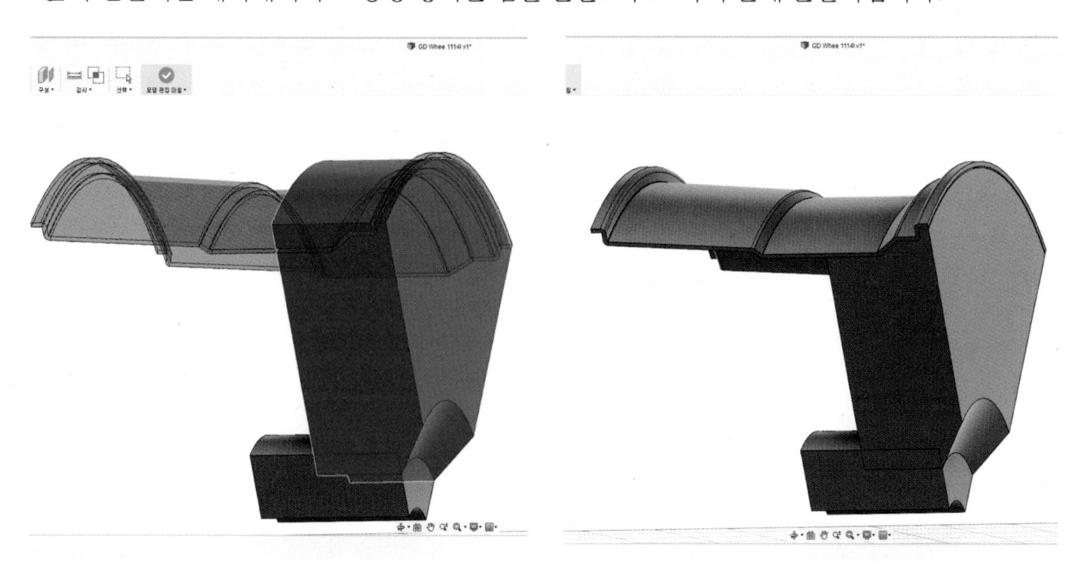

14 장애물 영역-1

제너레이티브 디자인이 생성될 수 없도록 장애물 영역을 만들어 줍니다. 휠의 조각을 모두 덮을 수 있는 사각형의 스케치를 그려줍니다.

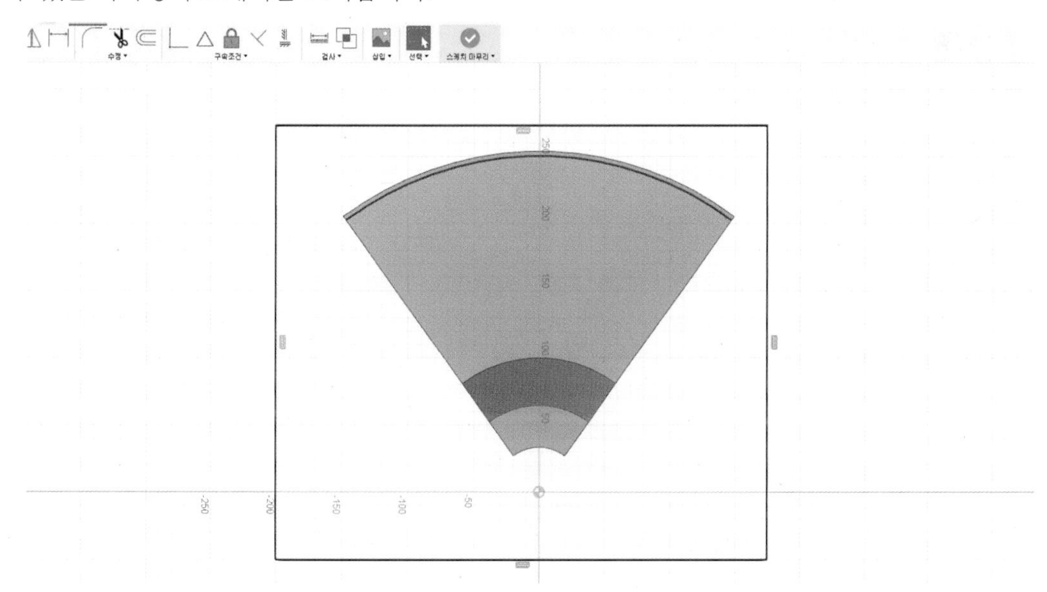

15 장애물 영역 -2

휠의 유지형상과 제너레이티브 디자인 생성영역을 위한 객체를 모두 교차시킬 수 있도록 앞에서 그린 사각형을 돌출시킵니다. 돌출시킨 객체에서 림과 디스크, 제너레이티브 디자인 생성 영역 객체를 잘라냅니다.

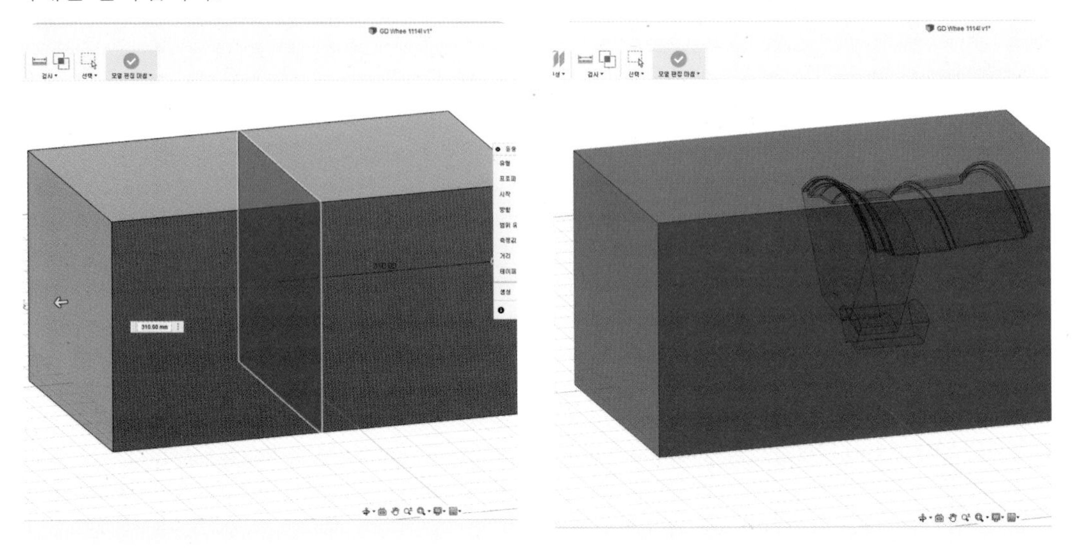

16 장애물 영역 -3

제너레이티브 디자인 생성 영역 객체는 디자인 영역으로 지정할 수 있지만, 더 자유로운 디자인 생성을 위해 장애물 영역에서 잘라내기 위한 도구로만 사용하였습니다.

장애물 영역은 아래 이미지의 객체들로 잘라내기 하여 객체의 모양으로 빈 공간이 만들어졌습니다. 때문에 제너레이티브 디자인이 생성될 수 있는 공간이 확보되었습니다. 도구로 쓰인 제너레이티브 디자인 생성 영역 객체는 숨김처리합니다.

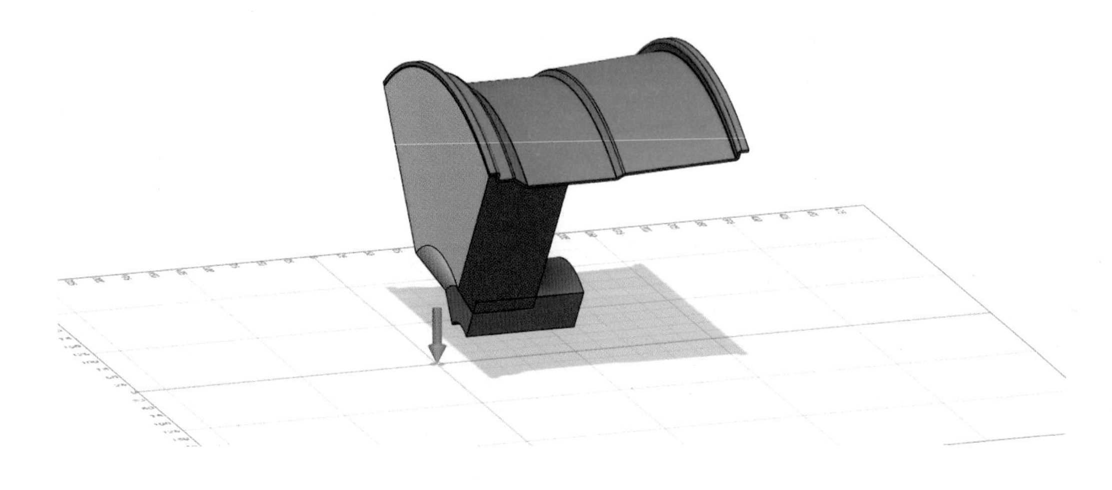

17 구속조건 적용

Structural Constraints 기능으로 유지형상에서 고정되어야 할 지점을 선택하여 줍니다. 휠의 디스크 안쪽 허브 지점의 바닥 면을 구속조건으로 적용하였습니다.

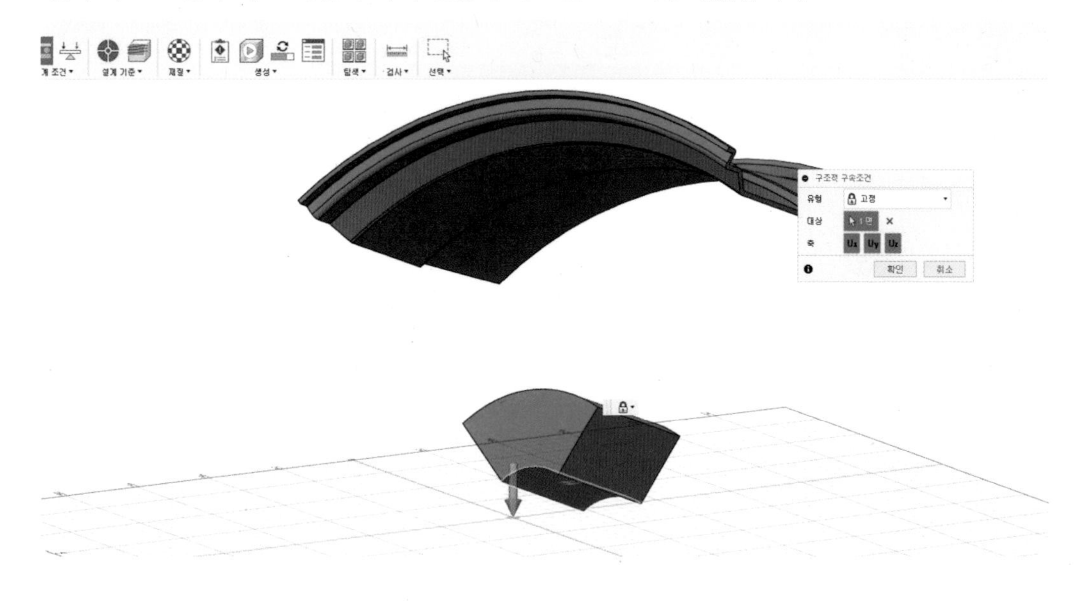

18 하중조건 1 적용

림 상단 전/후면에 약 6000N(600kg)의 하중을 적용하였습니다.

19 하중 케이스 추가

동일 스터디에서 다중 하중을 적용하기 위해 하중 케이스를 추가합니다. 좌측 브라우저의 하중 조건을 우클릭하여 새 하중조건을 선택하여 새로운 하중조건을 추가할 수 있습니다.

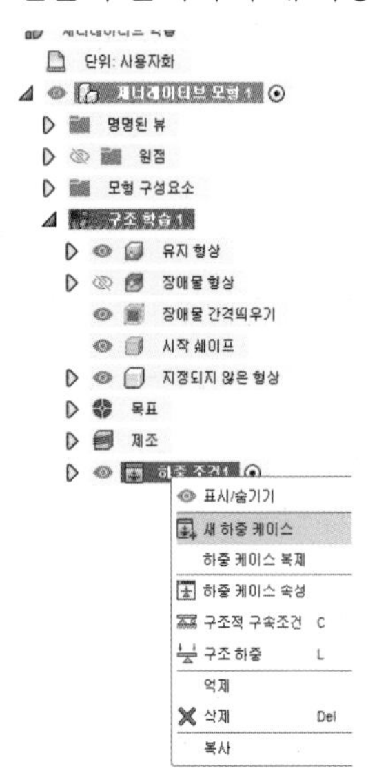

20 하중조건 2 적용

새롭게 추가된 하중조건 2는 앞에서 적용한 하중을 그대로 사용하실 수 있습니다.

하중조건 2는 위에서 누르는 힘이었던 하중조건 1의 하중을 방향만 좌측으로 90도만큼 회전시켜 적용합니다.

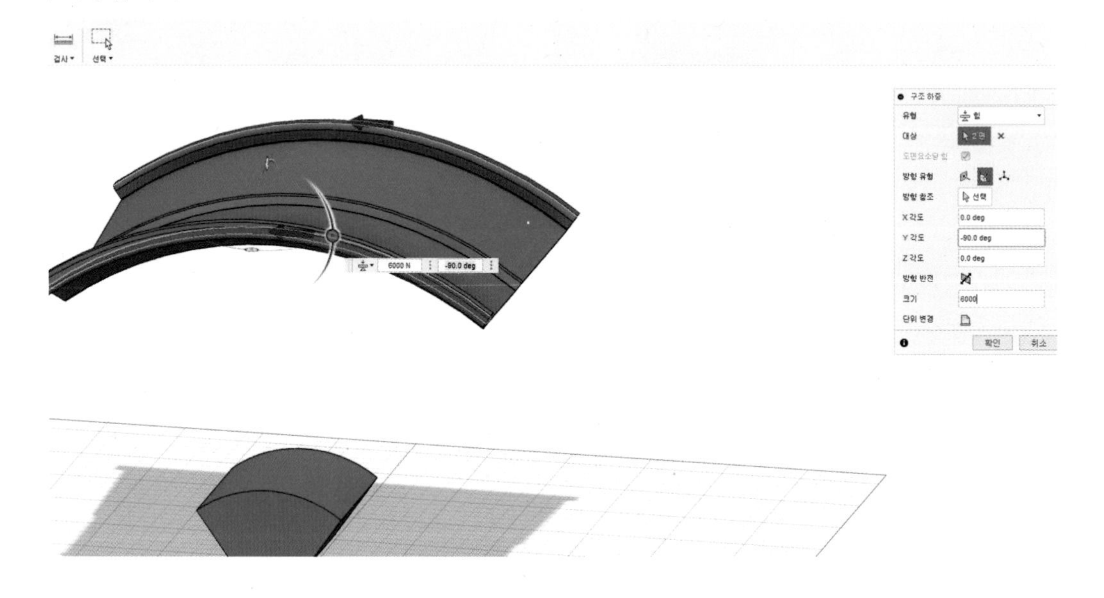

21 하중조건 3 적용

동일한 방법으로 하중 케이스를 추가하여 하중조건 3을 추가하였습니다.

하중조건 3은 하중조건 2의 방향과 반대되는 방향으로 새롭게 하중을 적용하였습니다.

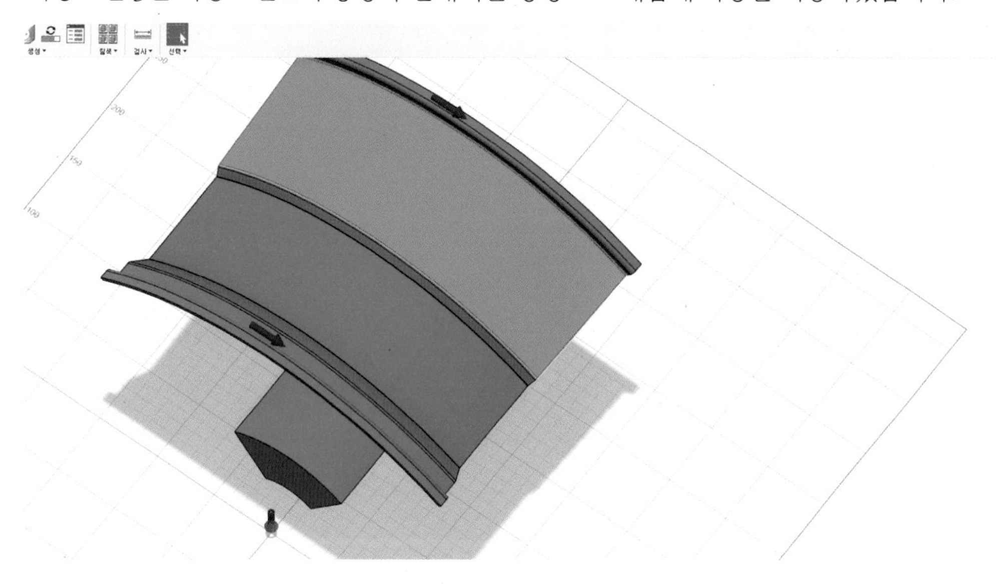

22 하중조건 4 적용

앞의 조건으로도 하중조건 적용을 끝낼 수 있지만, 하중조건을 하나 더 추가하고자 합니다.

하중조건을 새롭게 추가하고 림의 전후면에서 안쪽으로 미는 힘 약 500N*(50kg)*을 적용해보았습니다.

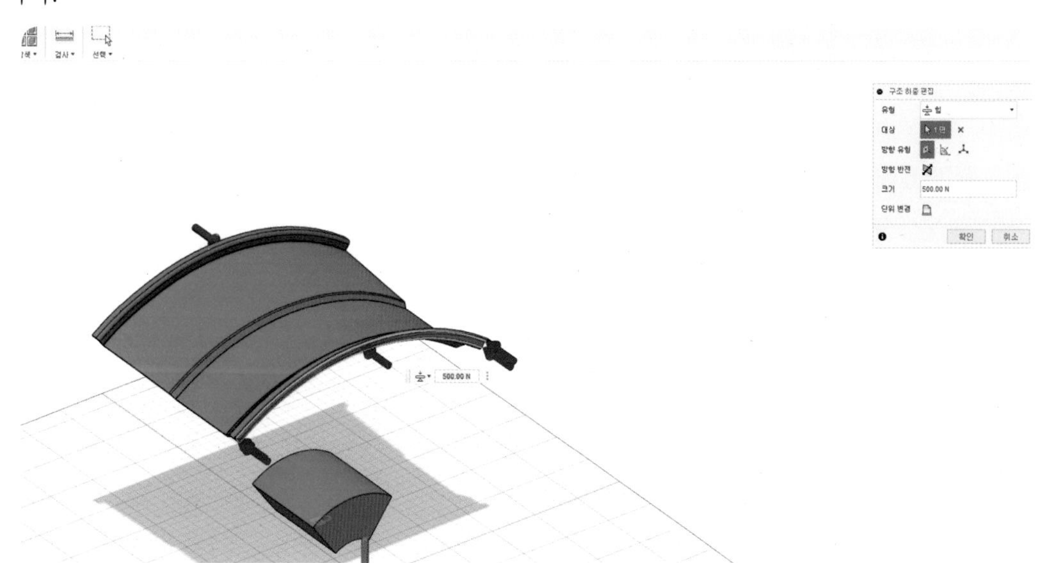

23 제조 방식 설정

결과물을 생성하는데 사용될 제조방식을 설정합니다.

예제에서는 적층 및 3축, 5축의 밀링, 다이캐스팅을 선택하였습니다.

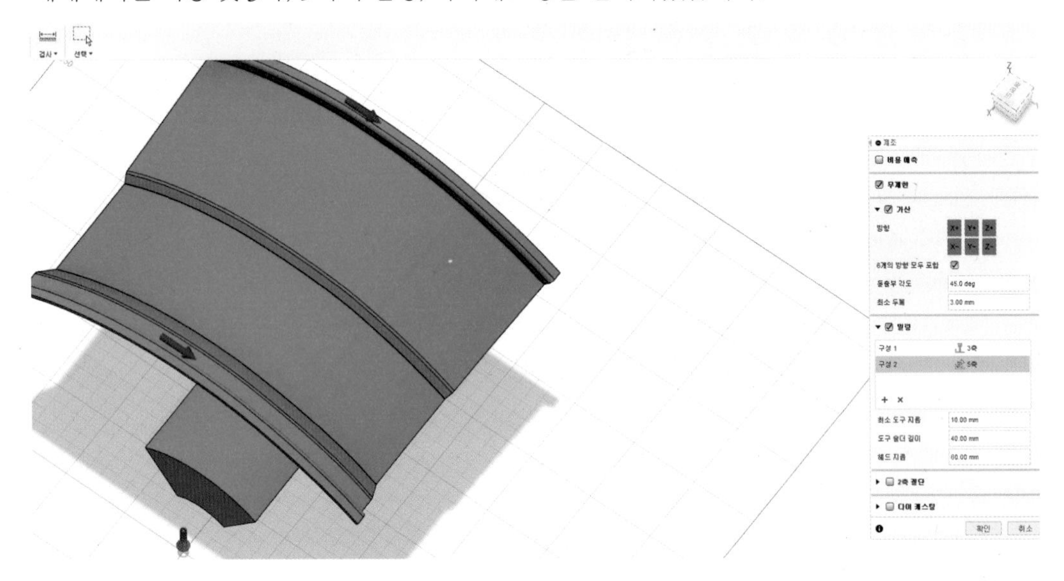

24 소재 적용

소재는 퓨전 360에서 제공하는 금속 소재 중 알루미늄 계열의 소재와 티타늄 소재를 선택하였습니다.

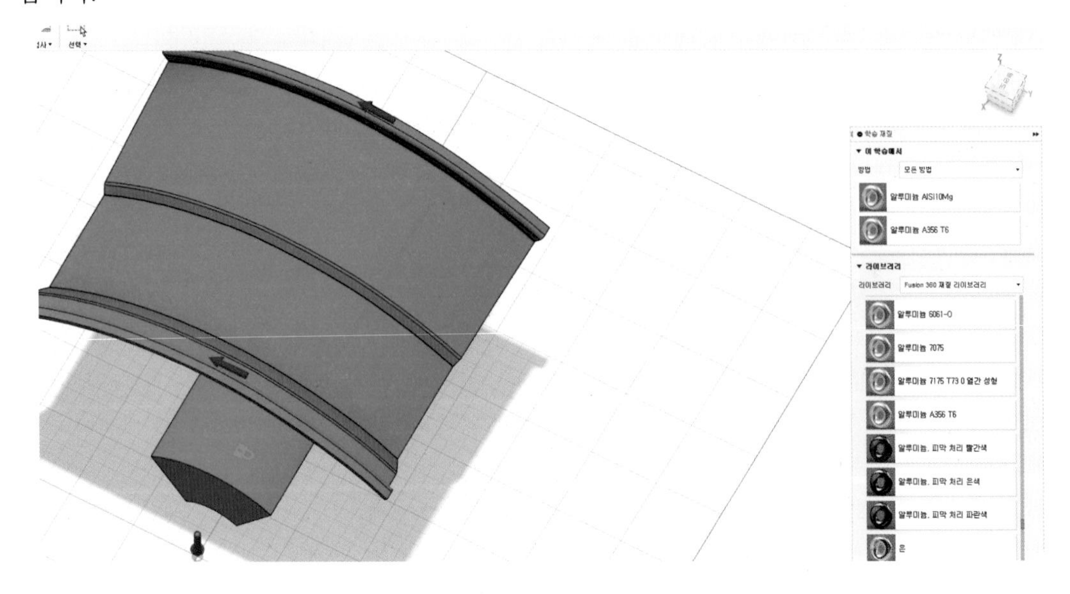

25 제너레이티브 디자인 실행

모든 Study 설정이 완료되었습니다. 예제와는 별개로 다양한 하중조건으로 Study를 추가하여 진행한다면 좀 더 다양한 결과물을 얻을 수 있습니다.

연산되는 동안 잠시 기다리면 결과물이 생성됩니다.

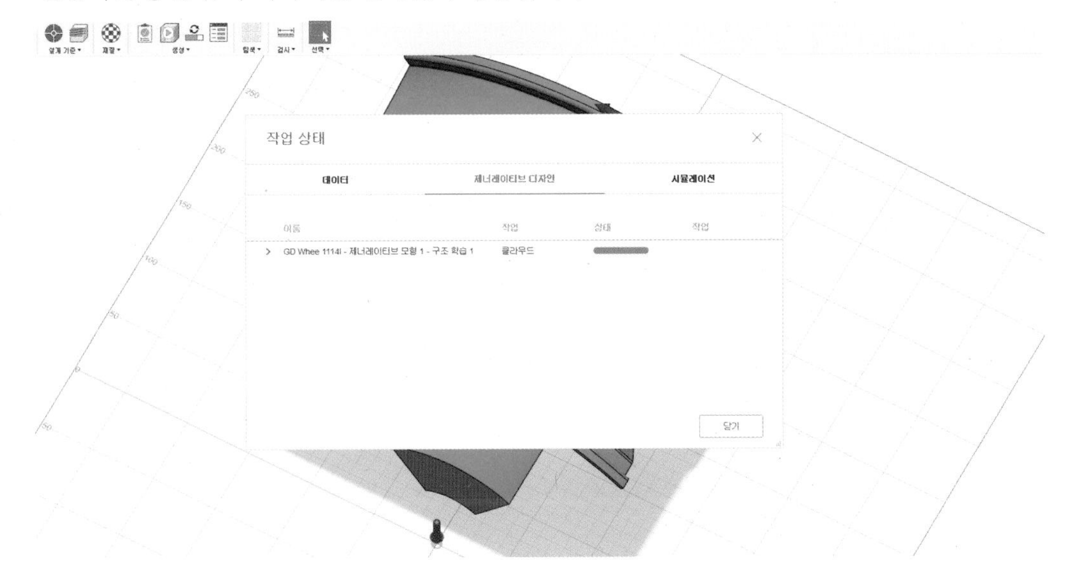

26 결과물 확인

결과물이 생성되었습니다. 다양한 결과물 중 디자이너는 원하는 조형을 선택하면 됩니다.

여러 결과물 중 조형에 의미가 있다고 생각되는 몇 가지 시안을 선택할 수 있습니다.

27 결과물 내보내기

원하는 디자인을 내보내기 하였습니다.

내보내기 된 결과물은 다시 패턴의 원형 배열로 배치하고 하나의 객체로 합쳐주어 휠의 형상을 만들었습니다.

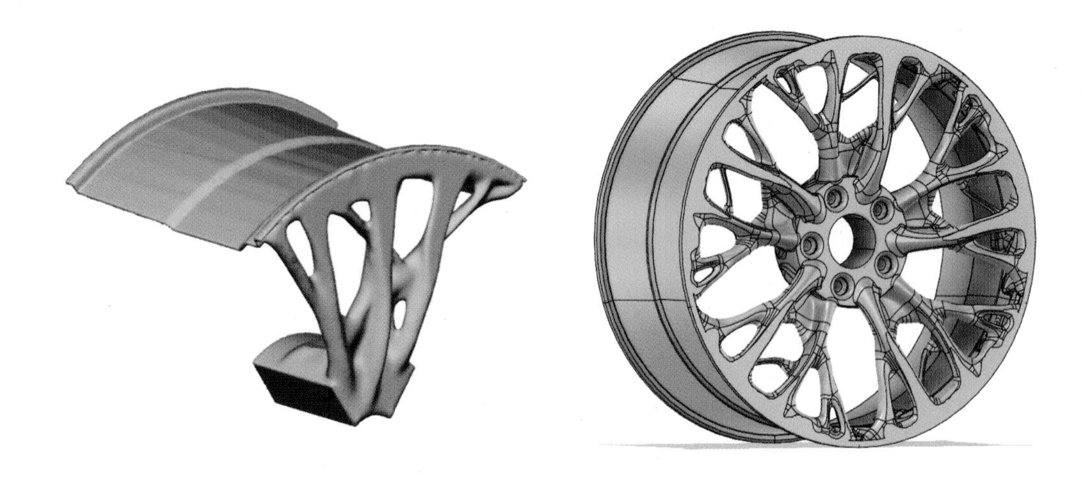

28 디자인 수정

최종 내보내기 한 결과물은 디자인 수정과 디테일 요소를 추가하여 디자인을 제안할 수 있습니다.

예제의 결과물에는 간단한 면 정리와 타이어, 휠 캡을 만들어 적용해 보았습니다.

29 제너레이티브 디자인 검토

다자인 수정 후 렌더링 작업한 결과물입니다.

제너레이티브 디자인만의 독특한 구조를 가진 결과물이 생성되었습니다. 디자이너는 결과물을 그대로 사용하여도 되고, 해당 결과물의 구조를 참고하여 새로운 디자인으로 제안할 수도 있습니다.

자동차 모델링에 적용해 본 제너레이티브 디자인의 'Car Wheel'입니다.

다양한 방향에서 적용되는 하중조건이 일정한 패턴 안에서 고르게 적용되는 조건이라면 객체 전체에 하중을 적용할 필요가 없습니다.

디자인하고자 객체를 쪼개서 해당 조각에만 필요 하중을 적용하고, 생성된 결과물은 다시 패턴을 통해 배치함으로써 디자인을 완성할 수 있습니다.

제너레이티브 디자인 핸드폰 거치대 만들기

A. 기본 도형을 이용한 핸드폰 거치대 만들기 이해

1 Box + Box

방향이 다른 두 개의 박스를 연결하는 구조로 조형을 생성할 수 있습니다.

▶ 단일 하중

※ 추가 하중조건과 장애물형상을 활용하면 두 개의 박스를 연결하는 다양한 구조를 얻을 수 있습니다.*(캔들 홀더 참조)*

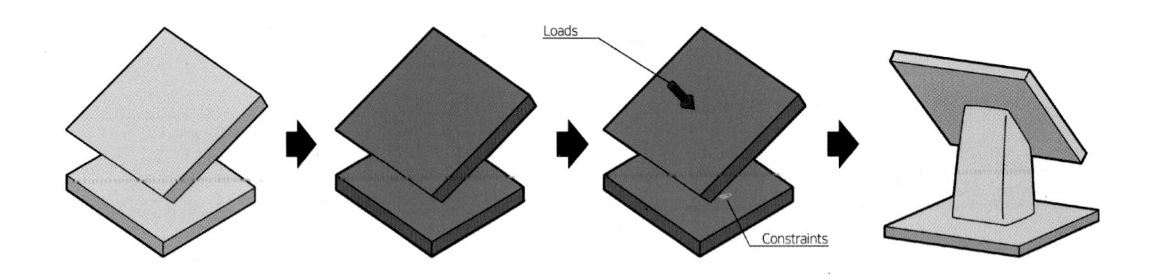

2 Box / Box + Box / Box

두 개씩 그룹 지어진 서로 다른 방향의 박스를 연결하는 구조로 조형을 생성합니다.

▶ *(객체 당)*단일 하중 + 장애물형상

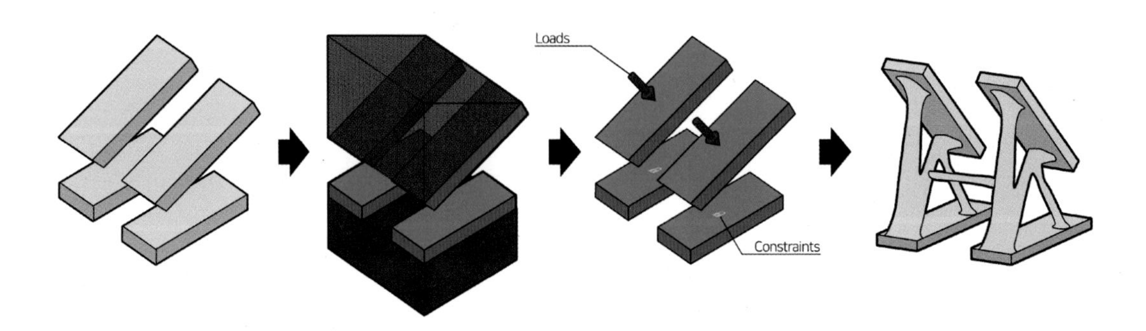

3 Box / Box + Box / Box

두 개씩 그룹 지어진 서로 다른 방향의 박스를 연결하는 구조로 조형을 생성합니다.

▶ *(객체 당)*다중 하중 + 장애물형상

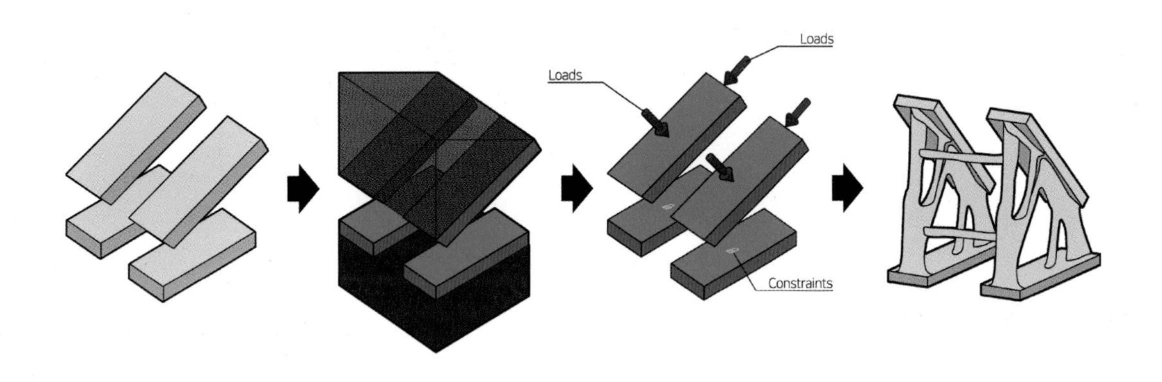

4 Box / Box + Box / Box

두 개씩 그룹 지어진 서로 다른 방향의 박스를 연결하는 구조로 조형을 생성합니다.

▶ *(객체 당)*다중 하중 + 장애물형상

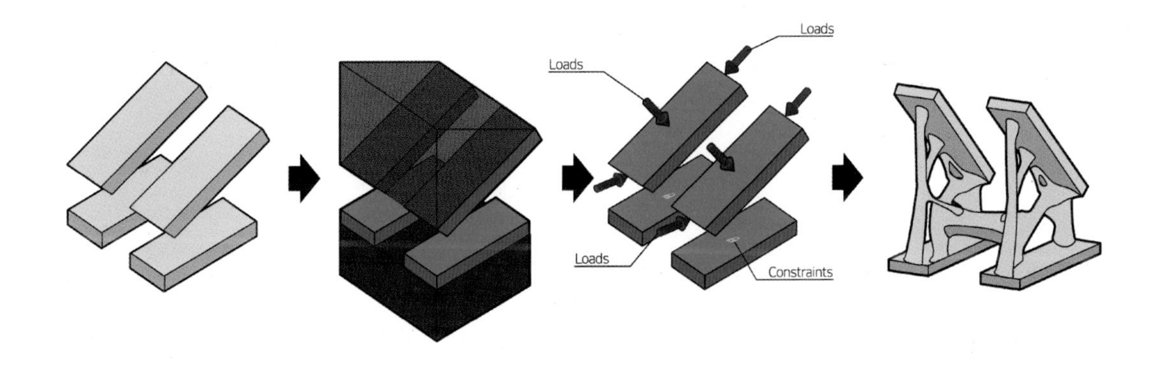

5 Box / Box + Box / Box

두 개씩 그룹 지어진 서로 다른 방향의 박스를 연결하는 구조로 조형을 생성합니다.

▶ *(객체 당)*다중 하중 + 장애물형상

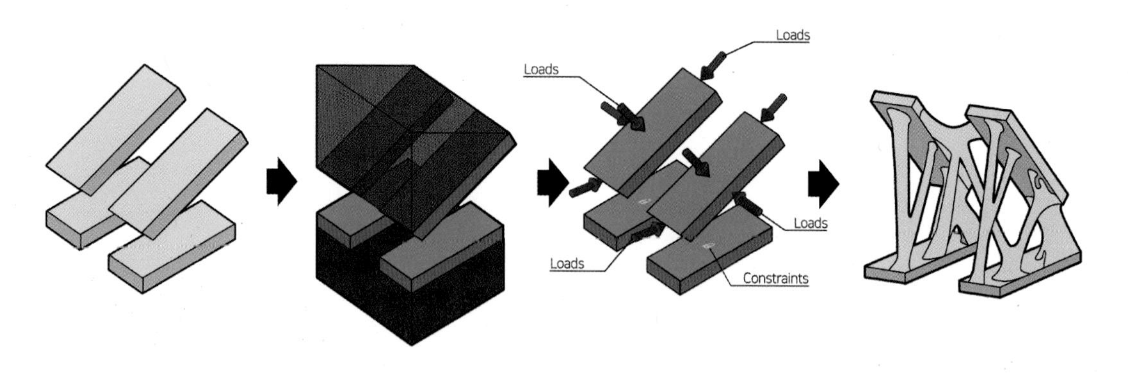

B. 제너레이티브 디자인을 활용하여 핸드폰 거치대 만들기

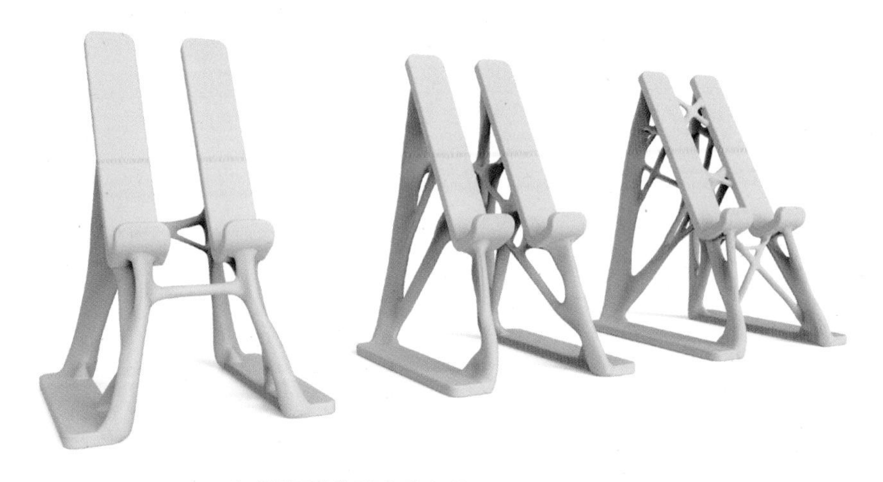

▲ 하중조건에 따라 달라지는 구조와 복잡도

제너레이티브 디자인에서 하중조건은 조형 생성에 큰 영향을 미치고 있습니다.

동일한 유지형상과 장애물형상, 소재, 가공방식이라 하더라도 하중의 방향에 따라 결과물은 다르게 생성될 수 있습니다.

서로 떨어진 객체를 단순하게 연결하는 구조부터 객체와 객체를 더욱 안정적으로 고정시킬 수 있는 복합적인 구조까지 제품의 용도와 의도에 따라 사용자는 하중조건을 이용하여 제너레이티브 디자인의 결과물을 생성할 수 있습니다.

미리보기

본 예제를 통해 제작해보게 될 제너레이티브 디자인을 이용한 핸드폰 거치대입니다.

서로 떨어진 여러 객체는 하중조건에 의해 서로 연결되며 구조를 생성하게 됩니다. 이때 하중조건을 어떤 식으로 주느냐에 따라 단순한 구조가 생성될 수도 있고 복잡한 구조가 생성될 수도 있습니다.

또한, 제너레이티브 디자인을 사용하는 사용자라면 제너레이티브의 결과물과 아이디어를 활용하여 자신만의 제품을 만들어 볼 수 있습니다.

1 퓨전 360 실행

핸드폰 거치대 예제의 유지형상 모델링을 위해서 퓨전 360을 실행시킵니다.

퓨전 360을 실행시키신 후 우측면도에서 스케치를 시작합니다.

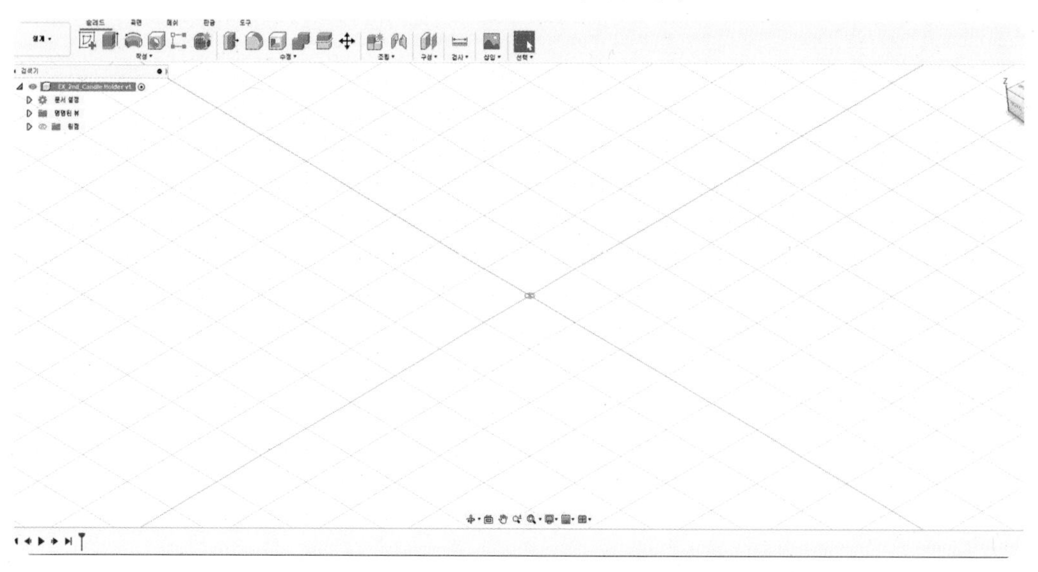

2 거치대 형상 스케치-1

우측면도에서 아래와 같이 핸드폰 거치대에서 핸드폰을 거치시킬 파트와 반침대 파트의 스케치를 생성합니다.

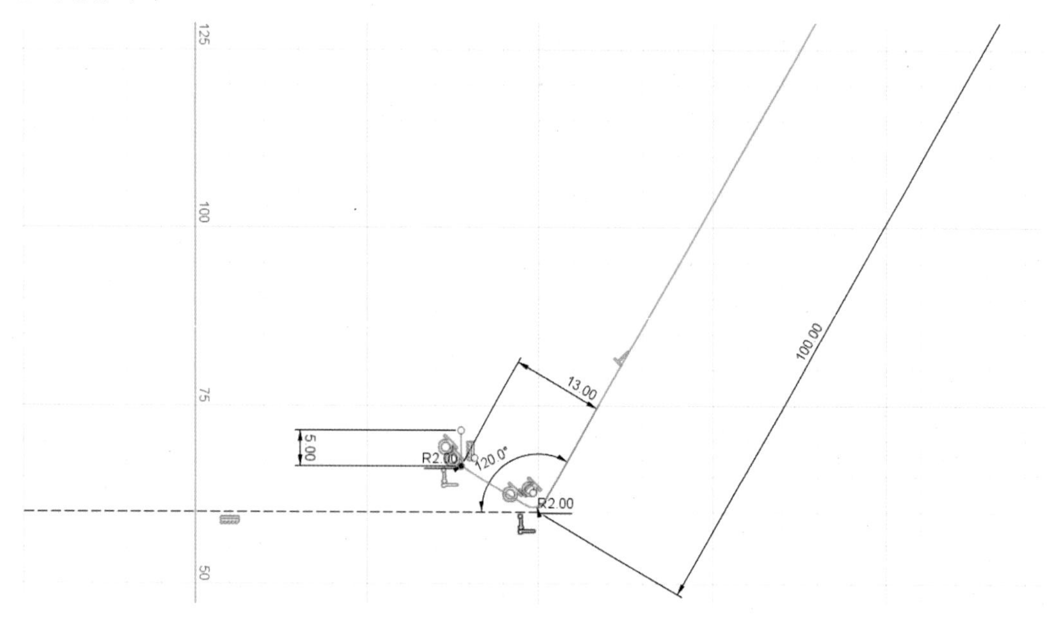

3 거치대 형상 스케치-2

앞에서 그려준 스케치에 두께를 주기 위한 간격띄우기를 합니다.
간격띄운 스케치의 양 끝점은 서로 연결하여 닫힌 커브로 생성합니다.

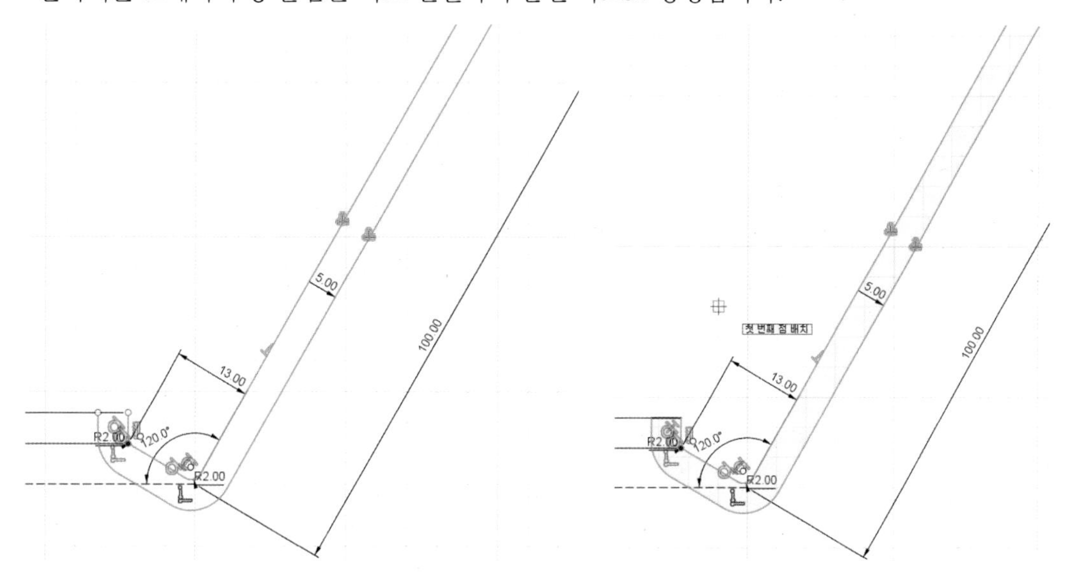

4 거치대 형상 스케치-3

거치의 위치를 고정시켜주기 위해서 앞서 그린 스케치를 원점에서부터 치수로 구속시켜 주었습니다.

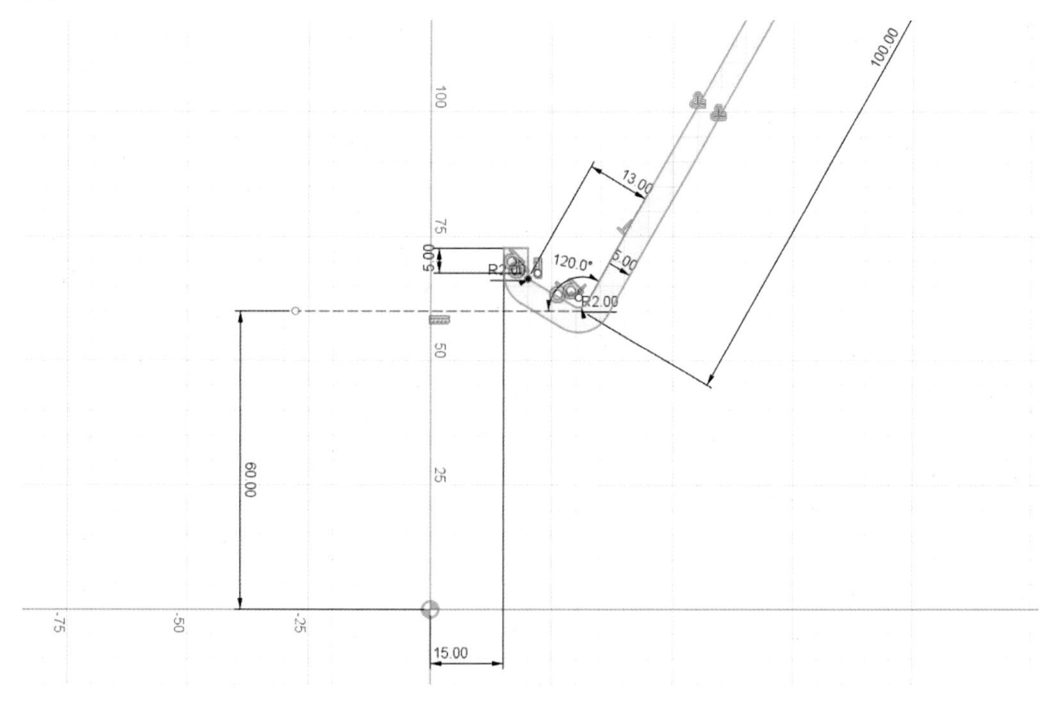

5 받침대 형상 스케치

받침대 형상을 만들어 주기 위해 사각형의 스케치를 그려주었습니다.

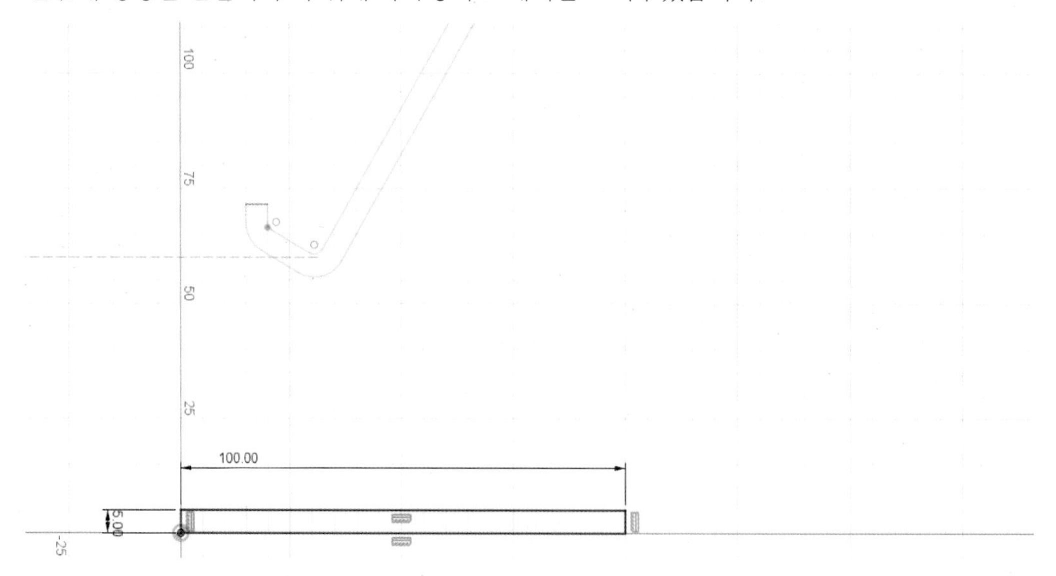

6 거치대 형상 돌출

돌출 옵션은 두 방향으로 하여 그림과 같이 10mm 떨어진 거리에 20mm 만큼 돌출시킨 거치대 파트를 생성하여 줍니다.

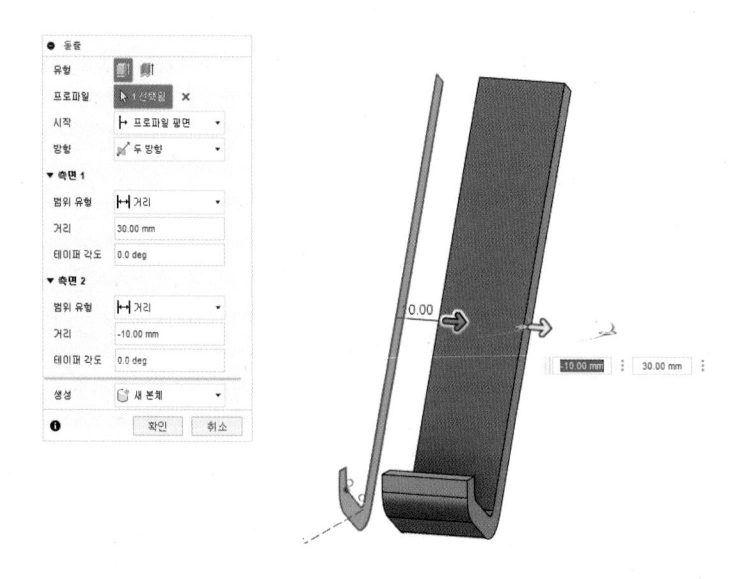

7 받침대 형상 돌출

마찬가지로 돌출 옵션은 두 방향으로 하여 그림과 같이 30mm 떨어진 거리에 20mm 만큼 돌출시킨 받침대 파트를 생성하여 줍니다.

8 형상 편집

돌출 후 생성된 거치대와 받침대 파트의 모서리는 필렛을 적용하여 부드럽게 마감처리 하였습니다.

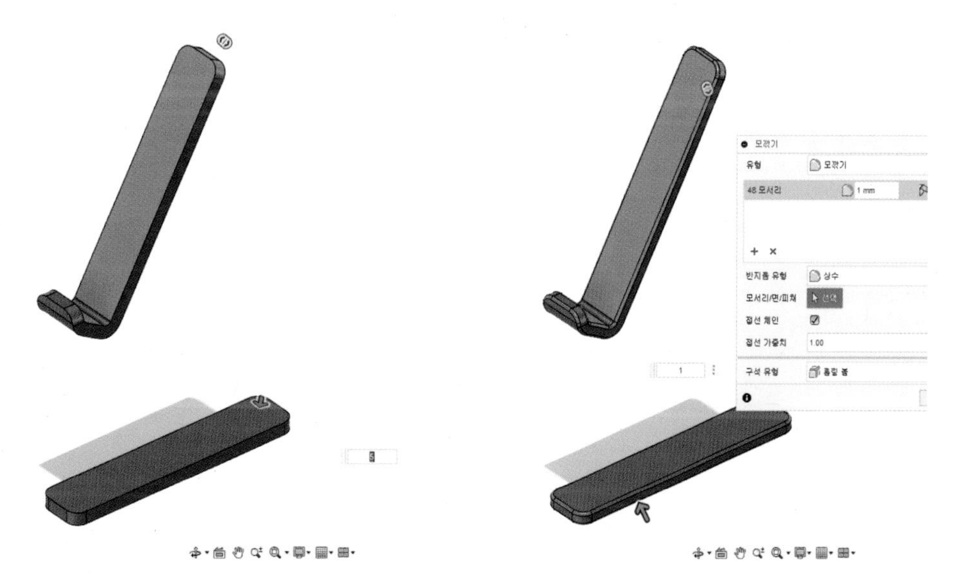

9 거치대 및 받침대 형상 미러

원점의 구성평면을 이용하여 미러시켜 줍니다.

유지형상 설계가 완료되었습니다.

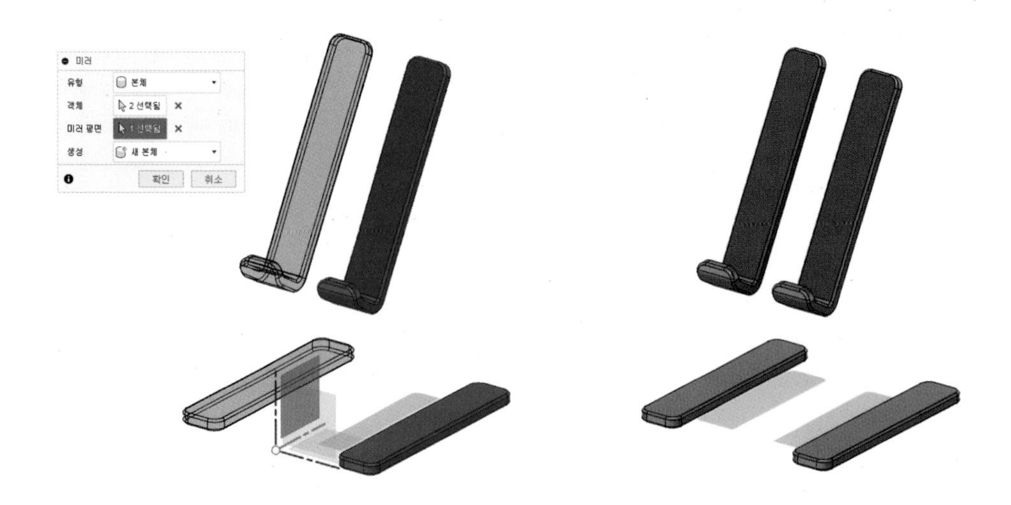

10 제너레이티브 디자인 모드 전환

퓨전 360 메뉴 좌측 상단에 워크 스페이스 모드를 Design에서 Generative Design으로 변경하여줍니다. 상단의 메뉴가 Generative Design의 기능으로 변경됩니다.

기본적으로 Study1부터 자동적용되어 Generative Design Study를 진행할 수 있습니다

11 유지형상 설정

거치대와 받침대 파트는 모두 유지형상으로 지정합니다.

12 바닥 장애물형상 생성

받침대 아래로 제너레이티브 디자인이 생성되지 않도록 모형편집에서 그림과 같이 받침대에 접하는 박스를 생성해줍니다.

13 거치대 장애물형상 생성-1

거치대 파트 위쪽도 핸드폰이 놓여야 하는 영역으로 제너레이티브 디자인이 생성되는 것을 방지하고자 합니다. 모형편집의 스케치 모드에서 거치대 객체 안쪽 모서리를 프로젝트시켜 스케치를 생성합니다.

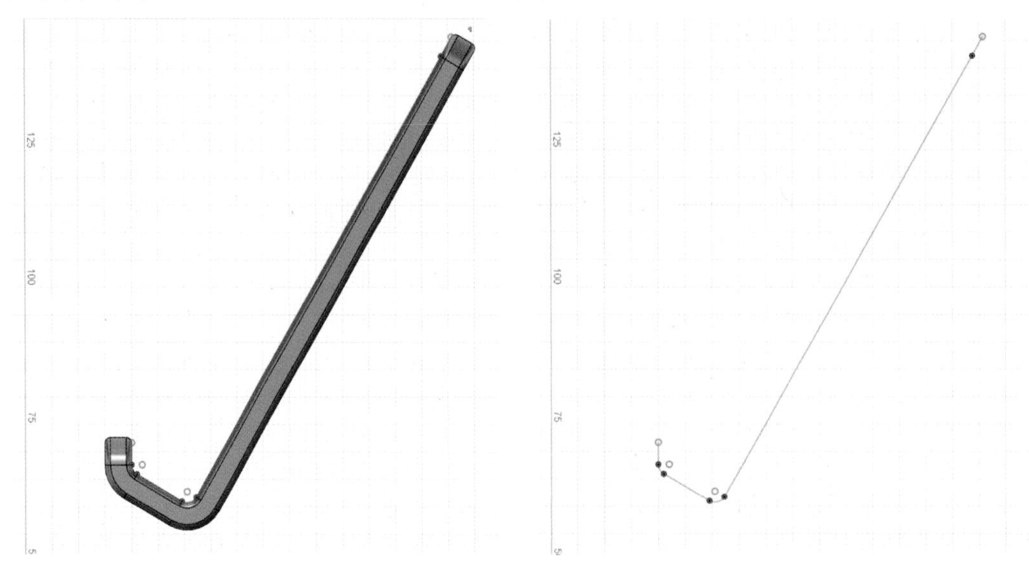

14 거치대 장애물형상 생성-2

투영된 스케치를 하단의 왼쪽 그림과 같이 연결시켜 거치대를 접하는 닫힌 커브를 생성합니다.

그 다음, 거치대 아래쪽 면을 스케치면으로 활성화 하고 거치대 사이 공간에 핸드폰의 충전 케이블을 위치시키기 위한 장애물 형상을 만들고자 아래의 오른쪽 그림과 같이 스케치를 그려줍니다.

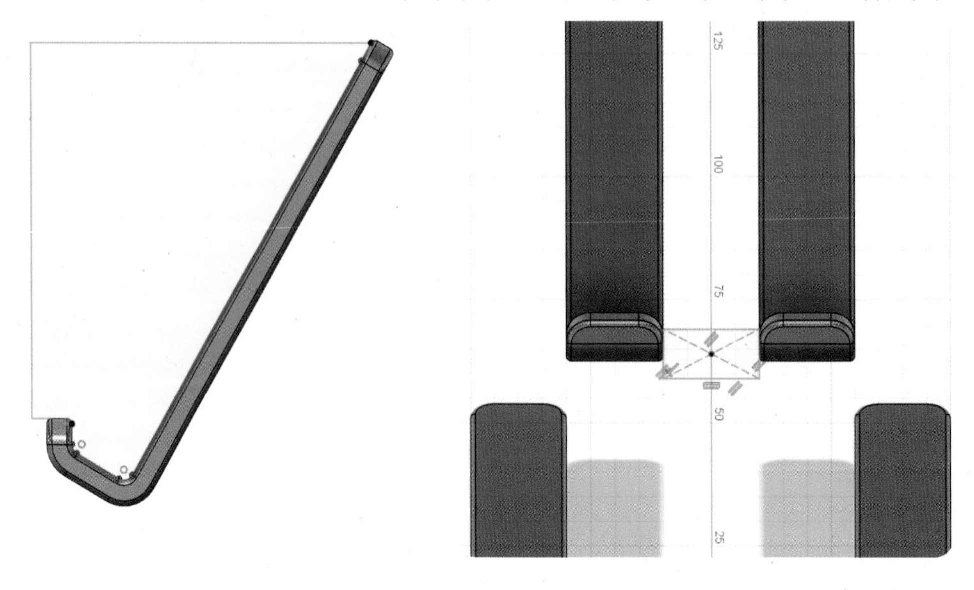

15 거치대 장애물형상 돌출

앞에서 그려준 스케치를 돌출시키고 장애물형상으로 지정합니다.
이제 장애물형상을 피해 제너레이티브 디자인이 생성될 수 있습니다.

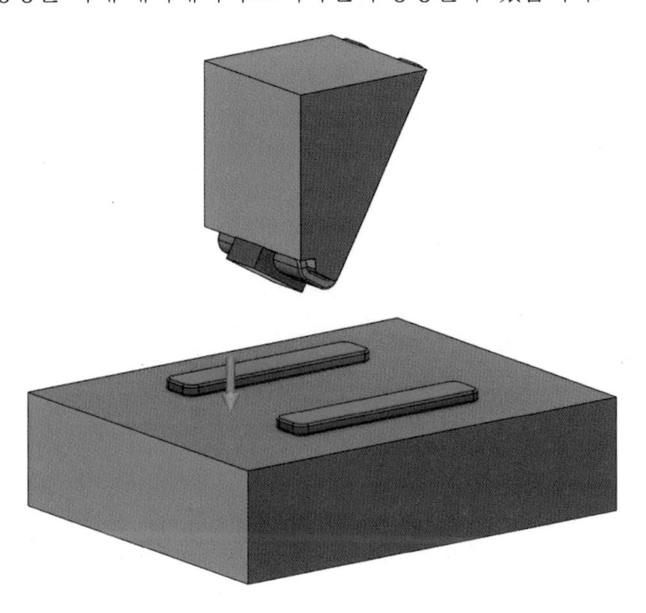

16 구속조건 적용

Structural Constraints 기능으로 유지형상에서 고정되어야 할 지점을 선택하여 줍니다.
받침대의 바닥 면을 구속조건으로 적용하였습니다.

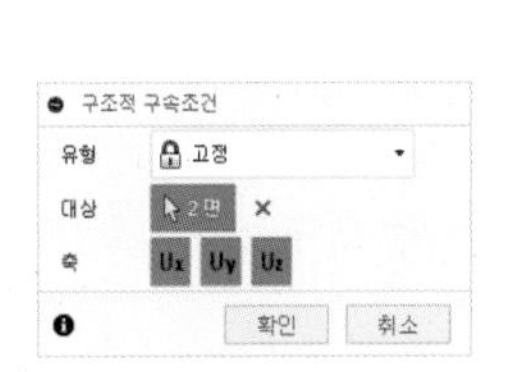

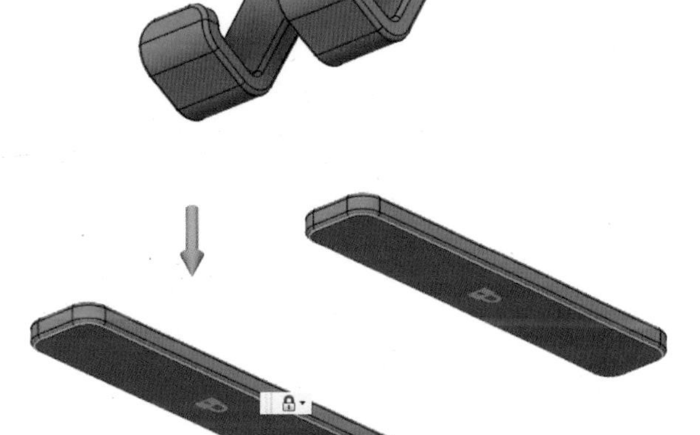

17 하중조건 1 적용

학습1 *(Study1)*은 단일 하중조건만을 적용하도록 하겠습니다.

핸드폰 거치대 위쪽 면에 30N*(3kg)*의 하중으로 하중조건 1을 적용하였습니다.

18 하중조건 추가

하중조건 1을 복제한 뒤, 복제된 하중조건 2의 하중을 그림과 같이 적용해보도록 하겠습니다.

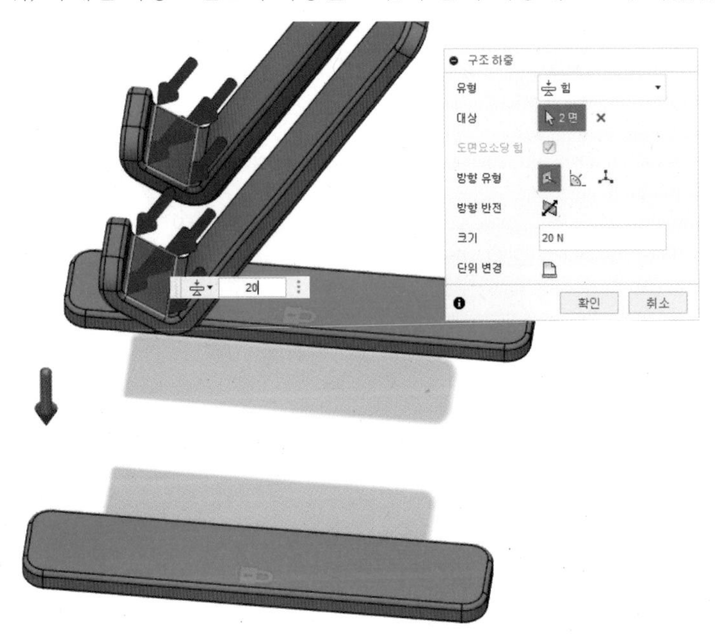

19 학습복제 및 하중조건 추가-1

학습 1을 복제하여 학습 2를 생성해줍니다. 학습 2의 하중조건 2를 복제한 뒤, 복제된 하중조건 3의 하중은 거치대 끝 쪽에서 누를 수 있도록 그림과 같이 적용해보도록 하겠습니다.

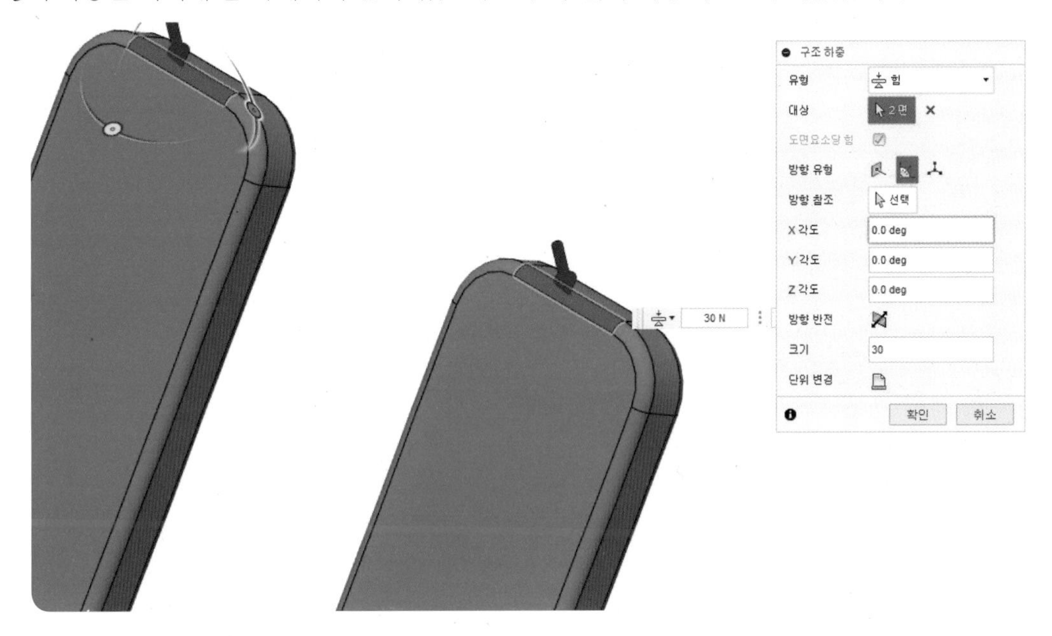

20 학습복제 및 하중조건 추가-2

학습 2를 복제하여 학습 3을 생성해줍니다. 학습 3의 하중조건 3을 복제한 뒤, 복제된 하중조건 4, 5의 하중은 측면에서 작용할 수 있도록 그림과 같이 하중조건을 적용해 보도록 하겠습니다.

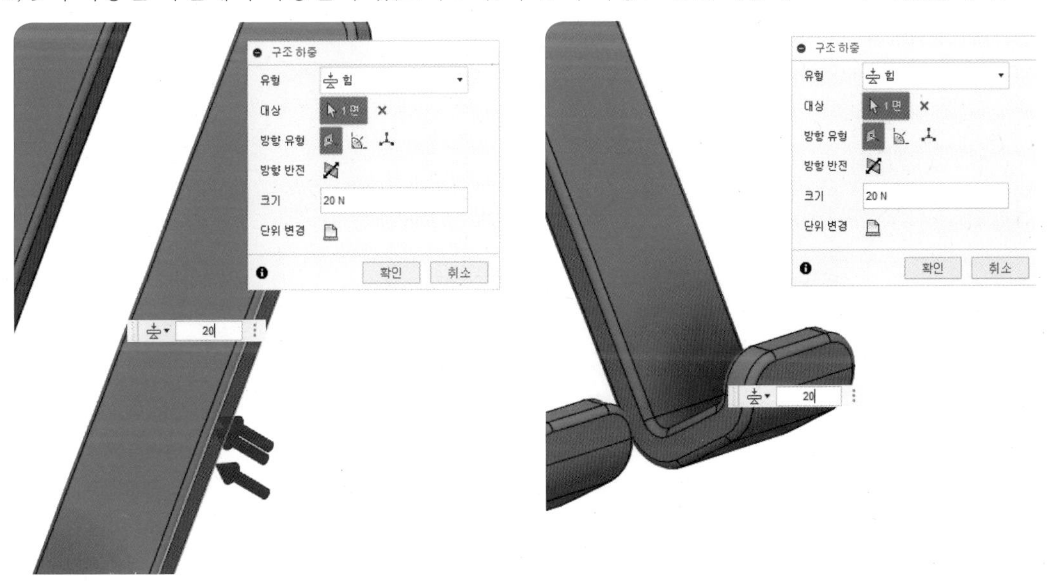

21 제조 방식 설정

결과물을 생성하는 데 사용될 제조방식을 설정합니다.
결과물의 다양성을 위해 모든 방향에서 적층 생성될 수 있도록 옵션을 설정하였습니다.

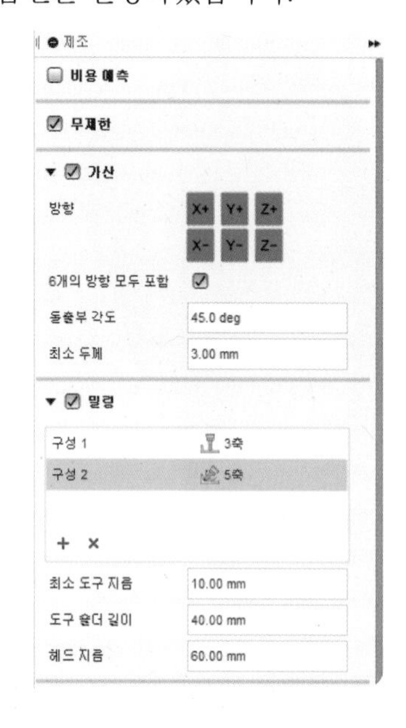

22 소재 적용

소재는 퓨전 360에서 제공하는 플라스틱 적층 소재를 모두 선택하였습니다.

23 제너레이티브 디자인 실행

모든 Study 설정이 완료되었습니다.
연산이 되는 동안 잠시 기다리면 결과물이 생성됩니다.

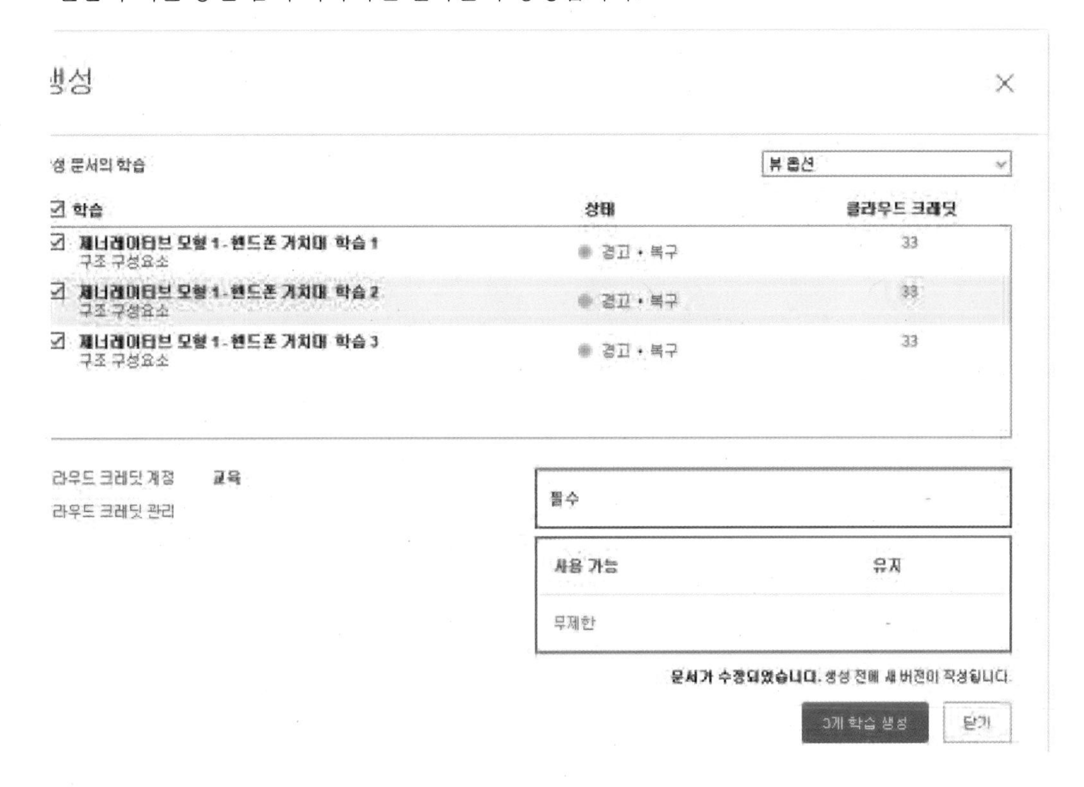

24 결과물 확인

결과물이 생성되었습니다. 다양한 결과물 중 디자이너는 원하는 조형을 선택하면 됩니다. 여러 결과물 중 조형에 의미가 있다고 생각되는 몇 가지 시안을 선택할 수 있습니다.

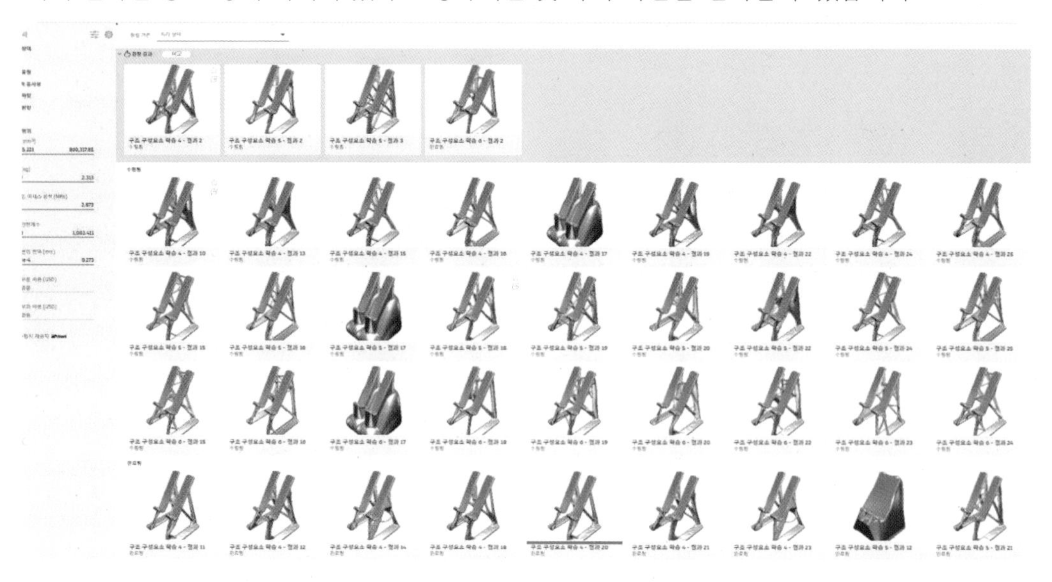

25 결과물 내보내기

학습별로 원하는 디자인을 내보내기 하였습니다.

하중조건이 각각 다른 학습의 결과물은 구조의 형상과 복잡도가 조금씩 상이한 것을 확인할 수 있습니다.

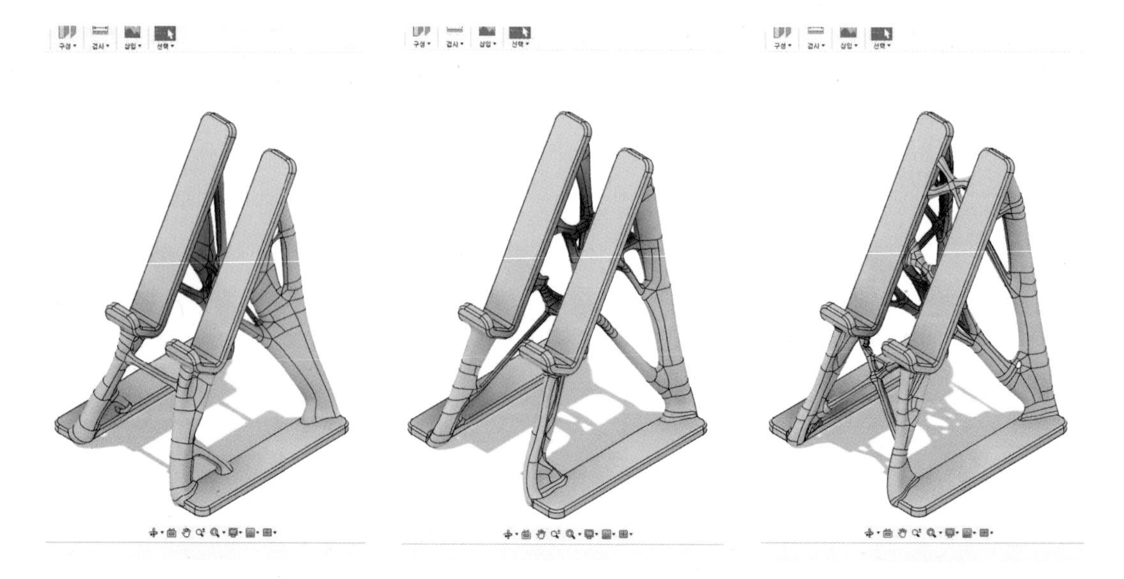

26 핸드폰 거치대 두 번째 예제 스케치

앞에서 진행한 예제를 응용하여 새로운 디자인을 제안해보고자 합니다.
새 설계에서 우측면에도 아래와 같이 스케치를 진행합니다.

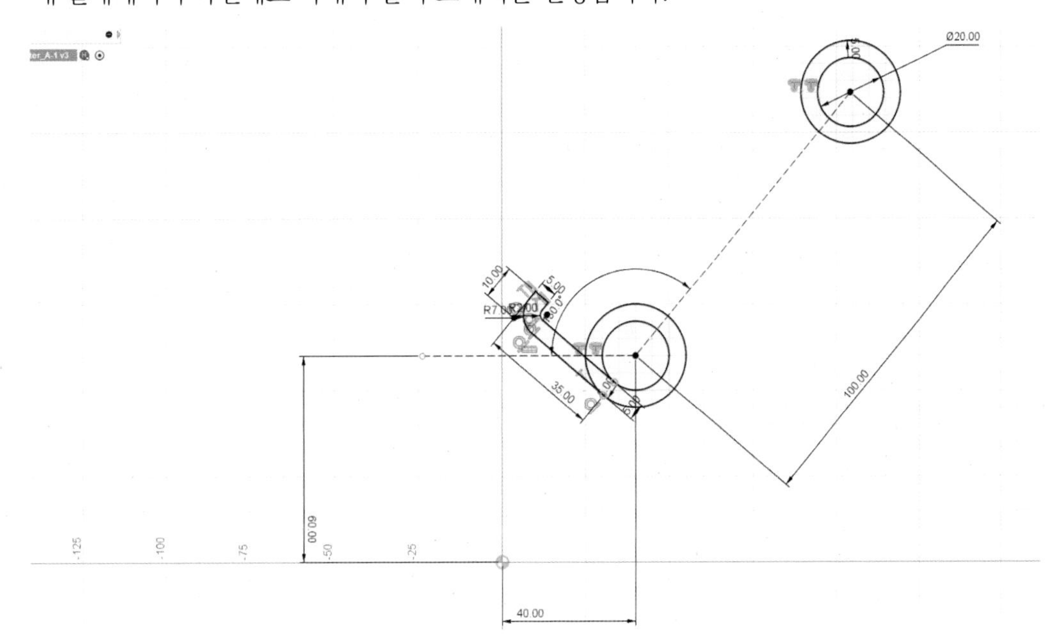

27 거치대 돌출

이번 예제는 미러 시키지 않고 거치대 한쪽만 제너레이티브 디자인을 생성한 뒤 결과물을 미러 시켜 그림에 보이는 홀에 목봉을 연결하고자 합니다.

스케치를 20mm 만큼 거리를 띄우고 10mm 만큼 돌출시킵니다.

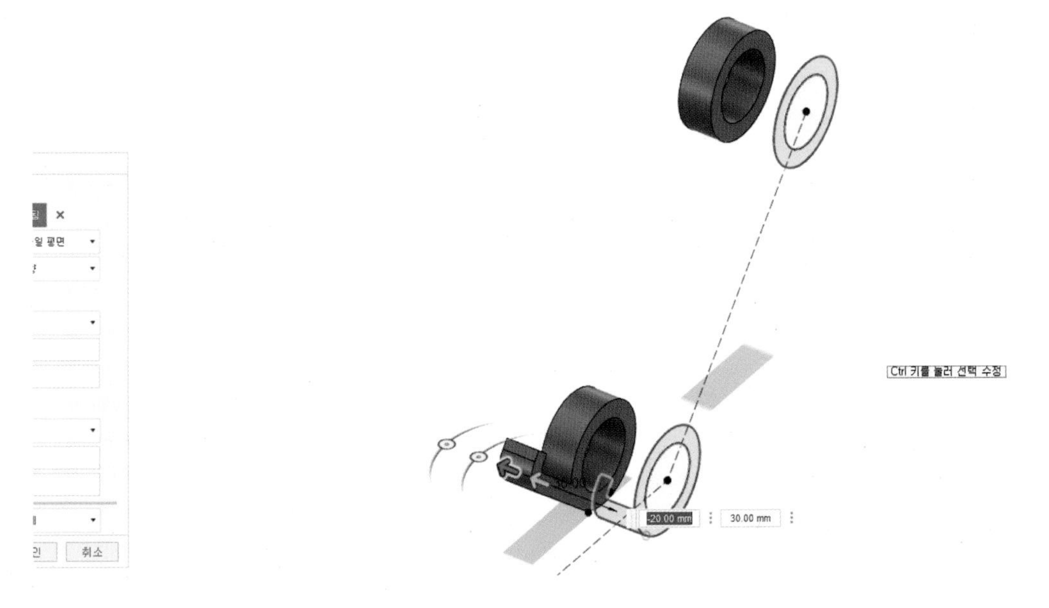

28 거치대 형상 편집

거치대의 모서리에 필렛을 적용하여 형상을 부드럽게 마감처리합니다.

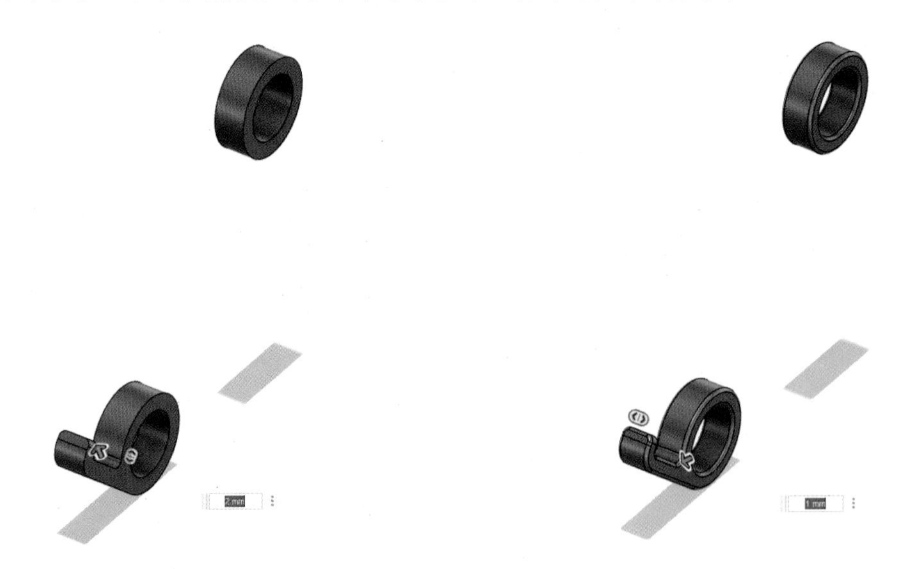

29 구성 평면 간격띄우기

목봉을 고정시킬 나사구멍을 뚫어주고자 합니다.

나사구멍이 뚫릴 파이프 스케치를 그려주기 위해 구성평면을 그림과 같이 간격띄우기 합니다.

30 파이프 생성

나사구멍을 뚫어주기 위해 생성될 파이프의 경로를 그려줍니다.
원과 원의 중심을 잇는 직선을 그려주고 4mm 두께의 파이프를 그려줍니다.

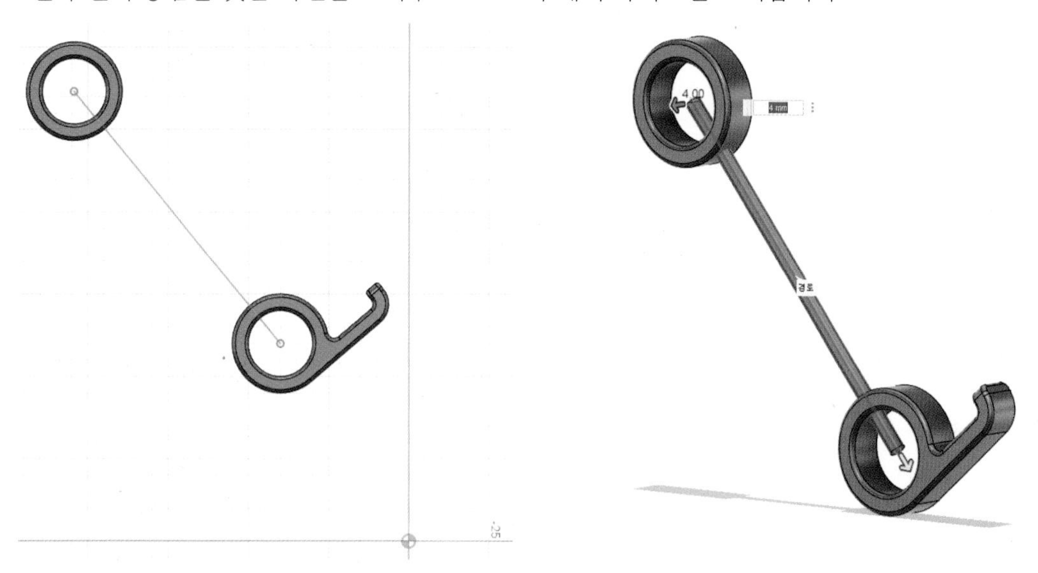

31 파이프 면 연장

밀고당기기 기능으로 파이프의 양끝을 거치대 객체 위/아래까지 뚫릴 수 있도록 연장시켜 줍니다.

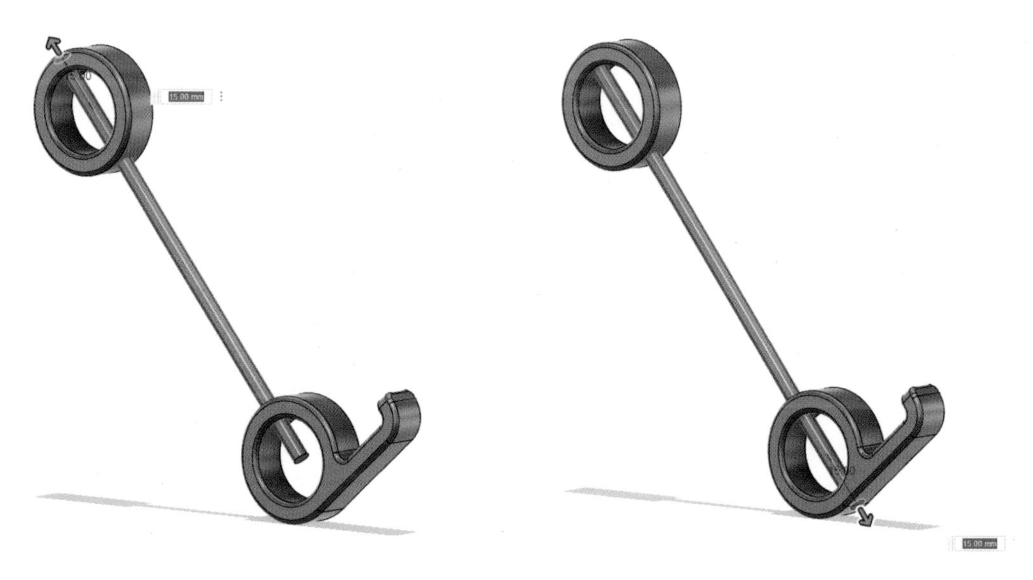

32 파이프를 이용하여 거치대에서 잘라내기

거치대를 지나는 파이프를 이용하여 잘라내기로 구멍을 뚫어줍니다.

해당 파이프는 이후에 장애물 요소로 사용될 객체이기 때문에 도구 유지를 체크하여 삭제되지 않도록 합니다.

33 받침대 생성

받침대를 생성하기 위해 측면도에서 그림과 같이 사각형을 그려줍니다.

스케치 종료 후 사각형 스케치는 각각 회전시켜 원기둥으로 만들어 줍니다.

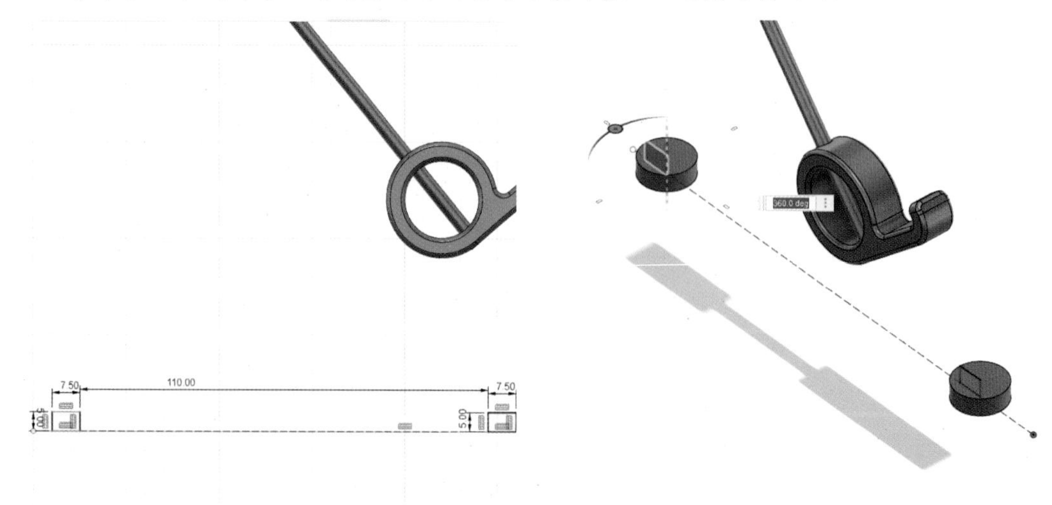

34 받침대 편집

앞에서 만든 두 개의 원기둥 받침대 모서리는 필렛을 적용하여 부드럽게 마감처리합니다.

이어서 거치대 보다 좀 더 넓게 위치하기 위해 거치대 바깥쪽으로 이동시켜 거치대로부터 멀어지게 배치합니다.

35 형상 검토 및 제너레이티브 디자인 실행

형상을 검토합니다.

형상에 문제가 없다면 제너레이티브 디자인을 실행시킵니다.

36 장애물 영역 생성

거치대에 목봉이 끼워질 영역, 핸드폰이 올려질 영역, 바닥영역, 나사구멍 등 제너레이티브 디자인이 생성되지 않아야 할 장애물 영역을 지정하여 모형편집에서 스케치 한 뒤 돌출시켜 장애물 영역으로 설정합니다.

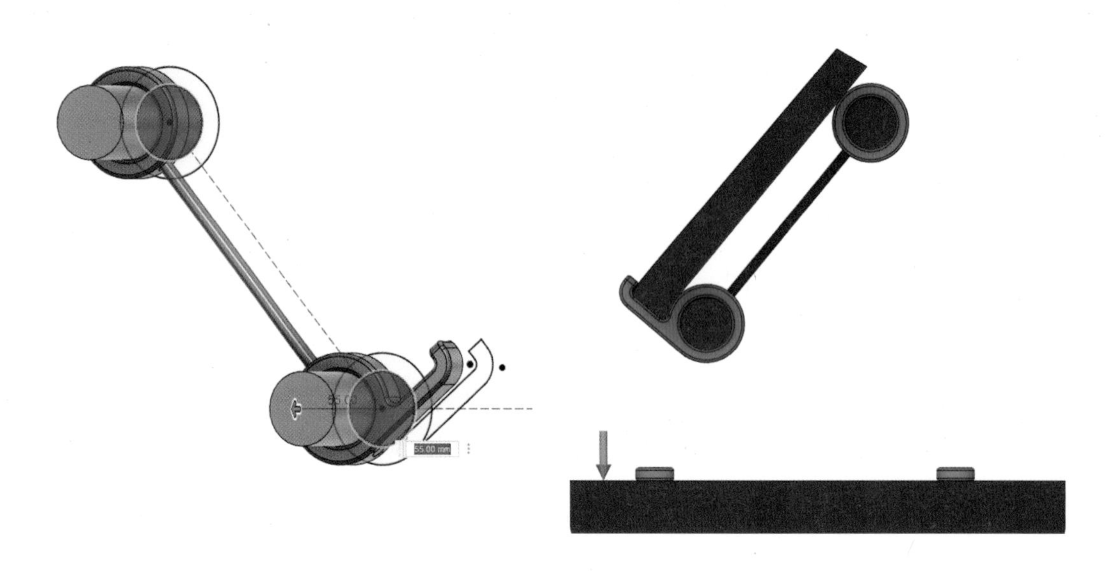

37 제너레이티브 디자인 실행

첫 번째 예제와 동일하게 두 개의 받침대 객체 바닥 면에 구속조건을 적용하고 학습과 하중을 복제하면서 제너레이티브 디자인을 생성합니다.

38 결과물 확인

결과물이 생성되었습니다. 다양한 결과물 중 디자이너는 원하는 조형을 선택하면 됩니다. 여러 결과물 중 조형에 의미가 있다고 생각되는 몇 가지 시안을 선택할 수 있습니다.

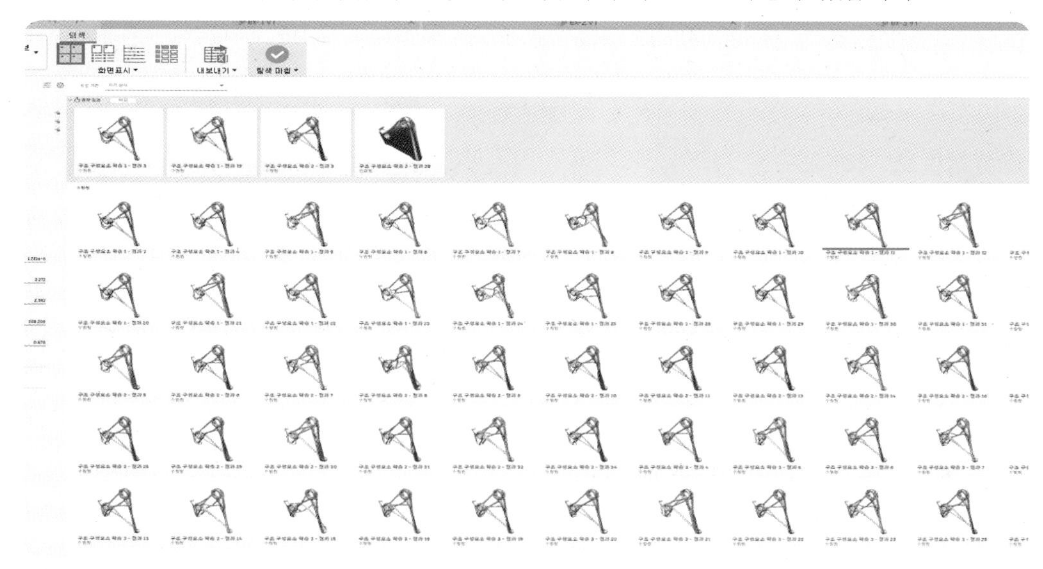

39 결과물 내보내기

생성된 결과물 중 마음에 드는 결과물을 내보내기 하였습니다.

결과물은 원점 구성평면을 기준으로 미러시켰으며, 목봉 객체를 생성하였고 그림과 같이 최종 결과물을 확인할 수 있습니다.

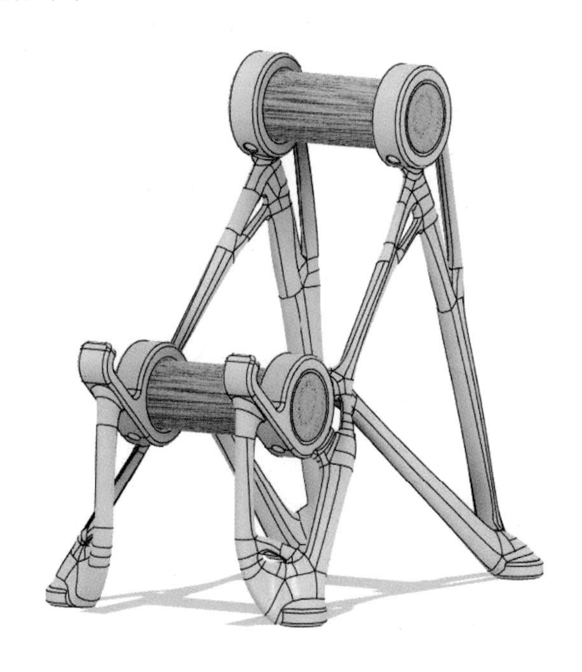

완성된 디자인의 제너레이티브 디자인 '핸드폰 거치대'입니다.

여러 개로 떨어진 객체는 주어진 하중조건 내에서 제너레이티브 디자인으로 보다 안정적인 구조로 연결할 수 있습니다.

모든 것을 제너레이티브 디자인 안에서 해결할 필요는 없습니다. 그러나 사용자의 아이디어가 더해 진다면, 주어진 요구조건을 만족시키며, 좀 더 새롭고 재미있는 다양한 형태의 제품을 만들어 낼 수도 있습니다.

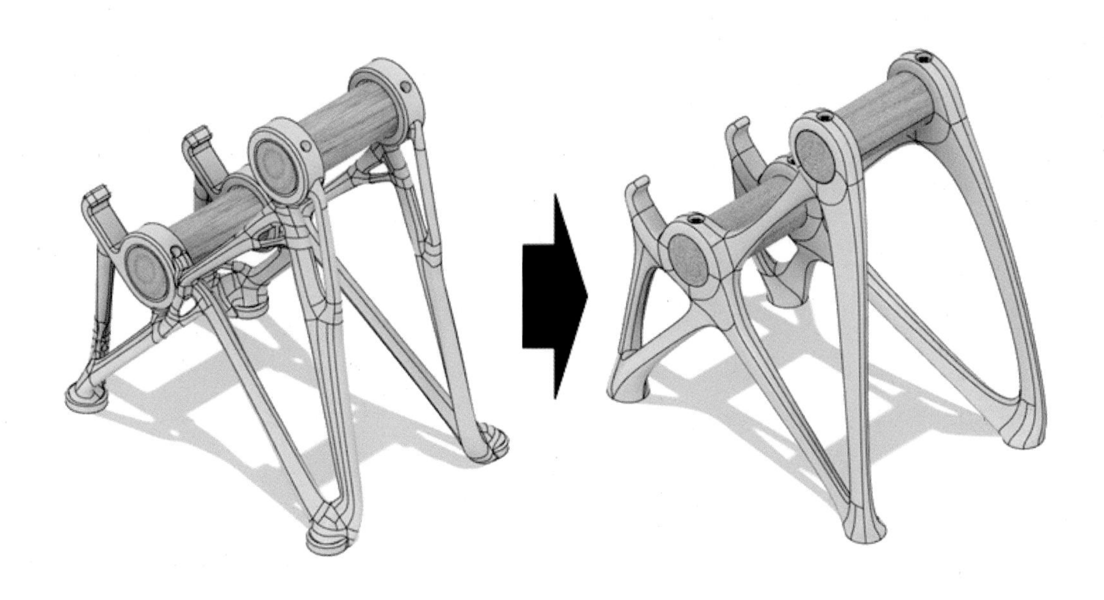

제너레이티브 디자인의 결과물은 그대로 사용할 필요가 없습니다.

사용자(디자이너, 엔지니어 등)는 디자인 콘셉트 및 개발 방향에 맞춰 얼마든지 수정하여 디자인을 제안할 수 있습니다.

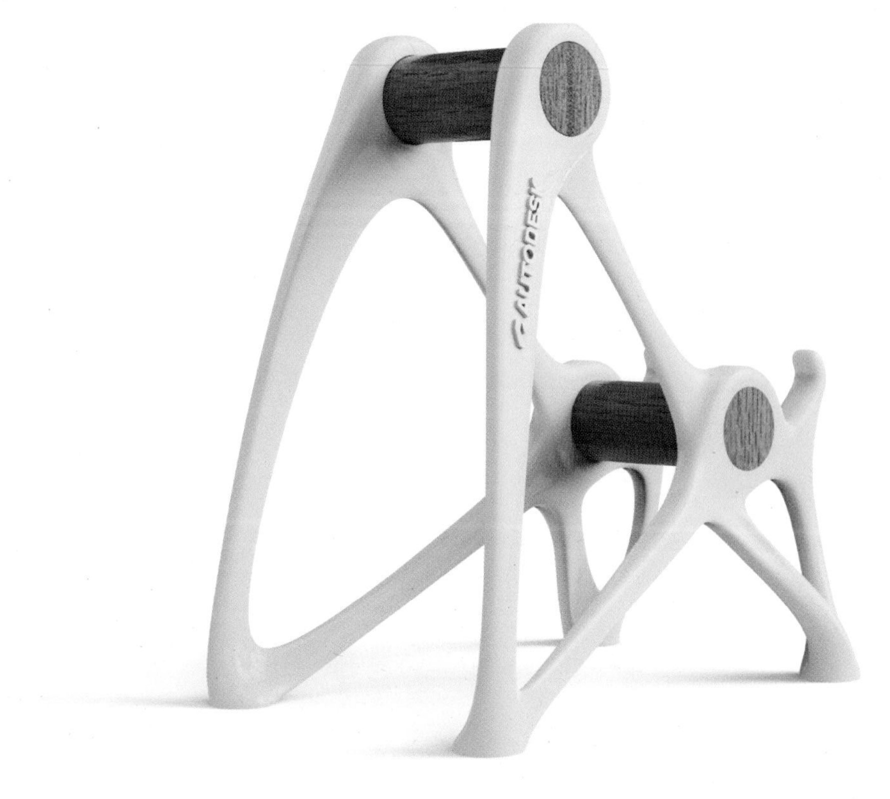

06 제너레이티브 디자인 보틀 디스펜서 만들기

A. 기본 도형을 이용한 보틀 디스펜서 만들기 이해

1 Cylinder + Cylinder*(or Box)*

두 개의 원기둥 사이에 여러 추가 객체를 배치하여 객체와 객체가 서로 연결되는 구조를 생성할 수 있습니다.

▶ 단일 하중

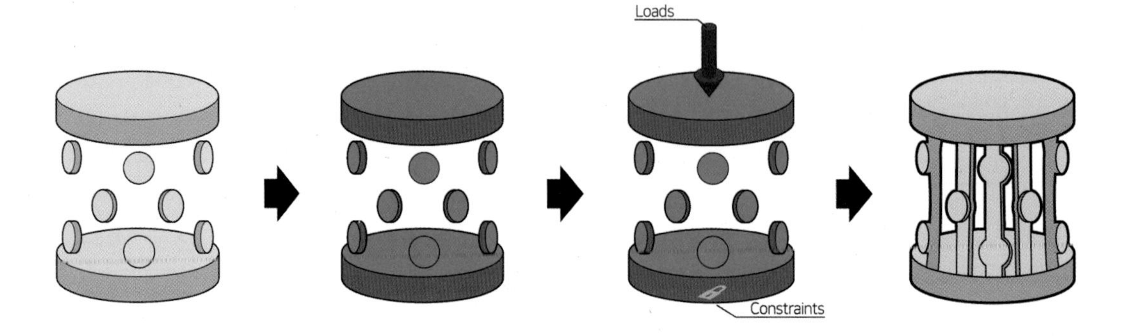

2 Cylinder + Cylinder*(or Box)*

두 개의 원기둥 사이에 여러 추가 객체를 배치하여 객체와 객체가 서로 연결되는 구조를 생성할 수 있습니다. 디자인 의도에 따라 장애물형상과 객체의 하중을 서로 다른 방향으로 적용함으로써 더욱 복잡한 구조를 생성할 수 있습니다.

▶ 다중 하중+장애물형상

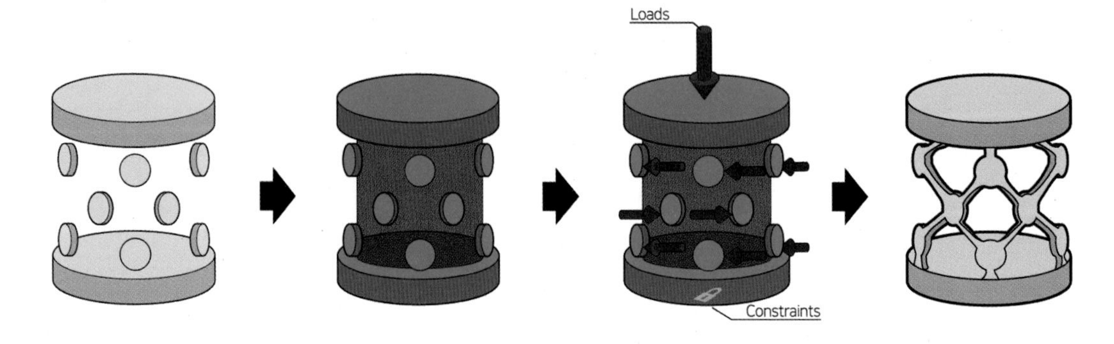

3 Cylinder + Cylinder*(or Box)*

두 개의 원기둥 사이에 여러 추가 객체를 배치하여 객체와 객체가 서로 연결되는 구조를 생성할 수 있습니다. 디자인 의도에 따라 장애물형상과 객체의 하중을 서로 다른 방향으로 적용함으로써 더욱 복잡한 구조를 생성할 수 있습니다.

▶ 다중 하중+장애물형상

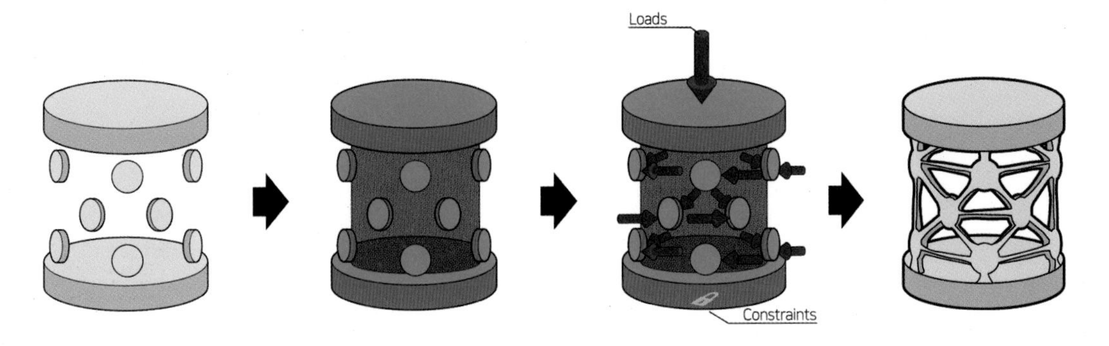

B. 제너레이티브 디자인을 활용하여 보틀 디스펜서 만들기

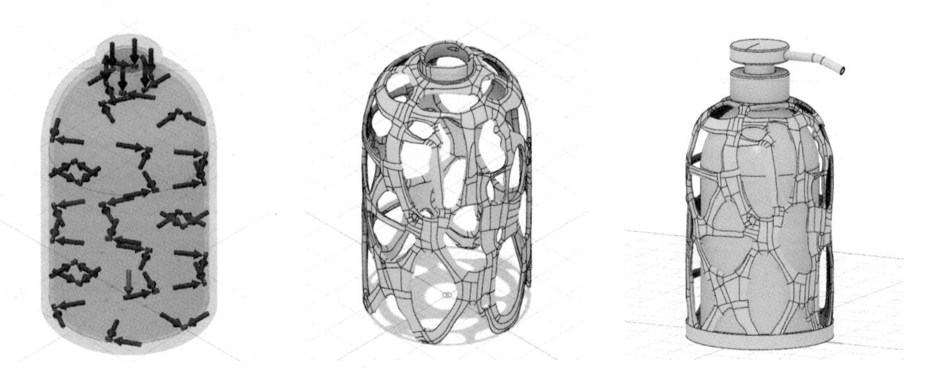

▲ 여러 조각의 유지형상과 다중 하중조건으로 생성된 보틀 디스펜서 결과물

제너레이티브 디자인을 설계목적으로 활용한다면 제품이나 부품에 필요한 유지형상과 설계목표에 부합하는 조건만을 그대로 적용하여 가장 효율적인 결과물을 생성할 수 있습니다.

만약 좀 더 독특하고 다양한 구조의 결과물을 원하는 경우, 앞서 진행된 예제처럼 목표하중, 소재, 제조/양산 조건 안에서 하중조건과 장애물 조건을 추가하여 다양한 조형과 구조로 결과물을 생성할 수 있으며, 디자인 의도에 따라서 유지형상 객체를 추가하여 더욱 다양한 구조를 생성할 수 있습니다.

이번 예제에서는 하중조건과 장애물 조건을 활용하면서 유지형상의 영역을 쪼개거나 여러 개의 유지형상을 추가하여 각각의 유지형상이 연결되는 구조로 결과물을 생성하는 방법을 진행해보도록 하겠습니다.

<제너레이티브 디자인 꽃병(좌), 제너레이티브 디자인 조명(중), 제너레이티브 디자인 보틀 디스펜서를 응용한 꽃병(우)>

▲ 유지형상을 쪼개거나 추가해서 생성해낸 제너레이티브 디자인 결과물

미리보기

본 예제를 통해 제작해보게 될 제너레이티브 디자인을 이용한 보틀 디스펜서 입니다.

추가 객체 없이 보틀 상단부에서 하단부로 제너레이티브 디자인을 생성하게 되면 매우 단조로운 형상이 생성될 수 있지만, 보틀 중간 중간 추가 객체*(유지형상)*와 하중조건을 부여함으로써 추가된 유지형상과 하중조건을 만족시킬 수 있는 구조로 결과물이 생성될 수 있습니다.

1 퓨전 360 실행

보틀 디스펜서 예제의 유지형상 모델링을 위해서 퓨전 360을 실행시킵니다.

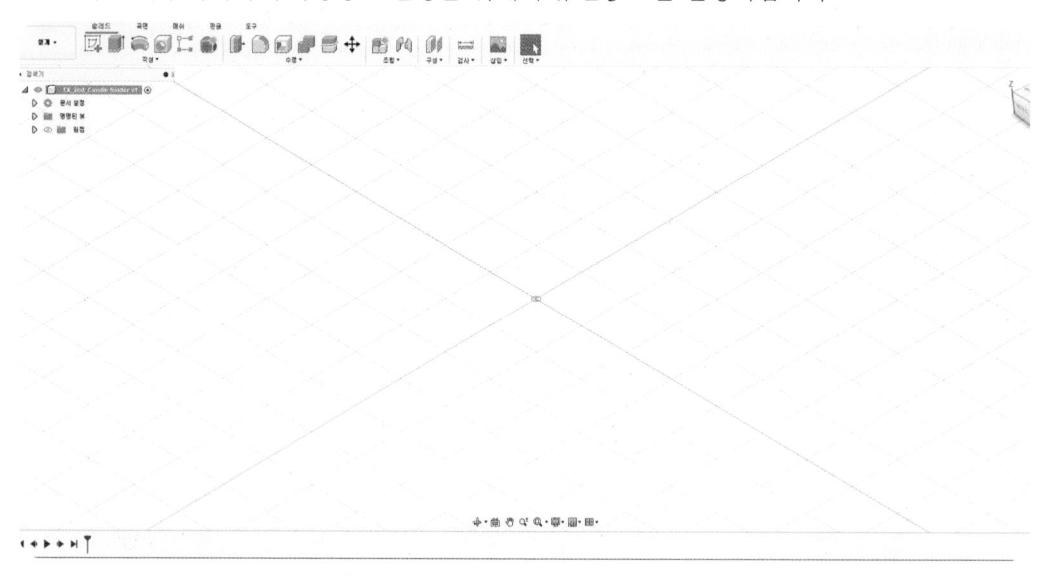

2 보틀 형상 스케치-1

보틀 형상을 만들어 주기 위해 정면도(또는 측면도)에서 스케치를 진행합니다.

원점으로부터 좌측으로 50mm 길이의 직선을 그려주고 이어서 110mm 높이의 직선을 그려줍니다.

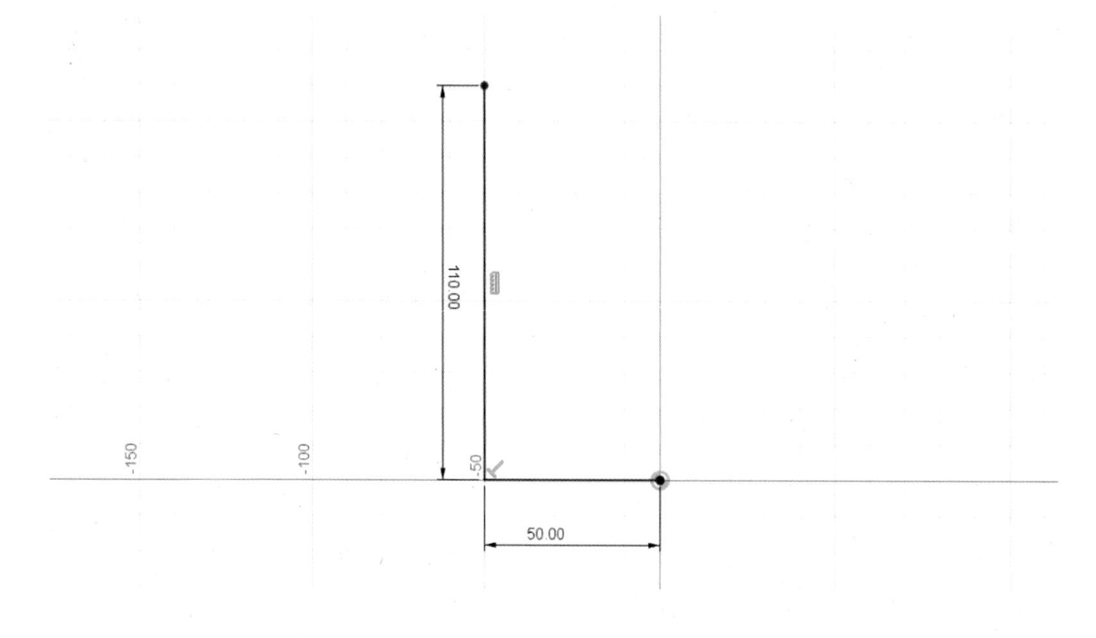

3 보틀 형상 스케치-2

원점으로부터 175mm 위쪽에서 좌측으로 16mm의 직선을 그려주고 이어서 하단으로 15mm 길이의 직선을 그려줍니다. 그리고 스플라인을 이용하여 위쪽과 아래쪽의 폴리라인의 끝 점을 연결하는 곡선을 그려 보틀의 형상을 만들어줍니다.

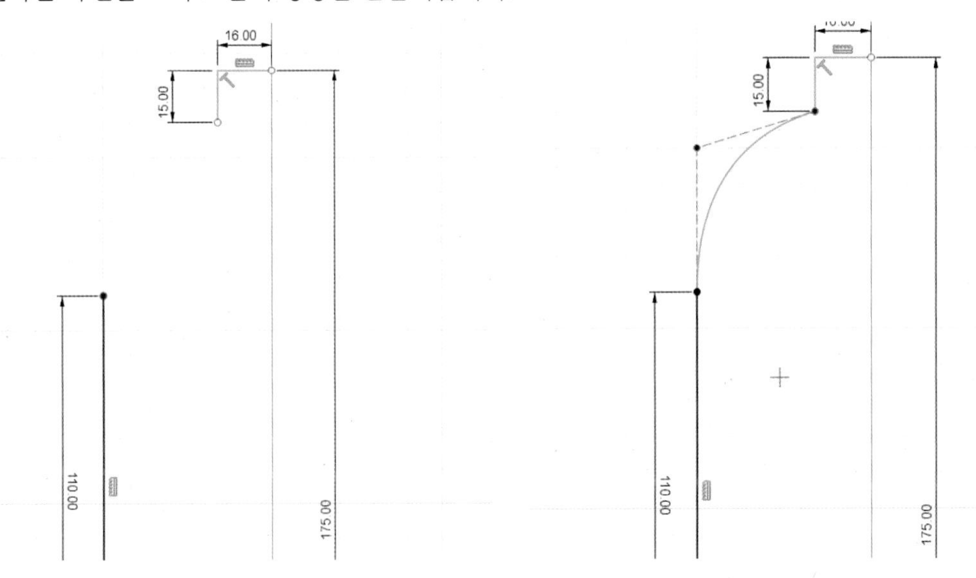

4 보틀 형상 스케치-3

간격띄우기의 체인 선택을 해제한 뒤 그림과 같이 보틀의 측면 라인에 해당되는 선을 선택하여 안쪽으로 3mm 간격띄우기 합니다.

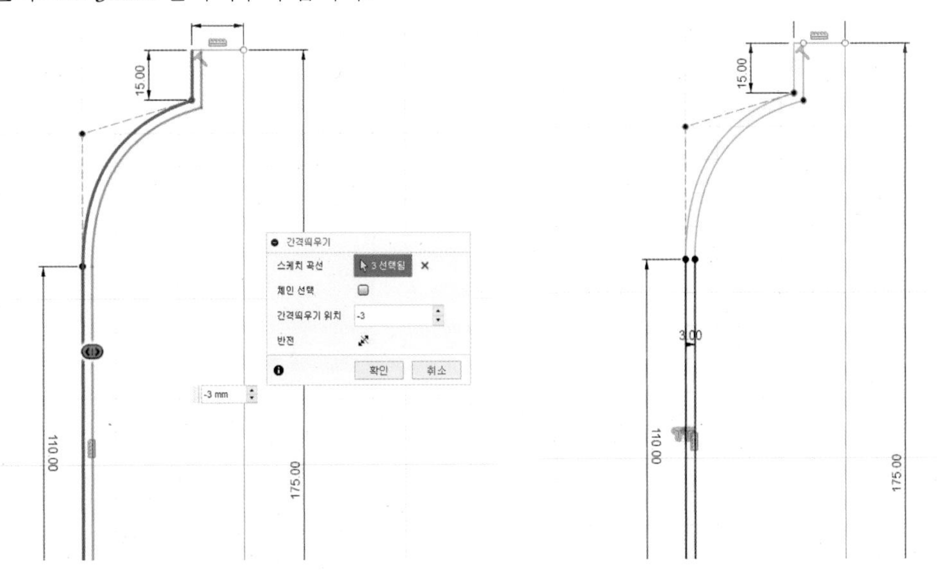

5 보틀 형상 스케치-4

안쪽으로 간격띄우기 전에 그려줬던 보틀 형상의 라인을 모두 선택하여 바깥쪽으로 5mm 정도 간격띄우기합니다. 이어서 바깥쪽으로 간격띄우기 한 폴리라인의 상/하단의 끝점을 연결하여 닫힌 스케치 형상으로 만들어줍니다.

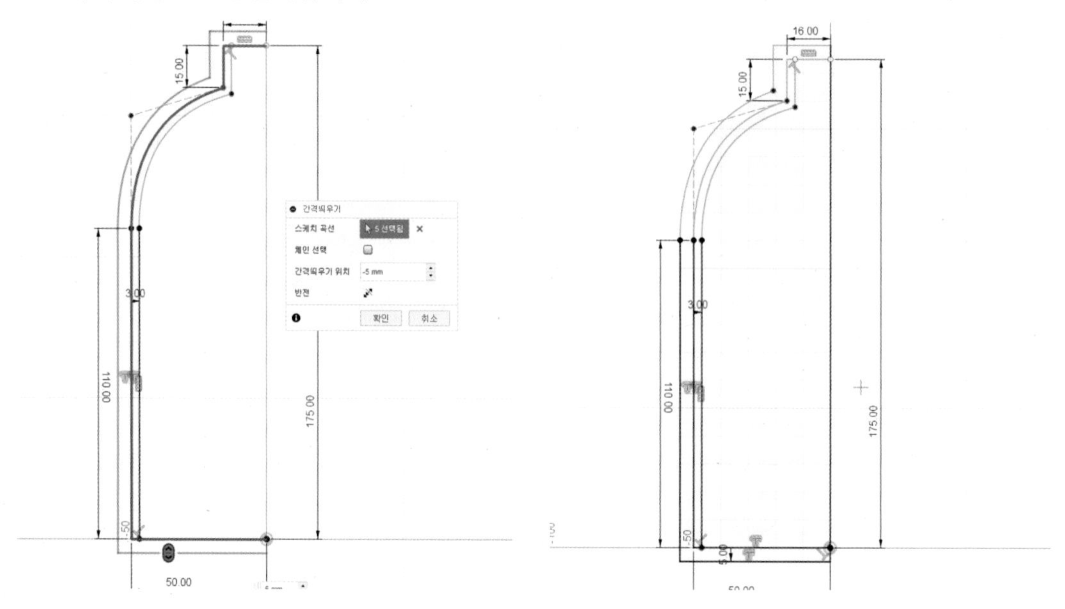

6 보틀 장애물형상 생성-1

앞에서 그려준 스케치에서 안쪽으로 3mm 간격띄우기하면서 생성된 프로파일*(붉은색 영역)*을 회전시켜 보틀 내부의 장애물형상 객체를 생성합니다.

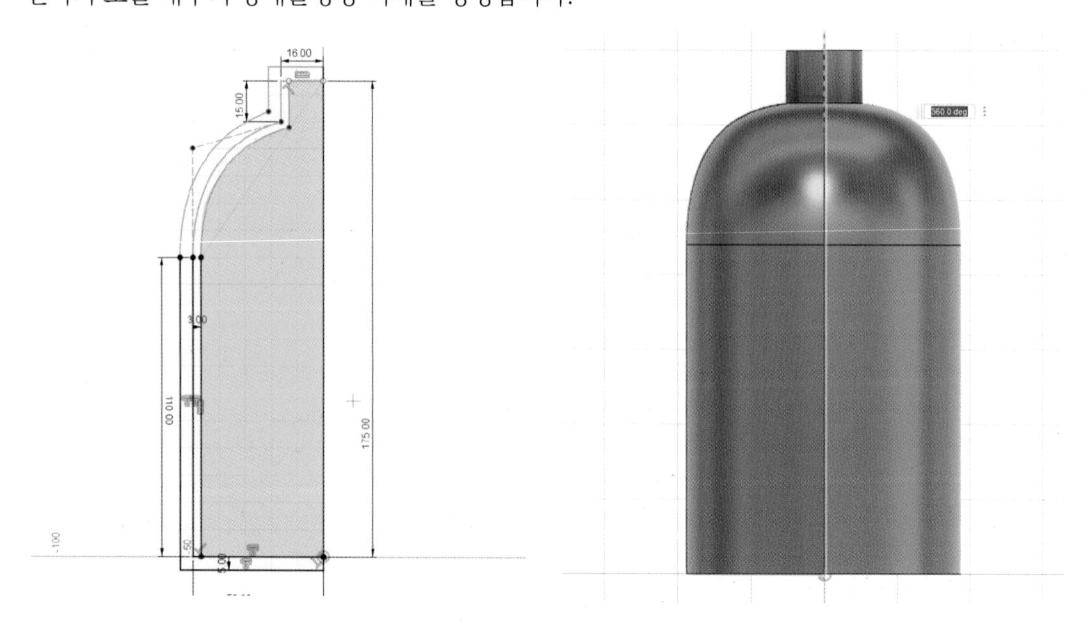

7 보틀 형상 생성*(디자인형상)*

처음 기준이 되었던 보틀 형상 스케치와 안쪽으로 3mm 간격띄우기 한 스케치 사이의 프로파일 *(붉은색 영역)*을 회전시켜 내부가 비어 있는 보틀 모양의 디자인형상을 만들어 줍니다.

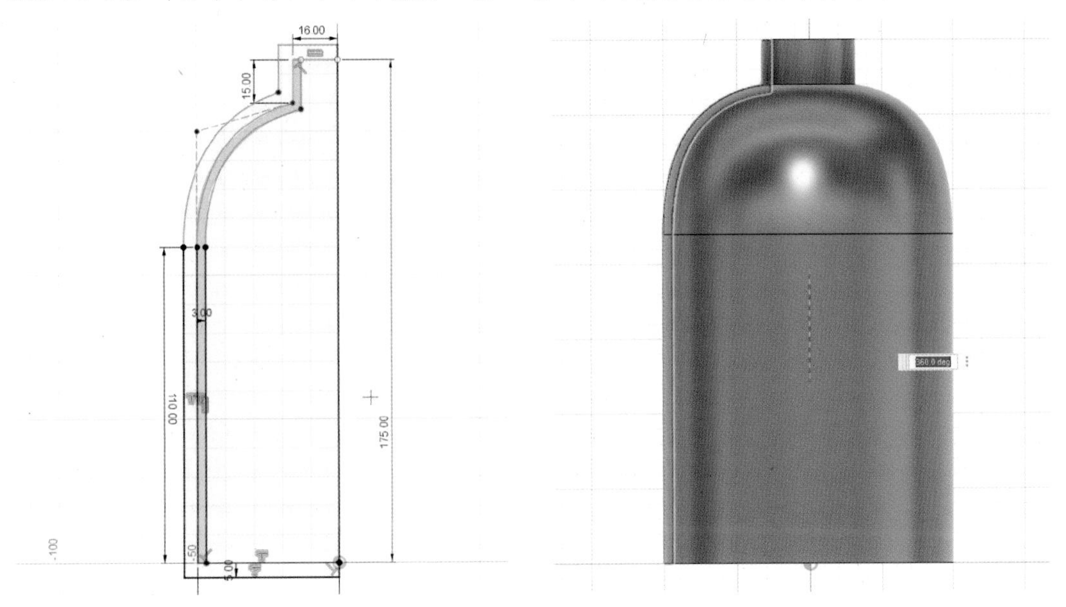

8 보틀 장애물형상 생성-2

바깥으로 5mm 간격띄우기하면서 생성된 프로파일*(붉은색 영역)*을 회전시켜 보틀 외부의 장애물 형상 객체를 생성합니다.

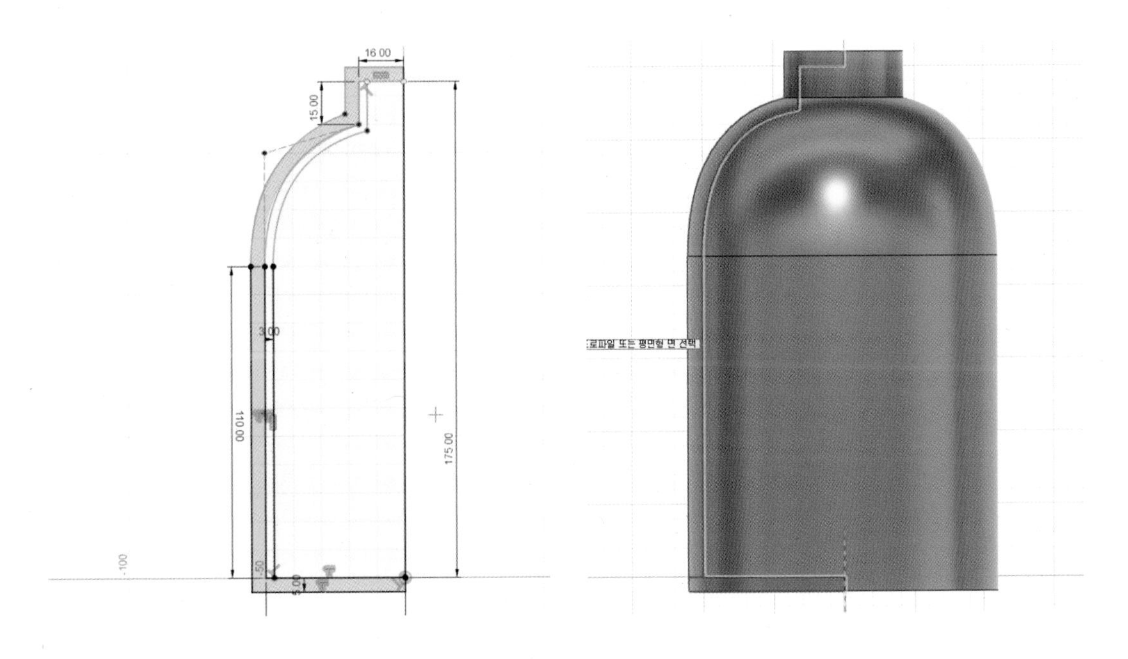

9 형상 확인

외부 장애물형상, 디자인형상, 내부 장애물형상의 3개의 솔리드 객체를 생성하였습니다.

단면 분석을 통해 생성된 객체를 확인합니다. 가운데 디자인형상은 장애물형상과 겹쳐있으면 안되므로 겹친 부분이 확인되면 히스토리에서 회전명령에 적용한 스케치(프로파일)를 다시한번 확인하여 줍니다.

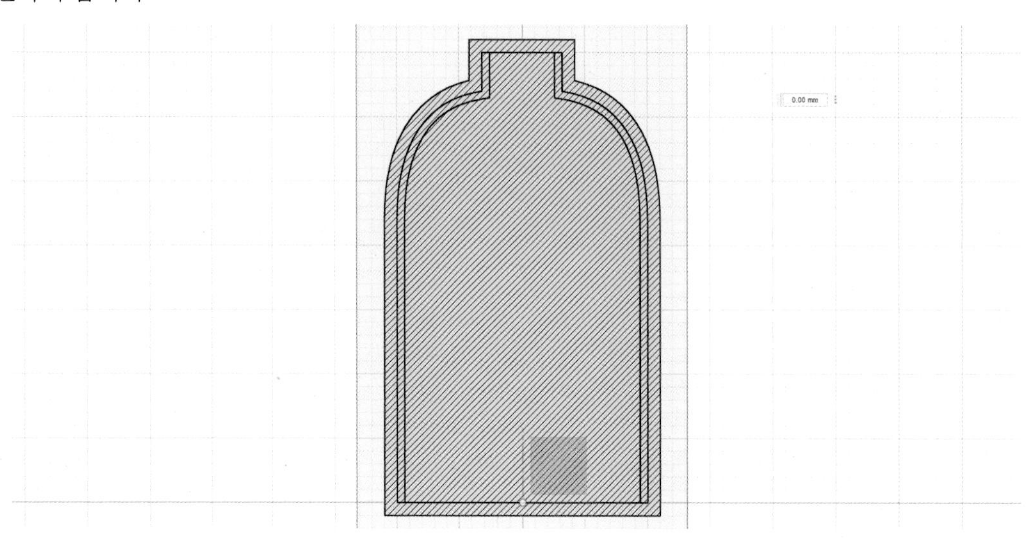

10 평면 간격 띄우기-1

유지형상을 생성하기 위한 스케치 면을 만들어줍니다. 보틀의 장애물형상 위쪽 면에서 아래로 15mm 떨어진 평면 간격띄우기로 구성평면을 생성합니다.

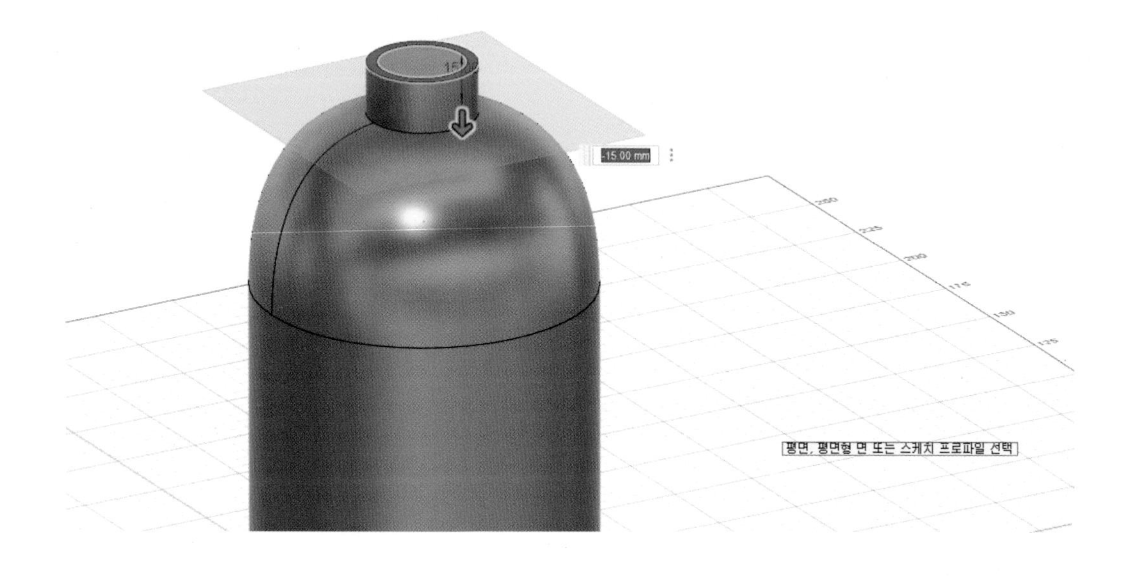

11 유지형상 생성-1

앞에서 생성한 구성평면을 스케치면으로 하여 아래 그림과 같이 원점에서 14.5mm 떨어진 지점을 중심으로 하는 2mm × 4mm의 직사각형을 그려줍니다.

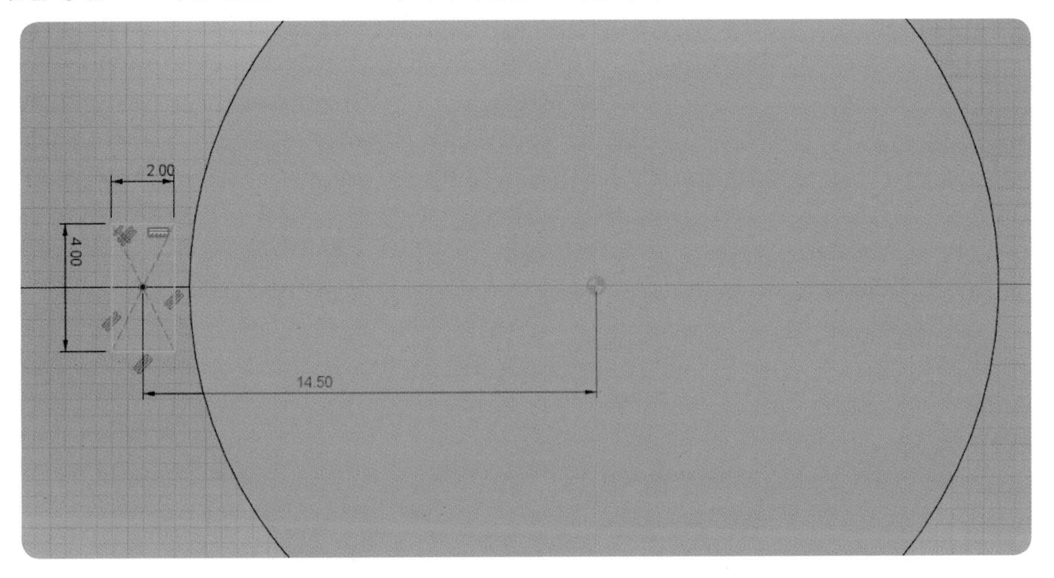

12 유지형상 생성-2

스케치를 종료 후 직사각형의 스케치를 2mm 높이로 돌출합니다.
이어서 돌출된 직사각형 박스 객체를 원형 패턴으로 6개를 배열합니다.

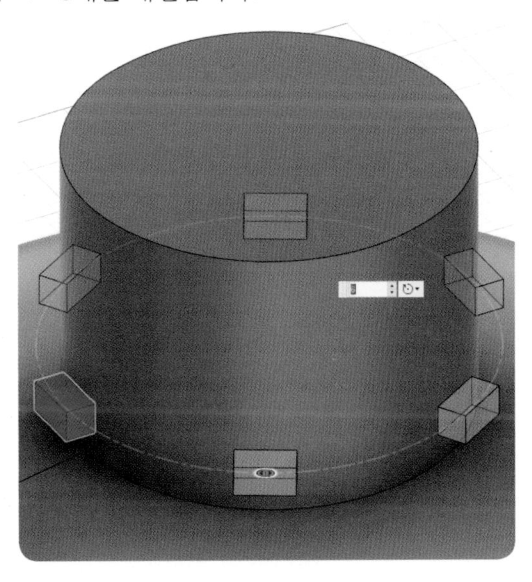

13 평면 간격 띄우기-2

유지형상을 생성하기 위한 스케치 면을 만들어줍니다.

원점에서부터 위로 110mm 떨어진 평면 간격띄우기로 구성평면을 생성합니다.

14 유지형상 생성-3

앞에서 생성한 구성평면을 스케치면으로 하여 아래 그림과 같이 원점에서 48.5mm 떨어진 지점을 중심으로 하는 2mm × 4mm의 직사각형을 그려줍니다.

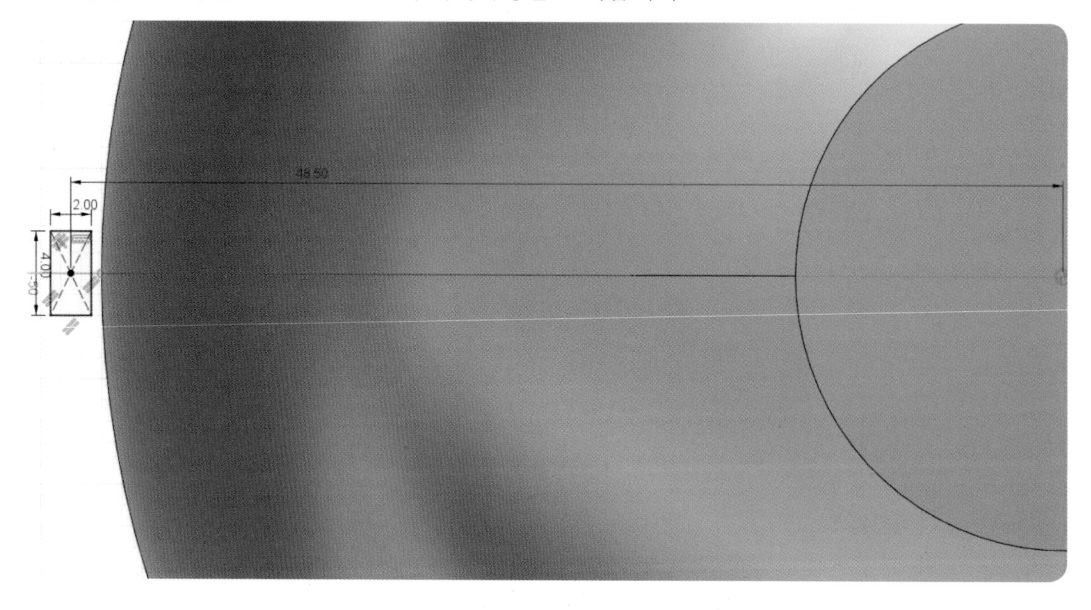

15 유지형상 생성-4

스케치를 종료 후 직사각형의 스케치를 2mm 높이로 돌출합니다.
이어서 돌출된 직사각형 박스 객체를 원형 패턴으로 6개를 배열합니다.

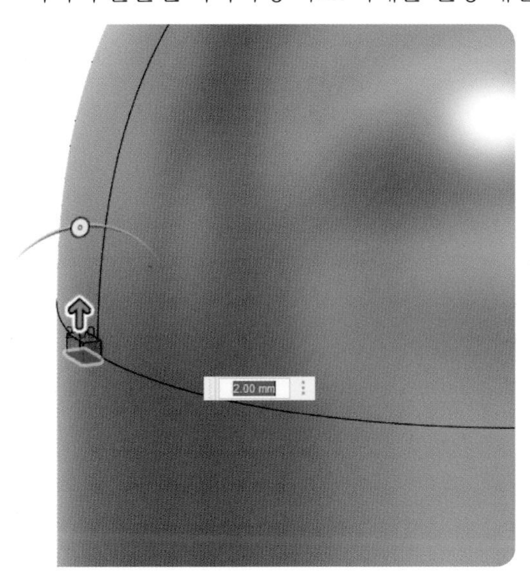

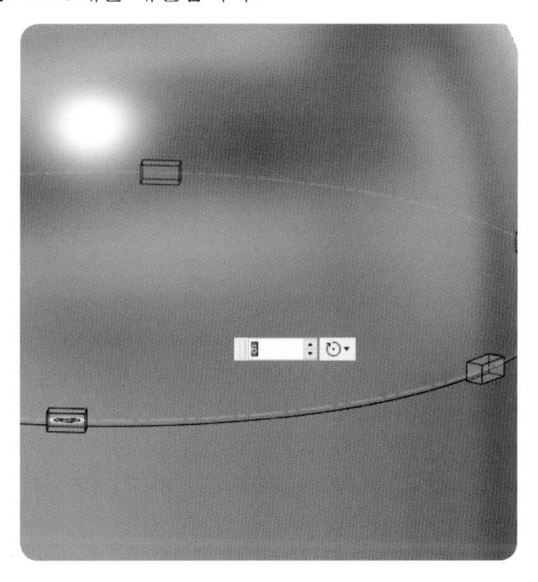

16 유지형상 생성-5

앞에서 원형 배열한 객체들을 아래로 4열로 사본복사합니다.
유지형상이 동일 선상으로 배치되면 제너레이티브 디자인이 수직으로 단순하게 생성될 수 있기 때문에 사본복사 된 각 열의 유지형상은 서로 엇갈리게 배치하여줍니다.

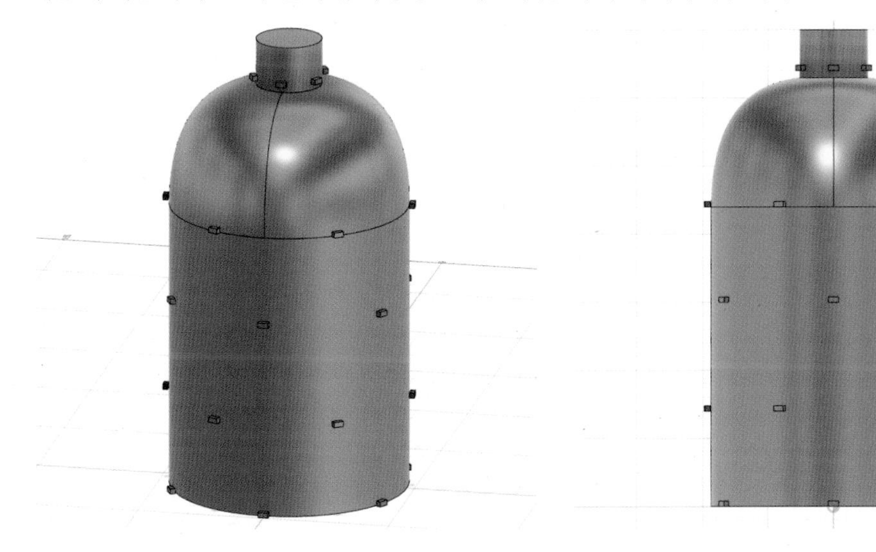

17 제너레이티브 디자인 모드 전환

퓨전 360 메뉴 좌측 상단에 워크 스페이스 모드를 Design에서 Generative Design으로 변경하여줍니다. 상단의 메뉴가 Generative Design의 기능으로 변경됩니다.

기본적으로 Study1부터 자동적용되어 Generative Design Study를 진행할 수 있습니다.

18 장애물형상 지정-1

설계에서 생성한 3개의 객체 중 가장 바깥 객체를 장애물형상으로 지정합니다.

해당 장애물형상 객체는 제너레이티브 디자인 생성 시 바깥쪽으로 결과물이 생성되는 것을 막아줍니다.

19 디자인 영역 지정

앞에서 지정한 장애물형상 객체를 잠시 숨겨줍니다. 이어서 설계에서 생성한 3개의 객체 중 가운데 객체를 디자인 영역으로 지정합니다. 디자인 영역이 별도로 지정되지 않아도 제너레이티브 디자인 생성에는 문제가 없지만 예제에서는 보틀 형상 객체를 디자인 영역으로 지정하여 제너레이티브 디자인이 시작되도록 하였습니다.

20 장애물형상 지정-2

디자인 영역으로 지정된 객체를 숨겨준 뒤 보틀 객체의 가장 안쪽 객체를 장애물형상으로 지정합니다. 해당 장애물형상 객체는 제너레이티브 디자인 생성 시 안쪽으로 결과물이 생성되는 것을 막아줍니다.

21 유지형상 지정

나머지 원형 패턴으로 생성된 객체들을 유지형상으로 지정합니다. 제너레이티브 디자인 생성 시 디자인 영역을 시작으로 하여 아래 유지형상을 연결시키는 구조로 제너레이티브 디자인이 생성됩니다.

※ 디자인 영역은 유지형상과 겹친 상태여야 제너레이티브 디자인이 문제 없이 실행될 수 있습니다. 예제에서는 디자인 영역 안에 유지형상이 완전히 겹친 상태이기 때문에 문제 없이 제너레이티브 디자인이 생성될 수 있습니다.

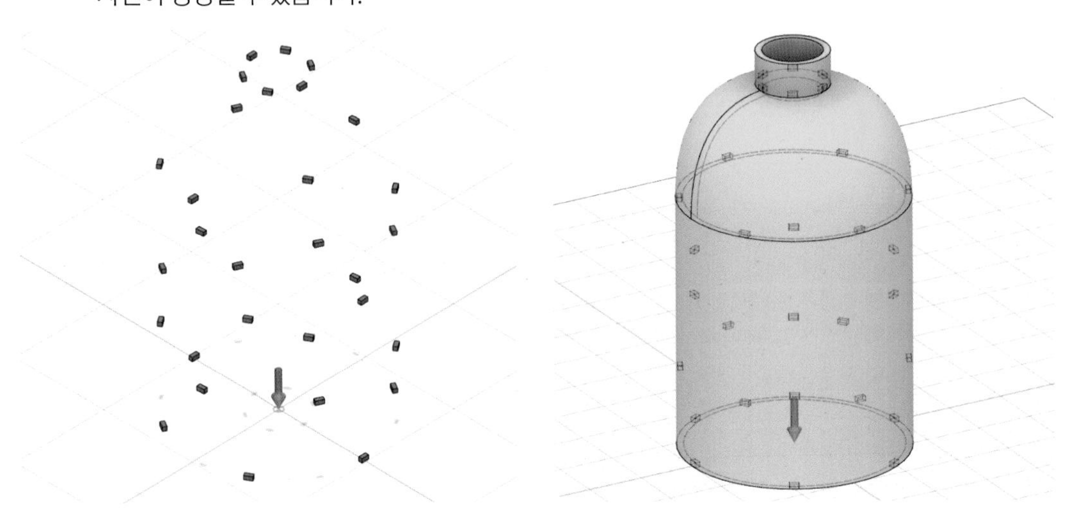

22 구속조건 적용

Structural Constraints 기능으로 유지형상에서 고정되어야 할 지점을 선택하여 줍니다. 원형 패턴 된 가장 아래 객체의 바닥 면을 구속조건으로 적용하였습니다.

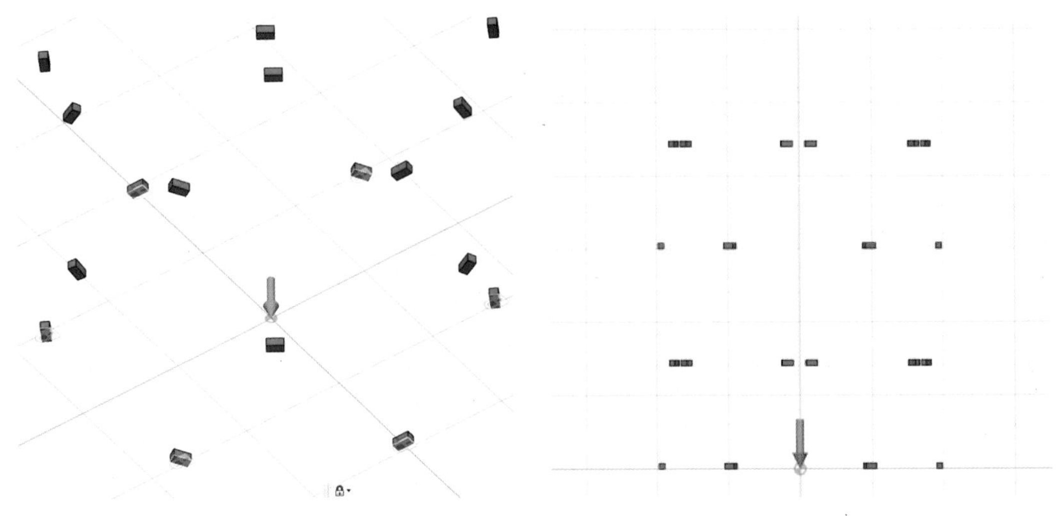

23 제조 방식 설정

결과물을 생성하는데 사용될 제조방식을 설정합니다.
결과물의 다양성을 위해 모든 방향에서 적층생성 될 수 있도록 옵션을 설정하였습니다.

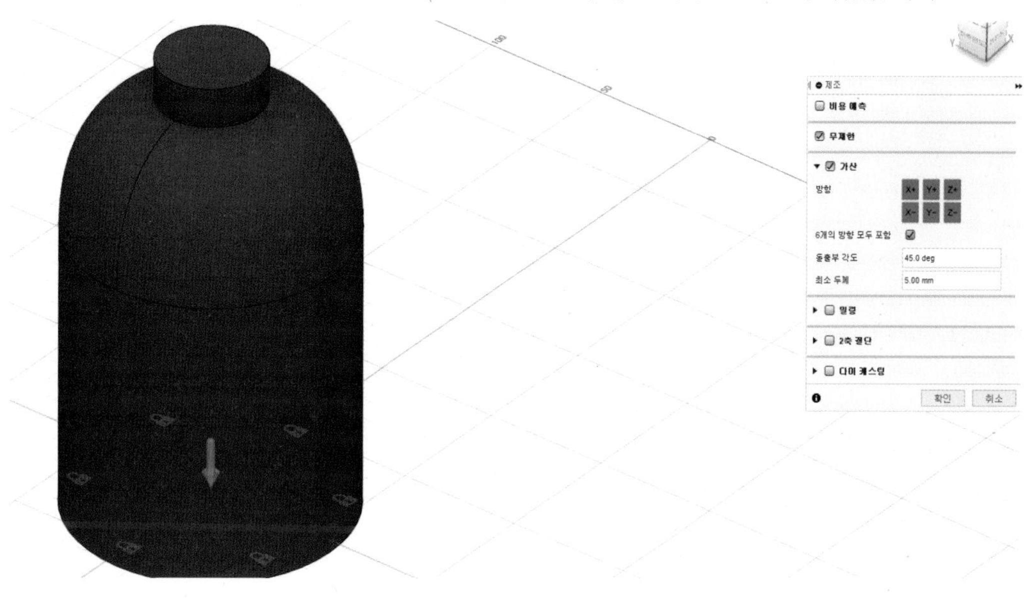

24 소재 적용

소재는 퓨전 360에서 제공하는 플라스틱 적층 소재와 금속 적층 소재 일부를 선택하였습니다.

25 하중조건 1 적용

Study1 하중조건 1은 유지형상 가장 상단열 6개 객체의 윗부분에서 아래로 향하는 하중조건을 적용합니다. 하중은 약 50N(약 5kg)으로 적용하였습니다.

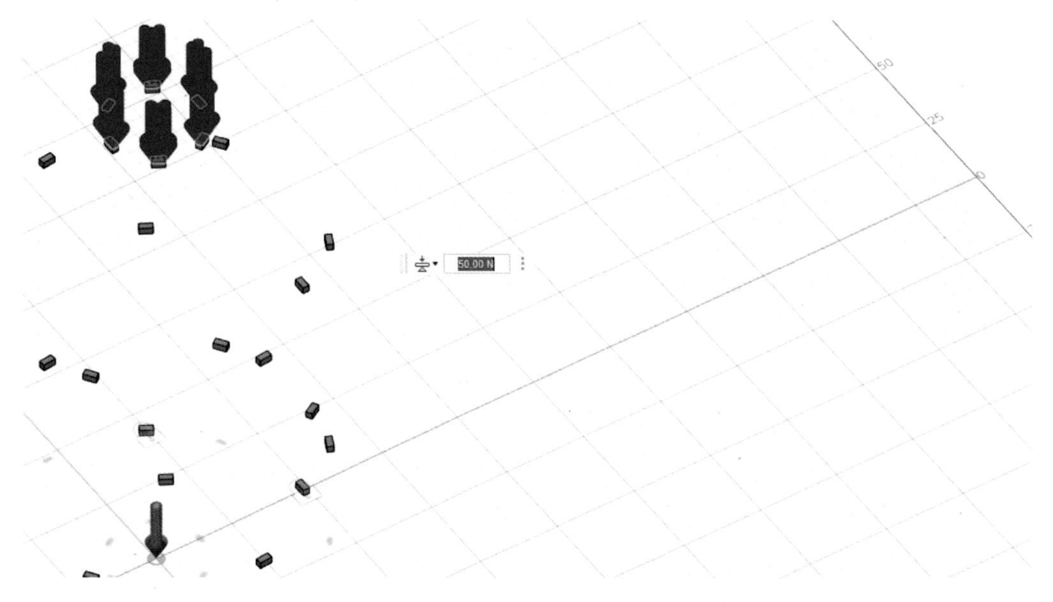

26 하중조건 2 적용

하중조건 1을 복제하여 하중조건 2를 적용합니다.

하중조건 1에서 복제된 하중을 삭제한 뒤, 첫 번째 열의 유지형상 각 객체의 측면에 시계방향으로 하중을 적용합니다. 하중은 약 50N(약 5kg)으로 적용하였습니다.

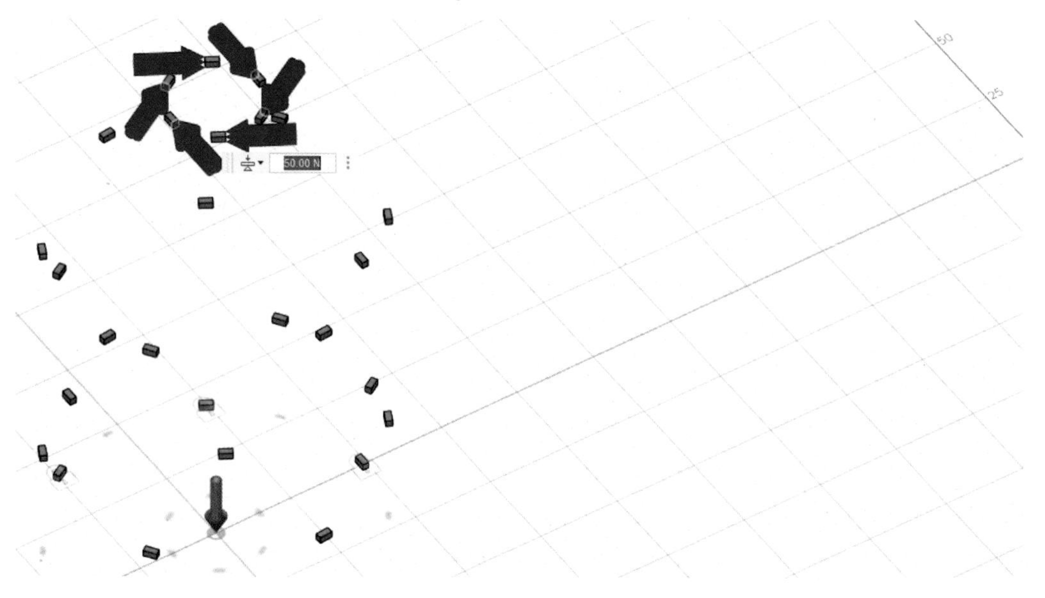

27 하중조건 3 적용

같은 방법으로 하중조건을 적용합니다.

하중조건 3은 두 번째 열의 유지형상 객체의 측면에서 시계 반대 방향으로 하중조건을 적용합니다. 하중은 약 50N(약 5kg)으로 적용하였습니다.

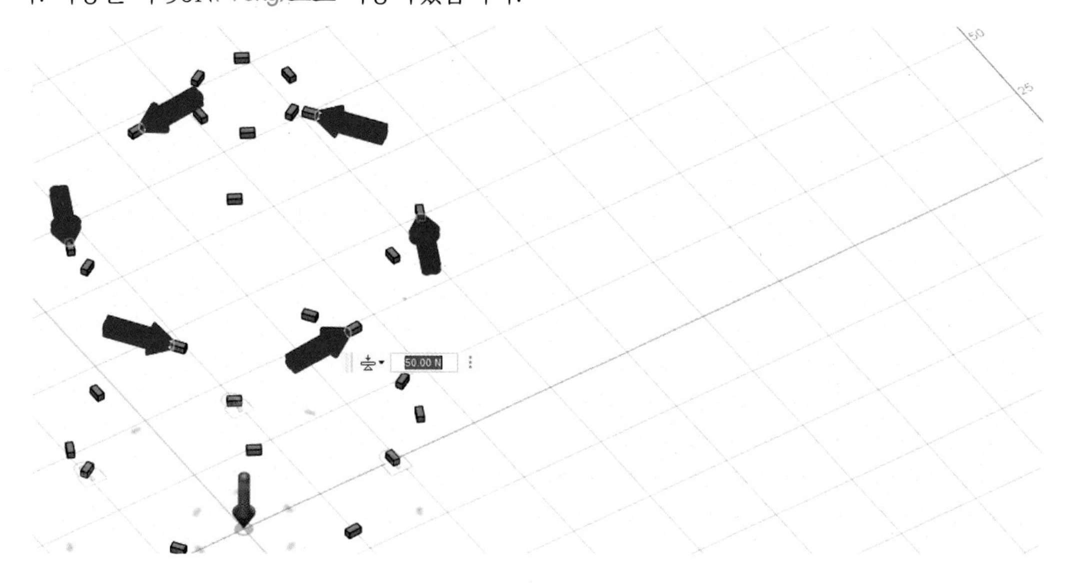

28 하중조건 4 적용

같은 방법으로 하중조건을 적용합니다.

하중조건 4은 세 번째 열의 유지형상 객체의 측면에서 시계 방향으로 하중조건을 적용합니다.

하중은 약 50N(약 5kg)으로 적용하였습니다.

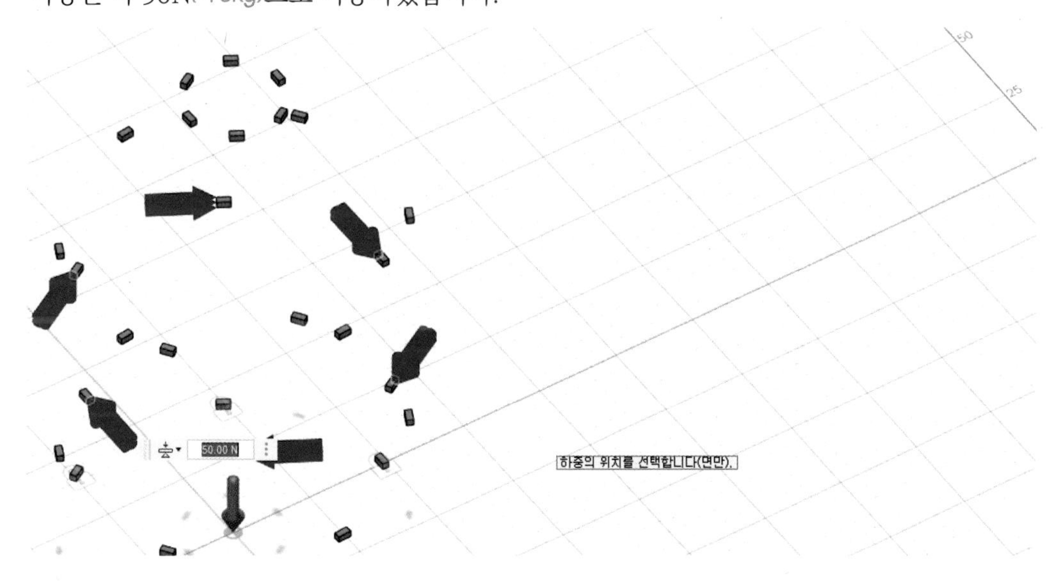

29 하중조건 5 적용

같은 방법으로 하중조건을 적용합니다.

하중조건 5은 네 번째 열의 유지형상 객체의 측면에서 시계 반대 방향으로 하중조건을 적용합니다. 하중은 약 50N(약 5kg)으로 적용하였습니다.

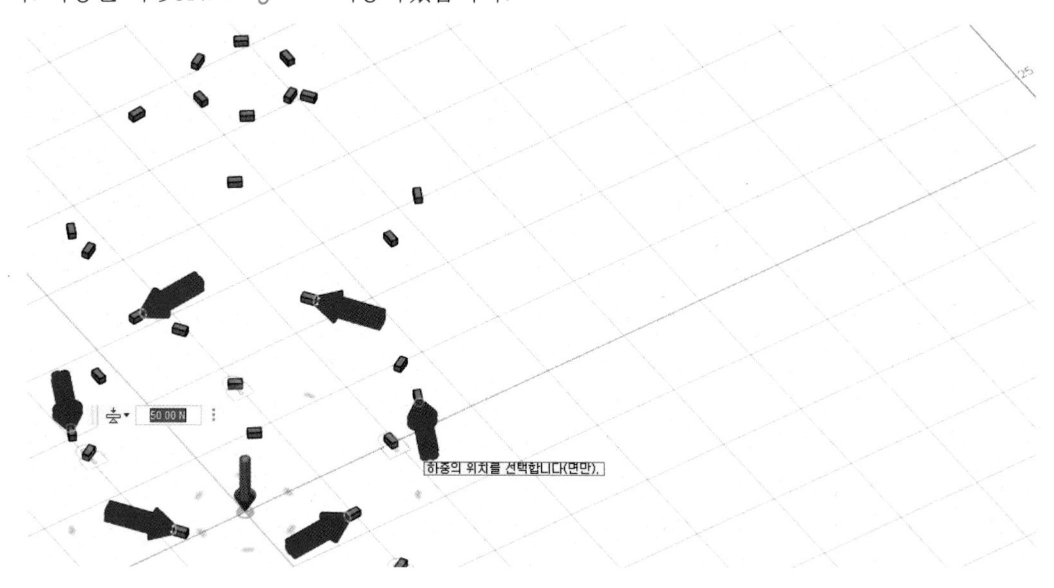

30 하중조건 6 적용

같은 방법으로 하중조건을 적용합니다.

하중조건 6은 다섯 번째(가장 아래) 열의 유지형상 객체의 측면에서 시계 방향으로 하중조건을 적용합니다. 하중은 약 50N(약 5kg)으로 적용하였습니다.

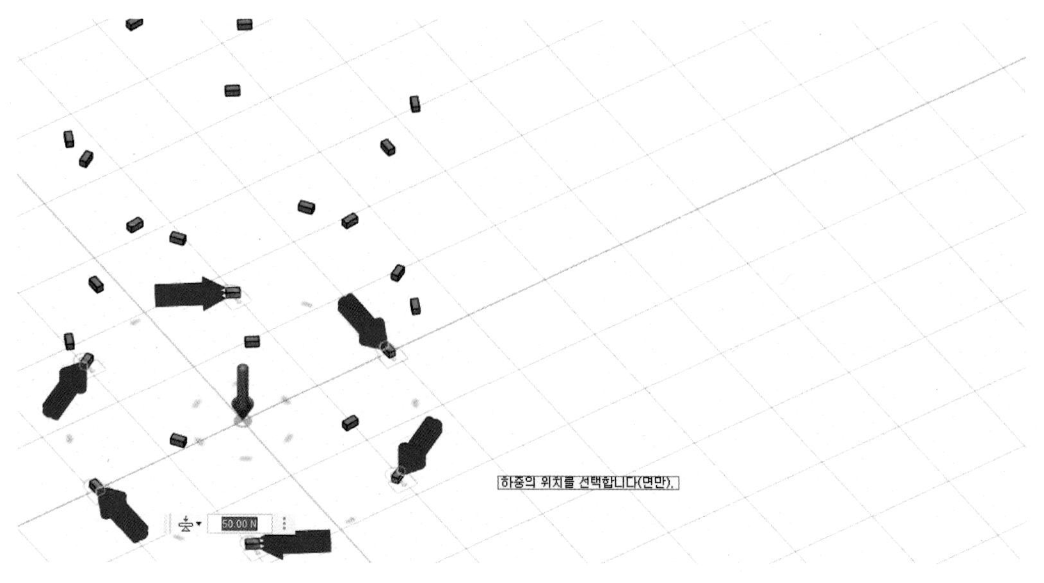

31 학습복제 및 하중조건 7 추가

학습(Study) 1을 복제하여 학습(Study) 2를 생성해줍니다.

학습(Study) 2의 하중조건 6을 복제한 뒤, 유지형상 안쪽에서 바깥쪽으로 퍼지는 형태로 하중조건 7을 적용합니다. 하중은 약 30N(약 3kg)으로 적용하였습니다.

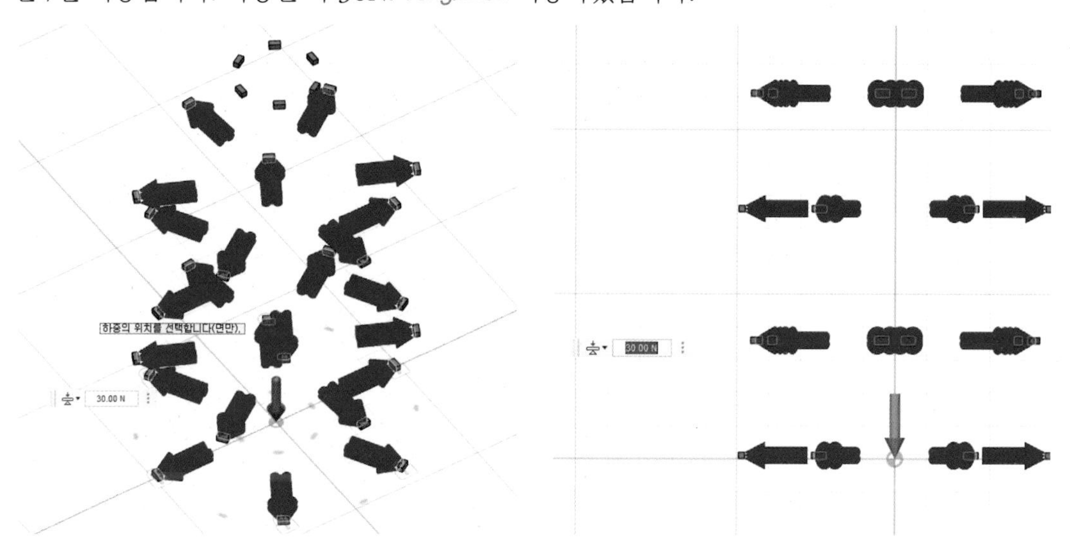

32 학습복제 및 하중조건 8 추가

학습(Study) 2를 복제하여 학습(Study) 3을 생성해줍니다.

학습(Study) 2의 하중조건 7을 복제한 뒤, 첫 번째 열의 유지형상 아래쪽에서 위쪽으로 향하는 하중조건 8을 적용합니다. 하중은 약 50N(약 5kg)으로 적용하였습니다.

※ 이 외에도 하중조건 및 유지형상을 추가/수정하여 결과물을 생성할 수 있습니다. 그러나, 너무 복잡한 유지형상은 결과물 생성에 실패할 수도 있습니다.

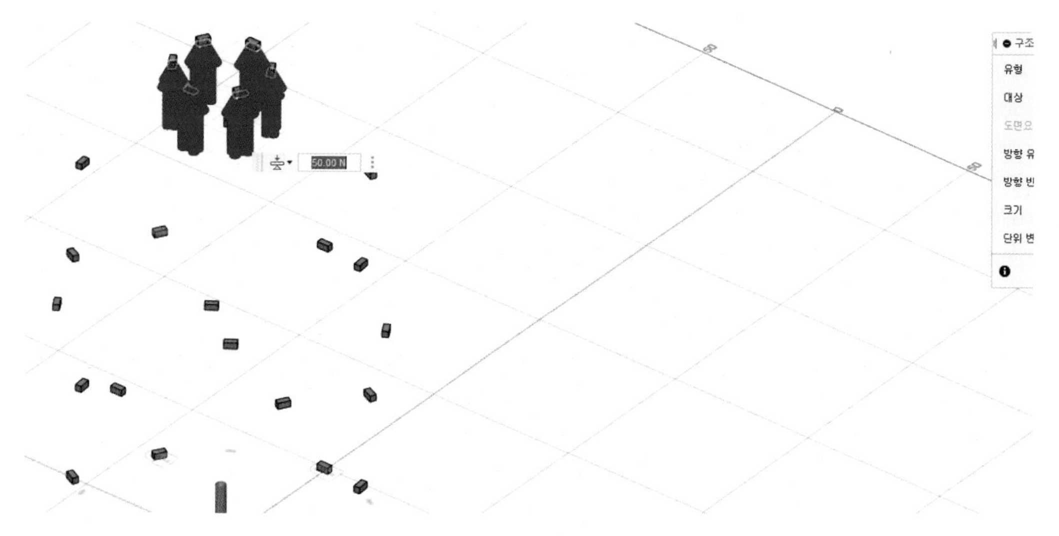

33 제너레이티브 디자인 실행

모든 Study 설정이 완료되었습니다.
연산이 되는 동안 잠시 기다리면 결과물이 생성됩니다.

34 결과물 확인

결과물이 생성되었습니다. 다양한 결과물 중 디자이너는 원하는 조형을 선택하면 됩니다.
여러 결과물 중 조형에 의미가 있다고 생각되는 몇 가지 시안을 선택할 수 있습니다.

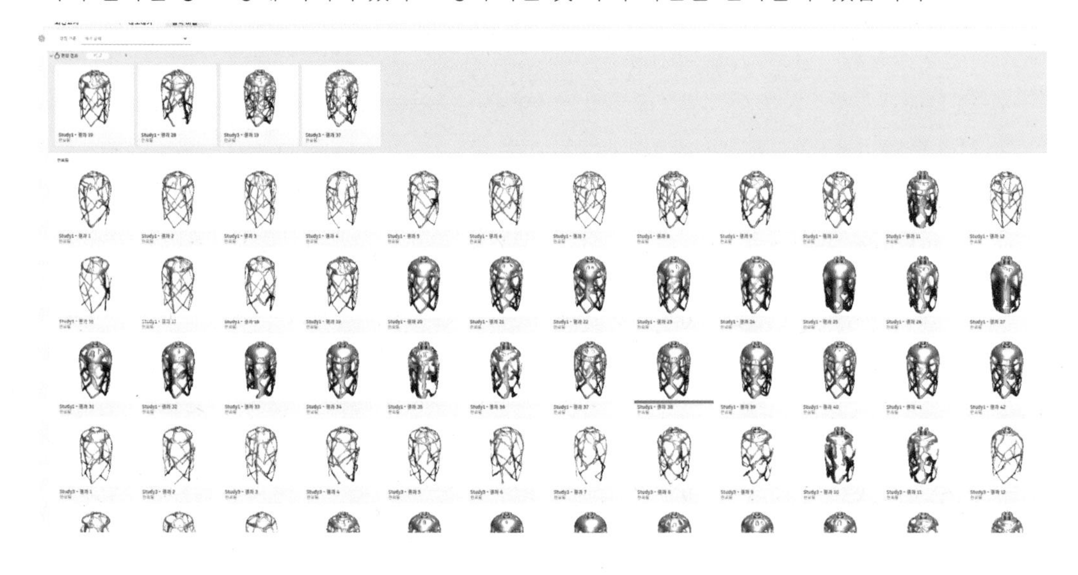

35 결과물 내보내기

생성된 결과물 중 2가지 디자인을 내보내기 하였습니다.
사용자는 해당 결과물을 편집하여 제품에 활용할 수 있습니다.

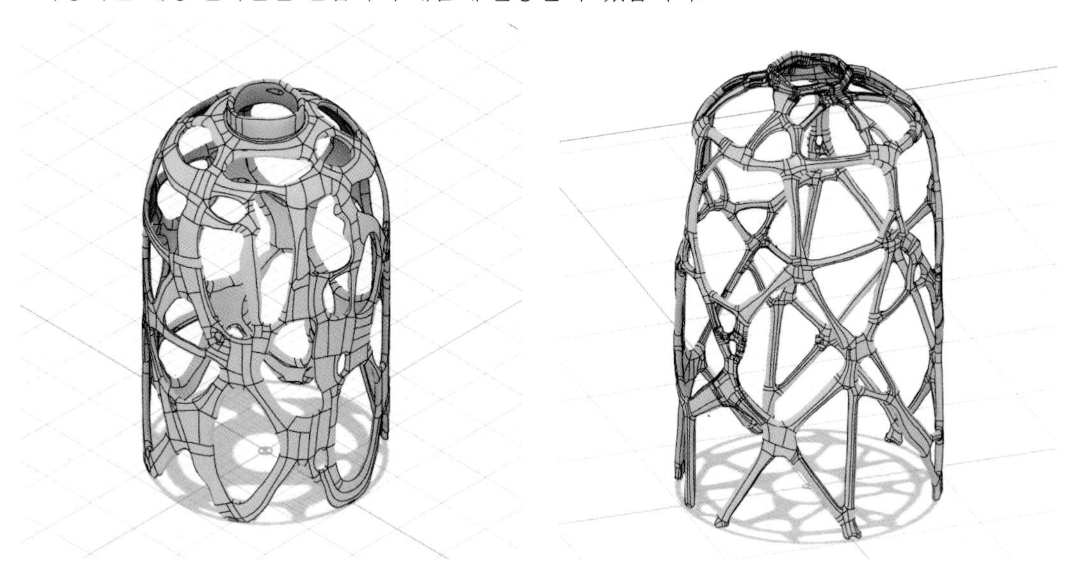

36 결과물 활용-1

내보내기 된 결과물은 프리폼으로 편집이 가능하여 불필요한 부분을 삭제하거나 끊어진 부분을 다시 연결하는 편집 작업이 가능합니다. 또한, 솔리드 객체와 결합, 잘라내기 등이 가능하기 때문에 디자인과 용도에 따라 편집할 수 있습니다.

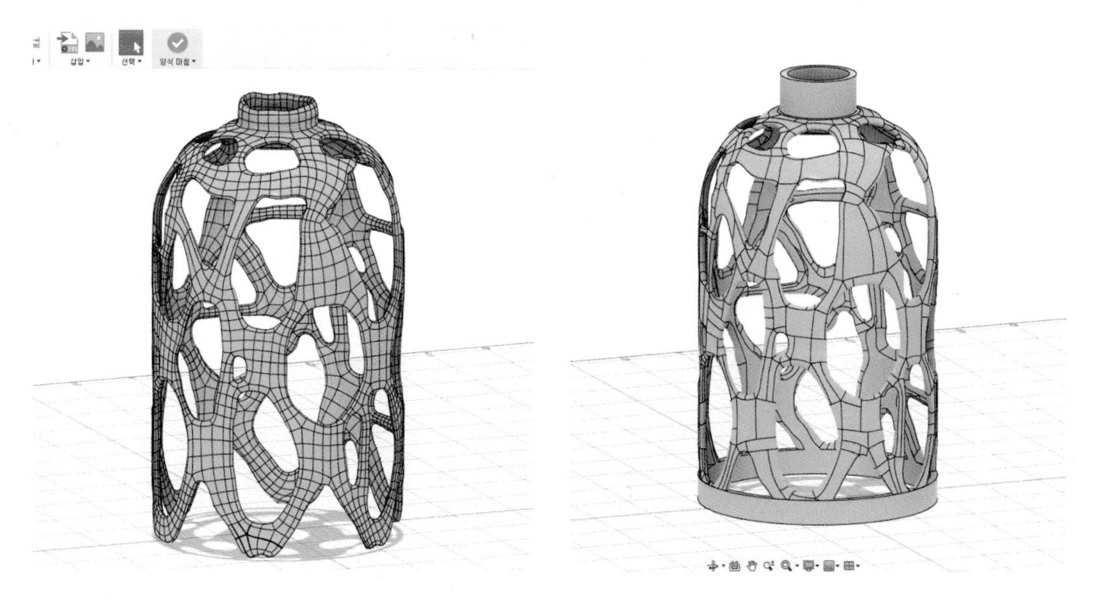

37 결과물 활용-2

예제의 테마가 보틀 디스펜서이기 때문에 샴푸, 바디워시 등의 디스펜서 역할을 할 수 있는 펌프를 만들어 주었습니다.

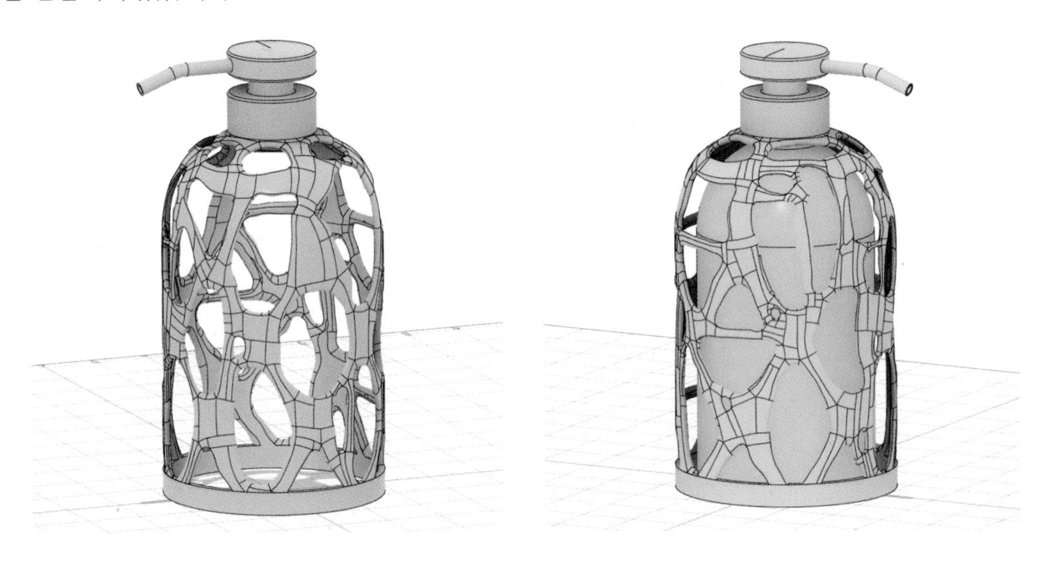

완성된 디자인의 제너레이티브 디자인 '보틀 디스펜서'입니다.

효율적인 결과물을 생성하기 위해서는 정해진 설계 목표에 부합하는 조긴민을 활용할 수 있지만 구조 생성에 다양성을 높이기 위해 필수 유지형상 외에 추가 객체를 유지형상으로 활용하여 결과물을 생성할 수 있습니다.

" 제너레이티브 디자인 결과물은 새로운 방식의 탐색 결과입니다.
탐색 결과를 활용하여 여러분이 원하는 최종 결과물을 디자인해 보시길 바랍니다. "

▲ 제너레이티브 디자인 결과물

▲ 제너레이티브 디자인 결과물을 활용한 휠 디자인 전개

▲ 제너레이티브 디자인 결과물을 활용한 휠 디자인 제안

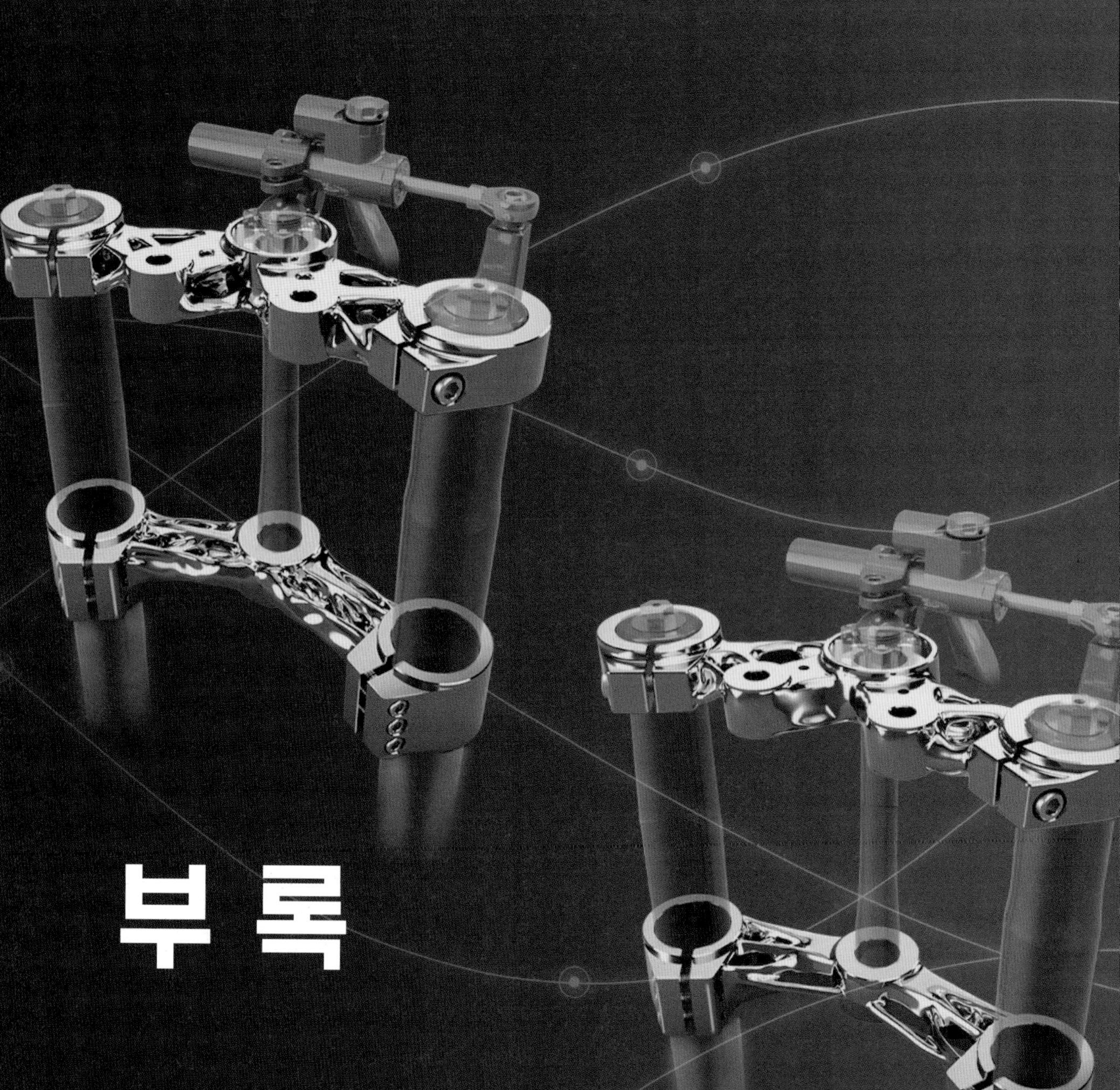

부 록

제너레이티브 디자인 적용 방안

성능 및 생산성 향상과 비용 절감을 위한 새로운 접근 방법

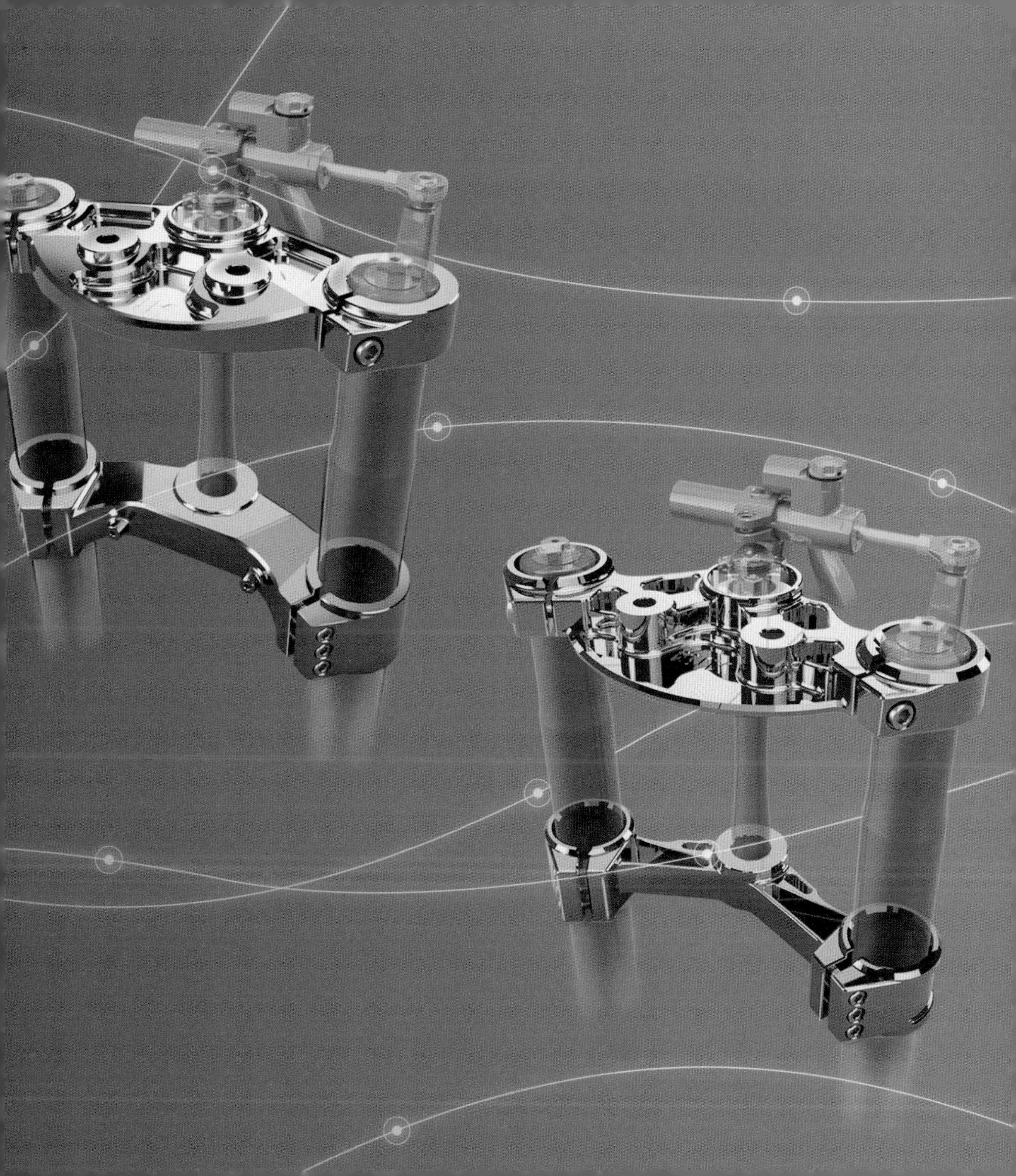

CONTENTS

Image courtesy of BAC

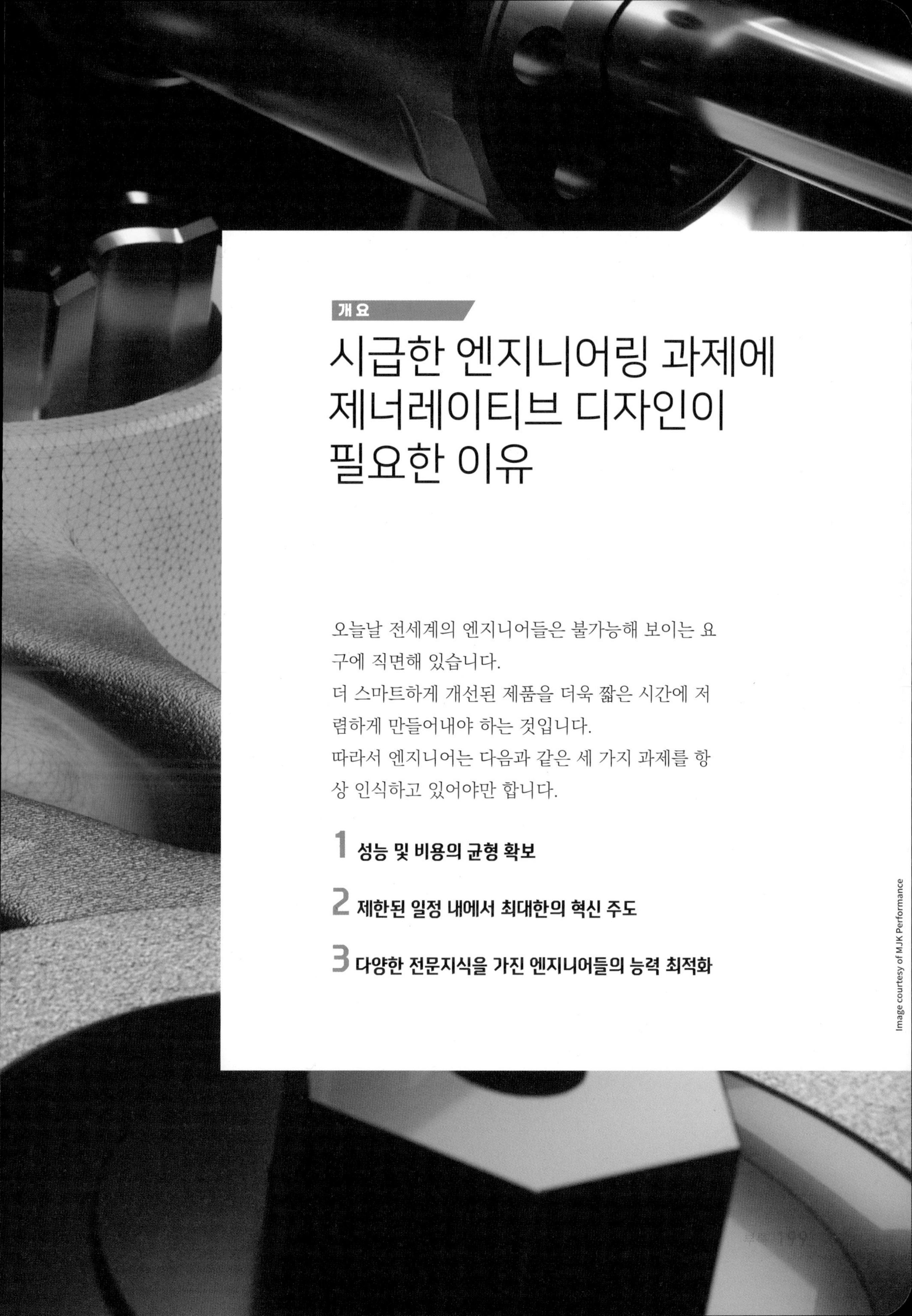

개요

시급한 엔지니어링 과제에 제너레이티브 디자인이 필요한 이유

오늘날 전세계의 엔지니어들은 불가능해 보이는 요구에 직면해 있습니다.
더 스마트하게 개선된 제품을 더욱 짧은 시간에 저렴하게 만들어내야 하는 것입니다.
따라서 엔지니어는 다음과 같은 세 가지 과제를 항상 인식하고 있어야만 합니다.

1 성능 및 비용의 균형 확보

2 제한된 일정 내에서 최대한의 혁신 주도

3 다양한 전문지식을 가진 엔지니어들의 능력 최적화

Image courtesy of MJK Performance

“제너레이티브 디자인은 개발 초기 단계에서 제조 및 성능 요구사항을 고려하기 때문에 신제품의 빠른 출시에 매우 효과적입니다.”

새롭게 부각되고 있는 제너레이티브 디자인은 엔지니어가 이러한 세 가지 과제를 동시에 해결하는 데 도움이 됩니다.

제너레이티브 디자인은 인공지능(AI : Artificial Intelligence)을 이용해 특정 매개 변수를 기반으로 디자인 옵션을 빠르게 반복합니다. 즉, 디자이너 및 엔시니어는 부품의 내구성과 지오메트리, 재료 또는 제조 기술에 대한 기준치를 설정하고, 제너레이티브 디자인 솔루션은 짧은 시간 내에 엔지니어가 원하는 것보다 훨씬 많은 옵션을 생성합니다.

제너레이티브 디자인은 개발 초기 단계에서 제조 및 성능 요구 사항을 고려하므로 빠르게 신제품을 출시하는 데 도움이 됩니다.

기존 디자인으로는 검증되지 않은 컨셉의 제한적인 영역에 대해서만 확인이 가능했습니다. 하지만, 다양한 성능 및 제조 가능성, 비용 기준을 충족하기 위해서는 수차례의 반복 작업을 통해 각 개념들의 수정이 필수적으로 요구됩니다. 제너레이티브 디자인은 실행 가능한 디자인만 분석, 엔지니어가 확인과 반복에 소요되는 시간을 절감하여 선택과 개선 작업에 집중할 수 있도록 해줍니다.

이처럼 제너레이티브 디자인은 성능과 생산성을 개선하고 비용을 절감하며, 시장에 신제품 출시 기간을 단축시켜주는 강력한 도구입니다.

지금부터 제너레이티브 디자인으로 이러한 목표를 달성하는 효과적인 방법을 살펴보고자 합니다.

제너레이티브 디자인을 선택해야 하는 이유!

제품 성능 개선

◎ 경량화

◎ 향상된 구조적 무결성

◎ 확장된 내구성

생산성 향상

◎ 더 많은 디자인 대안 탐색

◎ 인간의 상상력을 뛰어넘는

◎ Save engineering time

제품 비용 절감

◎ 부품 통합

◎ 원자재 절감

◎ 다양한 제조 방식

더 많은 비즈니스 기회 및 시장 확보

출시 기간 단축

수익률 향상

성능 향상

제품 중량, 구조적 무결성 및 내구성 최적화를 위한 제너레이티브 디자인

제너레이티브 디자인을 통해 엔지니어는 AI 엔진이
특정 성능 요건에 부합하는
개념만 생산하도록 설정할 수 있습니다.
이는 최소의 자원으로 엄격한 요구사항을 충족하는
제품 개발이 빠르게 이뤄질 수
있도록 하여, 엔지니어들에게 매우 중요한 가치를
부여해줍니다.

Image courtesy of ADDIT-ION

1 경량화

‘경량화’는 자동차 및 항공 우주선의 연료 효율을 대폭 절감시켜 줄 뿐만 아니라, 다른 제품의 생산 비용을 낮출 수 있도록 해줍니다.
재료나 질량이 아닌 강도와 내구성을 제한하므로, 엔지니어는 제너레이티브 디자인을 통해 더 적은 중량으로 가능한 설계 아이디어를 찾아 내고 평가할 수 있습니다.
이는 부품 통합이나 고유 지오메트리를 통해 재료 및 제조 방법(예: 적층 제조)의 특정한 조합을 찾아내는 방식으로 진행됩니다.

2 구조적 무결성

제너레이티브 디자인은 잠재적인 취약점을 식별하여 구조적 무결성을 개선하기 위한 효과적인 방법입니다.
엔지니어는 디자인의 고유 주파수와 변위, 응력 등에 대한 안전계수를 제한함으로써 허용 가능한 공차 범위를 유지할 수 있습니다.
AI 엔진은 구조적 무결성과 비용의 비율을 평가하기 위한 다양한 디자인 옵션을 생성합니다.

3 내구성

제너레이티브 디자인을 적용하면 다수의 하중 조건에 대한 응력 안전계수를 제한하여 제품 내구성을 최적화 및 확장할 수 있습니다. 엔지니어가 고려하는 피로 수명을 기반으로 안전계수를 설정할 수 있기 때문에, AI 엔진이 제품의 기대 수명을 충족하는 다양한 옵션을 생성합니다.
작업자는 이 가운데 최적의 옵션을 보다 효과적으로 식별할 수 있습니다.

사례 연구

CLAUDIUS PETERS

비즈니스 효과

116KG

유닛 당 감소된 중량

소형 어셈블리

16개 유닛 (약 2톤 감소)

1년당 7개 어셈블리를 기준으로

약 14.3톤 감소

대형 어셈블리

65개 유닛 (약 8.3톤 감소)

연간 7개 어셈블리를 기준으로

약 58.2톤 감소

Images courtesy of Claudius Peters

Image courtesy of General Motors

생산성 향상

더 많은 디자인 컨셉을 더욱 빠르게 연구하기 위한 제너레이티브 디자인 기술의 가치

엔지니어는 제품에 대한 수요 뿐만 아니라 특정 시간 동안 디자인 팀이 완료할 수 있는 작업량의 한계를 극복하기 위한 방안을 모색해야 합니다.
제너레이티브 디자인은 이러한 과정에서도 중요한 이점을 제공하는데, 엔지니어가 한정된 시간과 자원을 가장 효과적인 업무에 집중할 수 있도록 해주기 때문입니다.

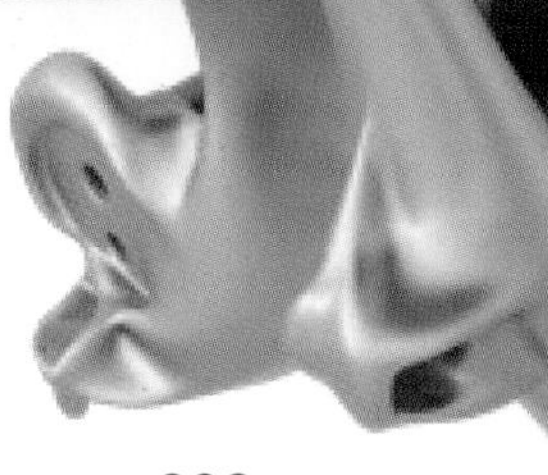

1 제품 개발의 혁신

제너레이티브 디자인으로 제품 개발의 효율성을 혁신하는 방법 가운데 하나는 바로 숫자입니다. Autodesk Fusion 360을 포함한 대부분의 플랫폼이 사람의 능력만으로는 불가능한 규모의 디자인 옵션을 생성합니다.
엔지니어는 다양한 방법으로 옵션을 정리, 필터링 및 분류하여 재료와 성능, 제조 방식을 비교할 수 있습니다. 궁극적으로 프로세스를 간소화함으로써 디자이너는 선택 범위를 빠르게 줄여 나가면서 사용 가능한 재료 및 제조 능력에 부합하는 방법에 집중할 수 있습니다.

2 고유의 선택

AI와 머신러닝에 기반한 제너레이티브 디자인 플랫폼은 디자인에 대한 자연 진화적 접근법을 적용하여, 인간의 상상력을 뛰어넘는 옵션을 생성합니다.
제너레이티브 디자인 툴은 이미 설정된 디자인 및 도면, CAD 파일에서 출발하지 않고 설정된 매개 변수를 토대로 작동합니다.
제너레이티브 디자인은 제품이 어떤 형태를 갖추어야 하는지에 대한 선입견에서 탈피해, 제조 가능한 고유의 솔루션과 부품 지오메트리를 개발할 수 있도록 해줍니다.
엔지니어는 이러한 아이디어에 착안하여 다양한 문제를 효과적인 방법으로 해결할 수 있습니다.

3 시간 절감

제너레이티브 디자인은 제조 과정을 고려한 옵션을 생성하기 때문에 일정이 촉박한 프로젝트에 더욱 가치를 발휘합니다.
작업자는 짧은 시간에 더 많은 옵션을 탐색하고, 가장 가능성이 높은 아이디어를 선택하여 검증 단계를 거치지 않고 바로 작업할 수 있습니다.
예를 들어, Fusion 360을 사용하면 즉시 편집 가능하거나 사용자가 선택한 CAD 소프트웨어로 내보낼 수 있는 CAD 기반의 지오메트리 생성이 가능합니다.

기존 디자인

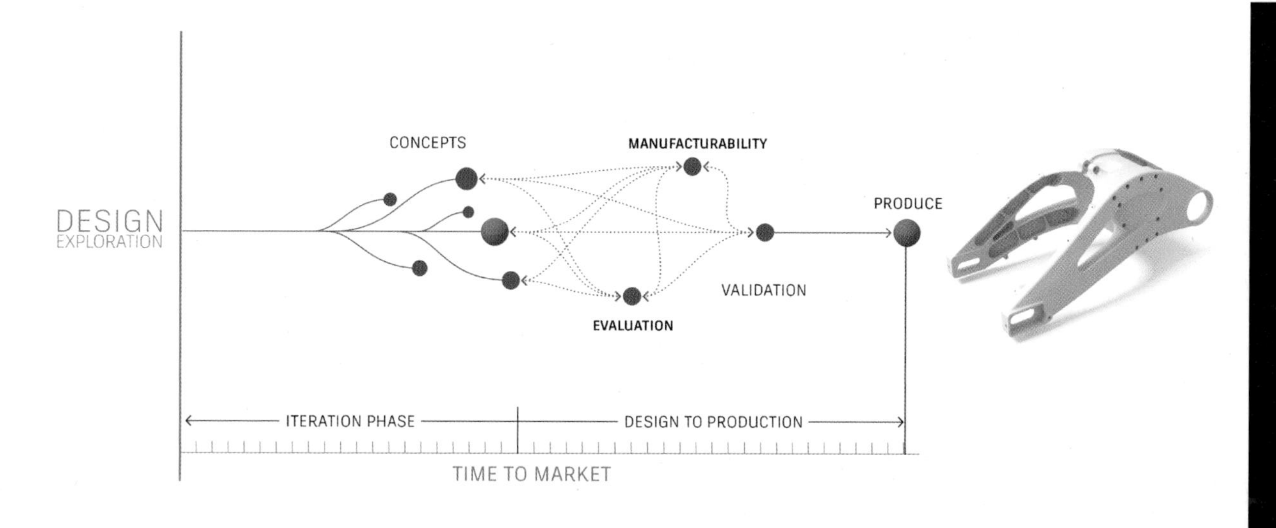

제너레이티브 디자인

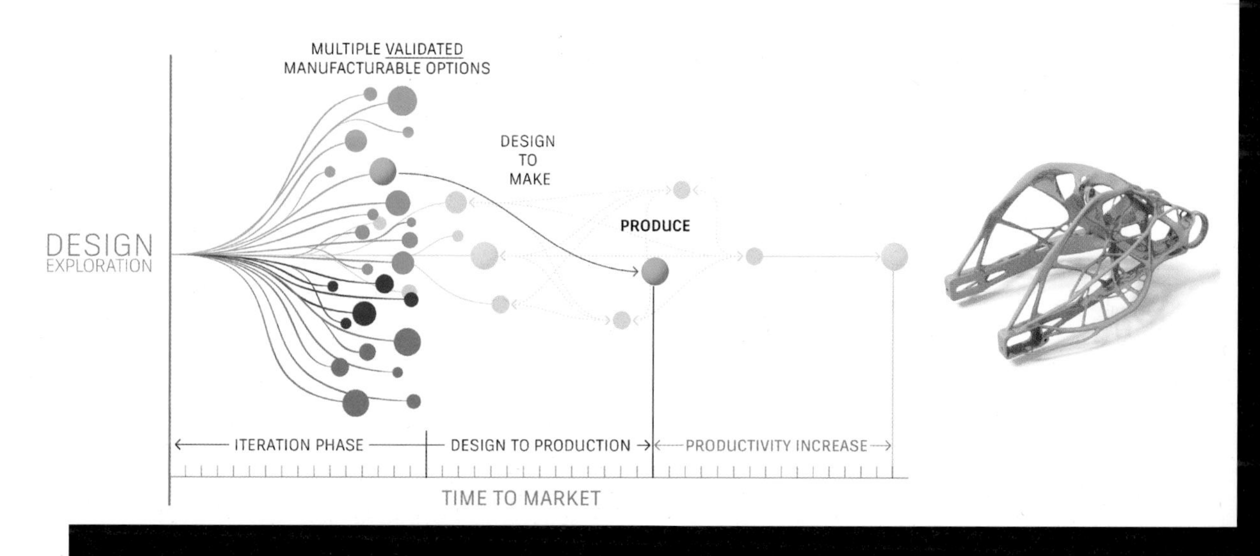

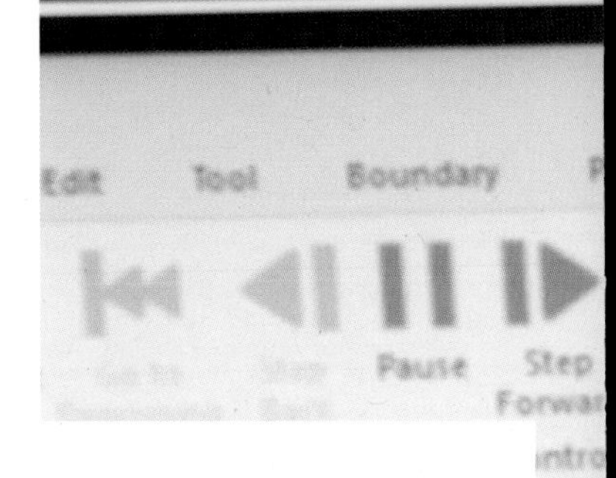

사례연구

MATSUURA

비즈니스 효과

주 단위에서 시간 단위로

Matsuura는 기계로 금속을 절삭하는 단계 이전의 가공 과정에서 공정물을 지탱하기 위한 방법을 모색해야 했습니다.

Fusion 360의 제너레이티브 디자인 기술을 통해 Matsuura는 공정물을 지탱하기에 적합한 수많은 옵션을 생성할 수 있었습니다.

Fusion 360을 사용해 개념 단계에서 제조 단계까지 한 번에 이동이 가능해졌습니다.

"제조가 불가능할 만큼 유기적인 설비였는데, Fusion 360으로 이러한 제약이 사라졌습니다. 이제 화면으로 도면을 보면서 기구를 설계할 수 있습니다."

피터 해리스 MATSSURA MACHINER LTD.

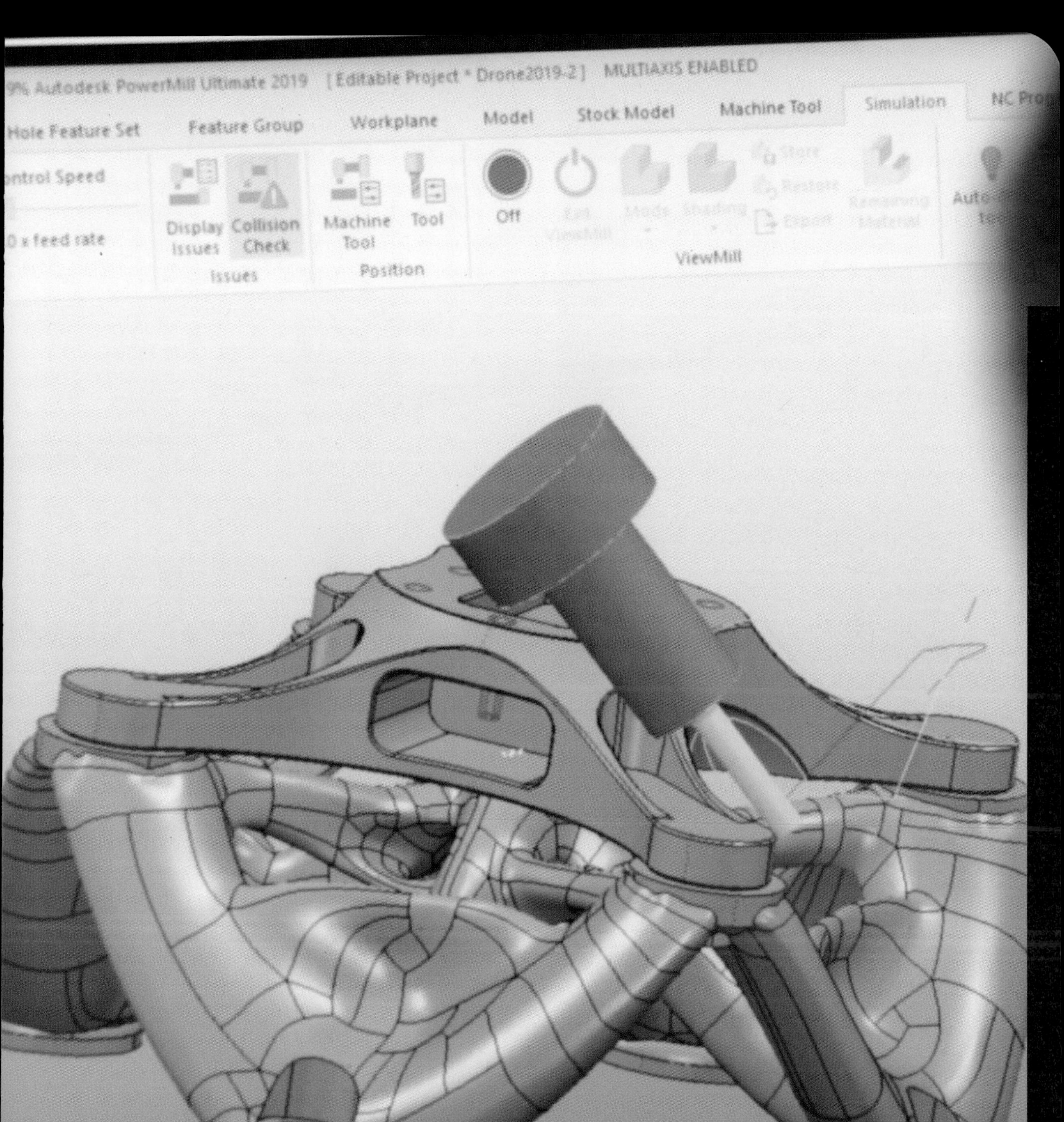

Autodesk PowerMill Ultimate 2019
[Editable Project * Drone2019-2]
MULTIAXIS ENABLED
Hole Feature Set
Feature Group
Workplane
Model
Stock Model
Machine Tool
Simulation
x feed rate
Display Issues
Collision Check
Issues
Machine Tool
Tool
Position
Off
Mode
Shading
Store
Restore
Export
ViewMill

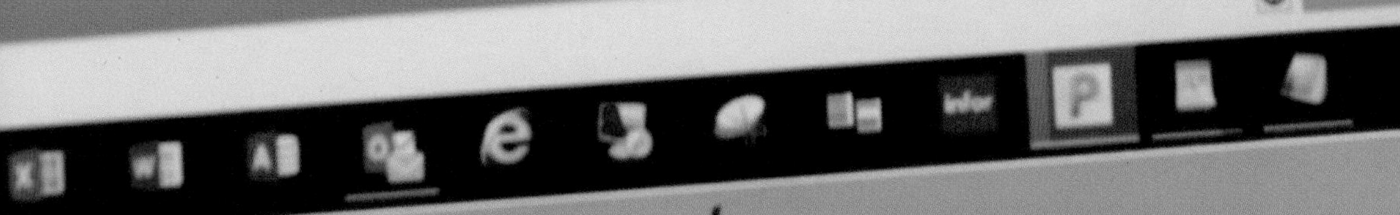

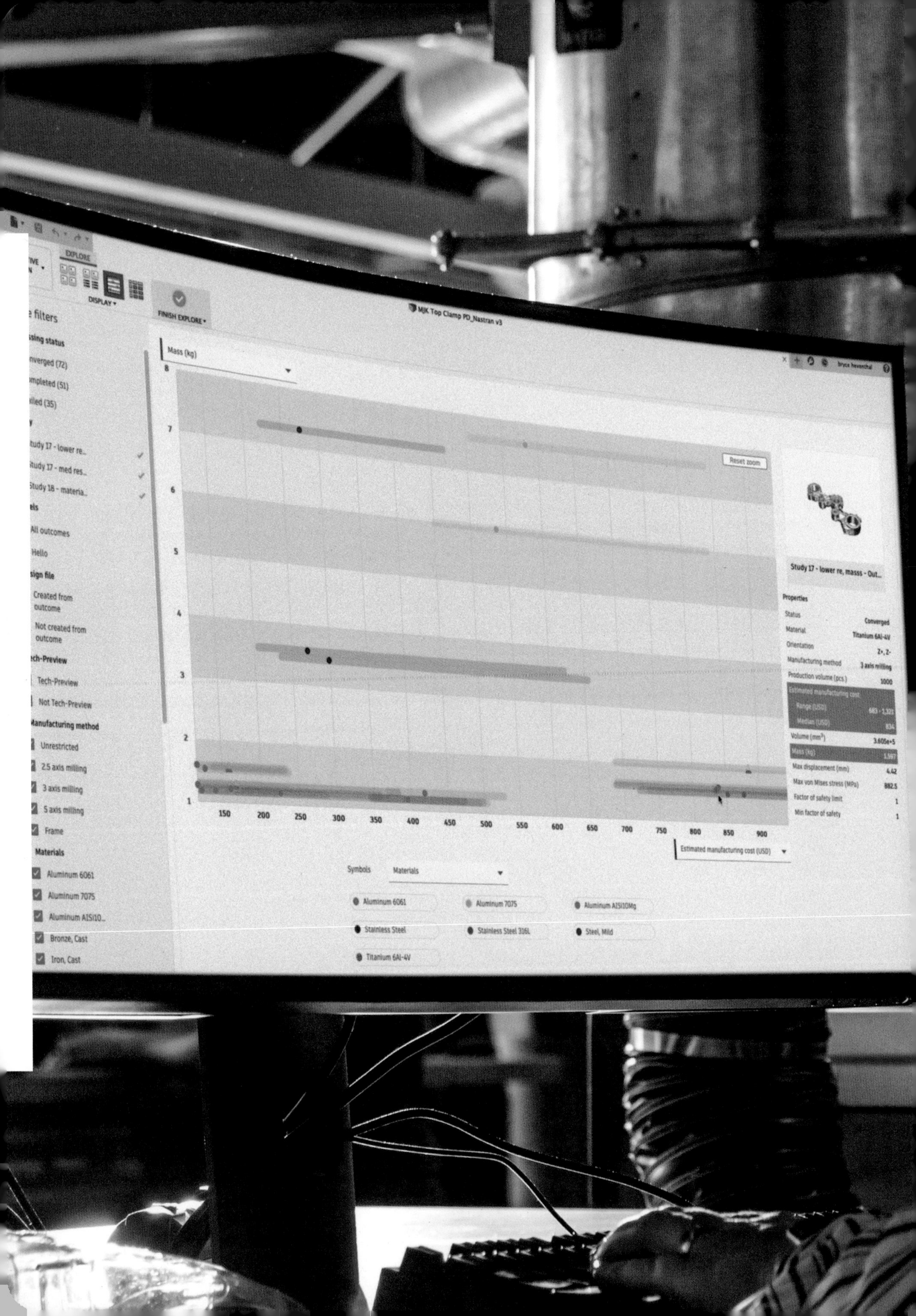

EXPLORE
DISPLAY
FINISH EXPLORE
MJK Top Clamp PD_Nastran v3
Mass (kg)
Reset zoom
Study 17 - lower re, masss - Out...
Properties
Status Converged
Material Titanium 6Al-4V
Orientation Z+, Z-
Manufacturing method 3 axis milling
Production volume (pcs.) 1000
Volume (mm³) 3.605e+5
Max displacement (mm) 4.42
Max von Mises stress (MPa) 882.5
Factor of safety limit 1
Min factor of safety 1
Estimated manufacturing cost (USD)
Symbols
Materials
Aluminum 6061
Aluminum 7075
Aluminum AlSi10Mg
Stainless Steel
Stainless Steel 316L
Steel, Mild
Titanium 6Al-4V
Manufacturing method
Unrestricted
2.5 axis milling
3 axis milling
5 axis milling
Frame
Bronze, Cast
Iron, Cast
Tech-Preview
Not Tech-Preview
All outcomes
Hello
Created from outcome
Not created from outcome

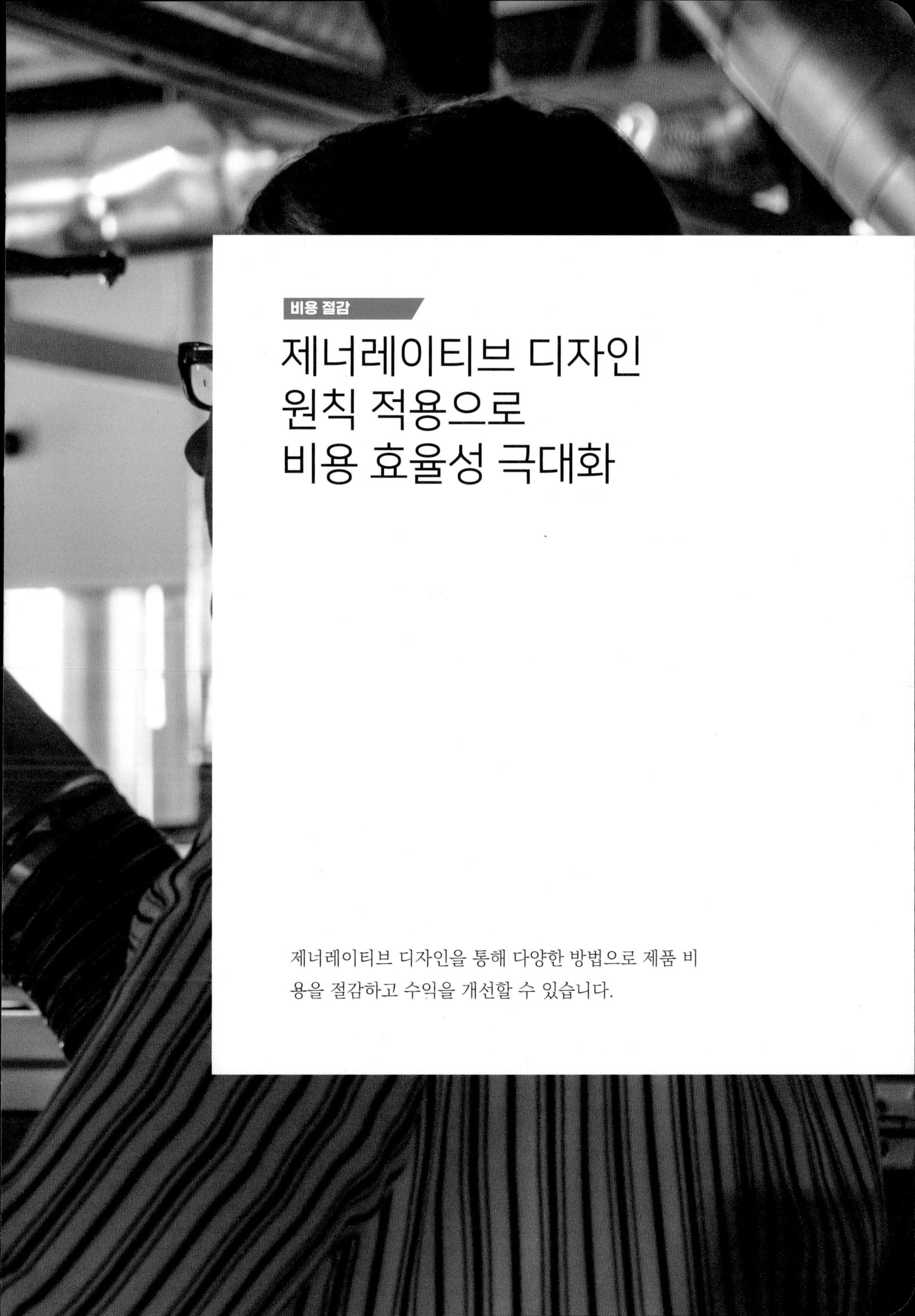

비용 절감

제너레이티브 디자인 원칙 적용으로 비용 효율성 극대화

제너레이티브 디자인을 통해 다양한 방법으로 제품 비용을 절감하고 수익을 개선할 수 있습니다.

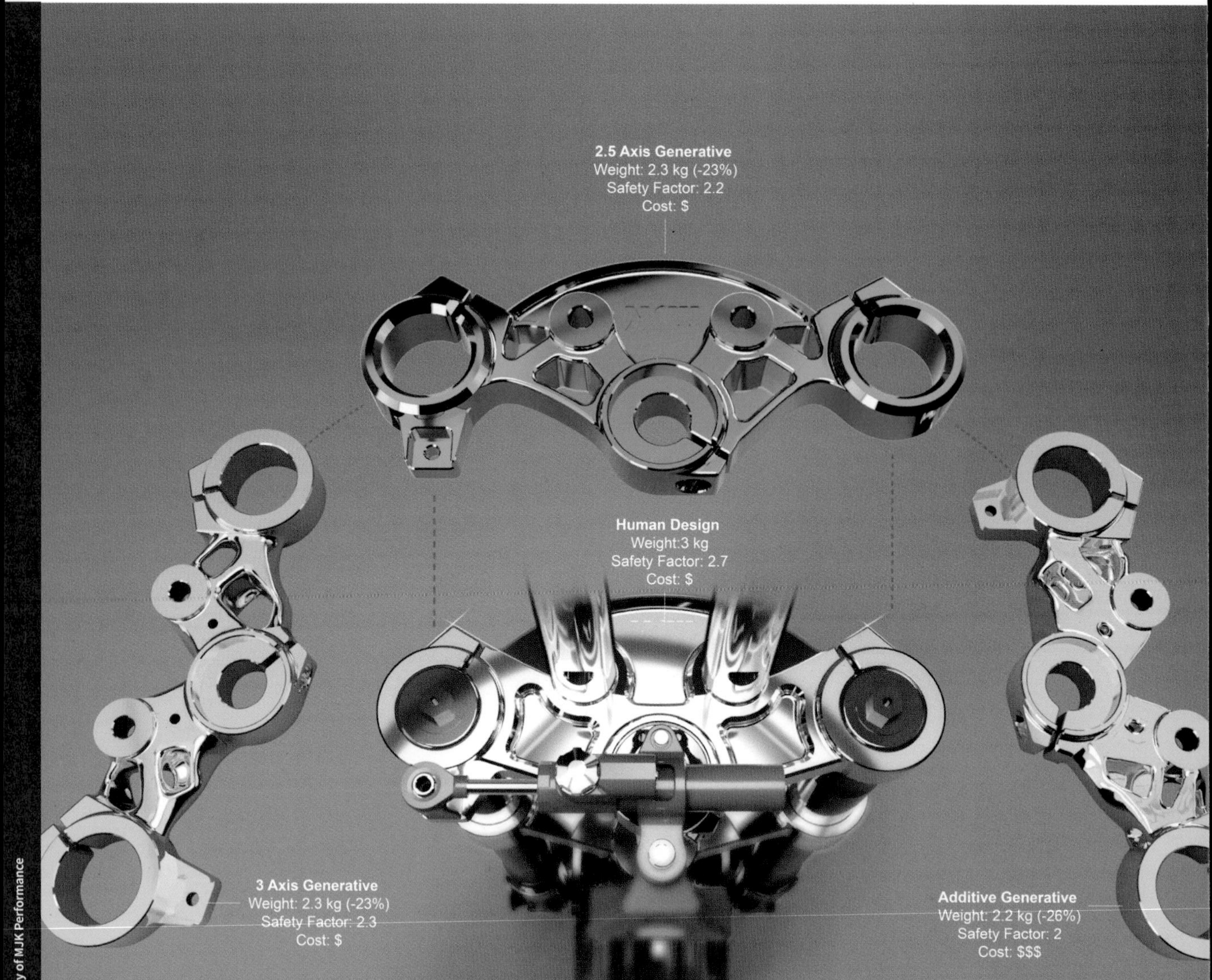

2.5 Axis Generative
Weight: 2.3 kg (-23%)
Safety Factor: 2.2
Cost: $

Human Design
Weight:3 kg
Safety Factor: 2.7
Cost: $

3 Axis Generative
Weight: 2.3 kg (-23%)
Safety Factor: 2.3
Cost: $

Additive Generative
Weight: 2.2 kg (-26%)
Safety Factor: 2
Cost: $$$

Image courtesy of MJK Performance

1 부품 통합

제너레이티브 디자인을 활용하면 예상치 못했던 디자인 옵션을 통해 다수의 부품을 하나의 부품으로 통합할 수 있습니다.
작업자는 적층 제조의 이점 뿐만 아니라 복잡한 공급망을 단순화하고 제품 전체의 잠재적인 취약점이나 장애 요소를 제거할 수 있습니다.

2 재료 절감

경량화 및 부품 통합 등의 디자인 개선을 통해 제너레이티브 디자인 사용자는 각 부품의 질량을 최소화하고 원료 사용량을 줄일 수 있습니다. 또한 제너레이티브 디자인을 통해 작업자는 저렴한 재료를 사용한 연구가 가능해집니다.

엔지니어는 최종 디자인 옵션이 성능 및 제조 관점에서 요건을 충족시킬 수 있다는 확신을 가지게 됩니다.

3 방법의 비교 검토

제품이 제조되는 방식은 비용에 큰 영향을 미칩니다. 기존 디자인에서는 적층 제조, 하이브리드 제조 등 다양한 방식으로 부품을 생산하기 위한 모든 시나리오를 탐색하는 데 많은 시간이 소요됩니다.
제너레이티브 디자인은 프로세스를 단축하여 특정 방식에 제한적인 실행 가능한 대안을 생성합니다.
이러한 옵션은 Fusion 360에서 생산량 기반의 비용 인사이트와 결합되므로 작업자는 최적의 성과를 위한 방법을 빠르게 모색할 수 있습니다.

사례 연구

GENERAL MOTORS

비즈니스 효과

8

하나의 부품에 포함되는 구성 요소

3D 프린팅으로 제작된 안전벨트 브래킷 :

40%

더 가벼워진 중량

20%

더 강력해진 내구성

다른 방법으로는 상상하기도 어려웠던
새로운 디자인 솔루션 발견

Images courtesy of General Motors

기존 부품

8개 구성 요소

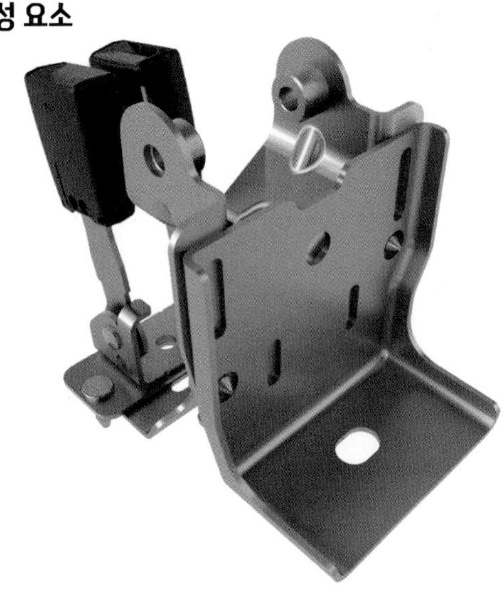

신규 부품

1 개 부품
40% 더 가벼워진 중량
20% 더 강력해진 내구성

결론

제조업체를 위한 제너레이티브 디자인 도입 전략

제너레이티브 디자인은 생각보다 쉽게 채택할 수 있습니다. 우선 구체적인 디자인 목표를 설정하는 것이 좋습니다.

성능 개선

잘 알려진 제품으로 강도 또는 내구성 개선 사항을 조사하여 제너레이티브 디자인의 이점을 확인해 보십시오.

혹은 문제가 있는 제품을 선택하여 제너레이티브 디자인이 더 나은 솔루션을 찾아낼 수 있는지 살펴보는 것도 좋은 방법입니다.

생산성 향상

최근에 완료한 프로젝트 가운데 특히 어려웠던 프로젝트, 또는 새로운 프로젝트의 매개 변수를 사용하여 제너레이티브 디자인이 얼마나 많은 옵션을 생성할 수 있는지 살펴보십시오.

비용 절감

완성된 디자인에 제너레이티브 디자인을 반복 적용함으로써 비용을 얼마나 절감할 수 있는지 확인해보십시오. 부품 통합 또는 다양한 방식의 제조를 통해 프로젝트를 진행해 볼 수 있습니다.

지금 시작하십시오!

Autodesk Fusion 360은 완전한 제너레이티브 디자인 플랫폼을 제공합니다.

무료 30일 체험판을 사용해 더 짧은 시간에, 더욱 우수한 결과물을 만나 보십시오.

Image courtesy of MJK Performance

MJK

저자 약력

나 한 범 Na Hanbeom

한국공학대학교 산업디자인공학 공학사(2012)
한국공학대학교 BK21+ 신기술융합학과 산업디자인공학 전공 공학석사(2016)
서울과학기술대학교 IT디자인융합전공 디자인학 박사(2022)

(주)젠디자인플랜 디자인실장
(주)스노우볼팩토리 CTO

➢ **이메일**
nhb1211@naver.com

➢ **인스타그램**
https://www.instagram.com/hanbeom_na

MEMO

MEMO